Teubner Studienbücher

Chemie

Aurich / Rinze: **Chemisches Praktikum für Mediziner**
2. Aufl. 240 Seiten. DM 28,80 / ÖS 225,– / SFr 28,80

Breitmaier: **Vom NMR-Spektrum zur Strukturformel organischer Verbindungen.**
Ein kurzes Praktikum der NMR-Spektroskopie
2. Aufl. 261 Seiten. DM 39,80 / ÖS 311,– / SFr 39,80

Ebert: **Biopolymere**
543 Seiten. DM 59,80 / ÖS 467,– / SFr 59,80

Elschenbroich / Salzer: **Organometallchemie**
Eine kurze Einführung.
3. Aufl. 562 Seiten. DM 46,– / ÖS 359,– / SFr 46,–

Engelke: **Aufbau der Moleküle**
Eine Einführung.
2. Aufl. 339 Seiten. DM 44,– / ÖS 343,– / SFr 44,–

Fellenberg: **Chemie der Umweltbelastung**
2. Aufl. 265 Seiten. DM 32,– / ÖS 250,– / SFr 32,–

Fuhrmann: **Allgemeine Toxikologie**
201 Seiten. DM 26,80 / ÖS 209,– / SFr 26,80

Hauptmann: **Reaktion und Mechanismus in der organischen Chemie**
227 Seiten. DM 28,80 / ÖS 225,– / SFr 28,80

Hennig / Rehorek: **Photochemische und photokatalytische Reaktionen von Koordinationsverbindungen**
164 Seiten. DM 24,80 / ÖS 194,– / SFr 24,80

Jordan: **Mechanismen anorganischer und metallorganischer Reaktionen**
X, 299 Seiten. DM 36,80 / ÖS 287,– / SFr 36,80

Kaim / Schwederski: **Bioanorganische Chemie**
Zur Funktion chemischer Elemente in Lebensprozessen
2. Aufl. XVI, 460 Seiten. DM 49,80 / ÖS 389,– / SFr 49,80

Preisänderungen vorbehalten.

B. G. Teubner Stuttgart

Teubner Studienbücher Chemie

M. Zander
Polycyclische Aromaten

Teubner Studienbücher Chemie

Herausgegeben von

Prof. Dr. rer. nat. Christoph Elschenbroich, Marburg
Prof. Dr. rer. nat. Friedrich Hensel, Marburg
Prof. Dr. phil. Henning Hopf, Braunschweig

Die Studienbücher der Reihe Chemie sollen in Form einzelner Bausteine grundlegende und weiterführende Themen aus allen Gebieten der Chemie umfassen. Sie streben nicht die Breite eines Lehrbuchs oder einer umfangreichen Monographie an, sondern sollen den Studenten der Chemie – aber auch den bereits im Berufsleben stehenden Chemiker – kompetent in aktuelle und sich in rascher Entwicklung befindende Gebiete der Chemie einführen. Die Bücher sind zum Gebrauch neben der Vorlesung, aber auch – da sie häufig auf Vorlesungsmanuskripten beruhen – anstelle von Vorlesungen geeignet. Es wird angestrebt, im Laufe der Zeit alle Bereiche der Chemie in derartigen Lehrbüchern vorzustellen. Die Reihe richtet sich auch an Studenten anderer Naturwissenschaften, die an einer exemplarischen Darstellung der Chemie interessiert sind.

Polycyclische Aromaten

Kohlenwasserstoffe und Fullerene

Von Prof. Dr. rer. nat. Maximilian Zander
Castrop-Rauxel

 B. G. Teubner Stuttgart 1995

Prof. Dr. rer. nat. Maximilian Zander

Geboren 1929 in Berlin. Studium der Chemie in Greifswald. 1956 Promotion in Münster (bei Prof. Dr. F. Micheel) mit der Arbeit „Beiträge zur Kenntnis der Tieftemperatur-Phosphoreszenz von mehrkernigen aromatischen Kohlenwasserstoffen und Heterocyclen". 1957 post-doctoral fellowship im Laboratorium von Prof. Dr. E. Clar, Universität Glasgow. Von 1953 bis zur Pensionierung im Jahre 1992 in der Forschung der Rütgerswerke AG, Castrop-Rauxel, tätig, von 1967 bis 1987 als Leiter der Chemischen Forschung des Bereichs Teerchemie der Rütgerswerke. Seit 1971 Honorarprofessor für das Fach Organische Chemie an der Technischen Universität Clausthal.

Die Deutsche Bibliothek – CIP Einheitsaufnahme

Zander, Maximilian:
Polycyclische Aromaten : Kohlenwasserstoffe und Fullerene /
von Maximilian Zander. – Stuttgart : Teubner, 1995
  (Teubner-Studienbücher : Chemie)

ISBN 978-3-519-03537-4   ISBN 978-3-322-96707-7 (eBook)
DOI 10.1007/978-3-322-96707-7

VORWORT

Das Thema dieses Buches sind die **polycyclischen aromatischen Kohlen-wasserstoffe** und die **Fullerene,** die nach derzeitigem Kenntnisstand aufgrund ihrer Elektronenstruktur als dreidimensionale polycyclische Aromaten angesehen werden.

Die polycyclischen Aromaten spielen eine wichtige Rolle in der präparativen und mechanistischen Organischen Chemie, der Quantenchemie, Photophysik, in der Onkologie, den Umweltwissenschaften, den Material-wissenschaften, in der Astrophysik und auf anderen Gebieten, und sie sind vielfältig genutzte Ausgangsstoffe für die Organisch-chemische Industrie sowie zur Erzeugung von technischen Kohlenstoffpro-dukten für die Metallurgie.

Die verschiedenen Aspekte des ausgeprägt interdisziplinären Gebiets der polycyclischen Aromaten werden in zehn weitgehend in sich abge-schlossenen Kapiteln besprochen. Bei der Behandlung der Einzelthemen liegt der Schwerpunkt auf der Darstellung genereller Zusammenhänge und wichtiger Phänomene sowie ihrer praktischen Bedeutung. Eine enzy-klopädische Behandlung des Themas war nicht beabsichtigt und wäre in einem schmalen Band auch nicht durchführbar gewesen. Daher bestand eine wichtige Aufgabe beim Schreiben des Buches in der Auswahl der wesentlichen Ergebnisse und theoretischen Konzepte aus einem großen Angebot. Kundige Leser werden entscheiden ob diese schwierige Aufgabe zufriedenstellend gelöst wurde.

Das Buch basiert auf Vorlesungen, die ich an der Technischen Universi-tät Clausthal und der Universität Greifswald gehalten habe. Es ist als Lehr- und Lesebuch für Studenten der Chemie und anderer Fach-richtungen gedacht, aber auch für Wissenschaftler und Praktiker, die auf speziellen Teilgebieten der polycyclisch-aromatischen Chemie (zum Beispiel in der Umweltanalytik) tätig sind und sich mit nicht zu großem Arbeitsaufwand einen Überblick über das Gesamtgebiet ver-schaffen wollen.

Wer beim Lesen des Buches auf Themen stößt, die sein besonderes Inter-esse wecken, wird in den zahlreichen zitierten Monographien, Über-sichtsartikeln und Originalarbeiten manches finden, was seine Neugier befriedigt (oder steigert).

Beim Schreiben des Buches erfuhr ich Ermutigung und Hilfe von vielen Seiten. Mein besonderer Dank gilt den Herren Prof.Dr.H.Hopf, Dr.rer. nat.habil.G.Dyker und Dr.B.König, Technische Universität Braunschweig, für viele Anregungen, wertvolle Hinweise und nützliche Kritik. Meinem langjährigen früheren Mitarbeiter Herrn Klaus Bullik danke ich für seine technische Hilfe bei der Herstellung des Manuskripts. Herrn Dr.P.Spuhler, Teubner Verlag, bin ich für seine Unterstützung bei der Realisierung des Buchplans zu Dank verpflichtet.
Das Buch widme ich meiner Frau Marianne in Dankbarkeit für ihre liebevolle Geduld mit einem unheilbaren Aromatomanen.

Castrop-Rauxel, im Juli 1995   M.Zander

INHALTSVERZEICHNIS

8   Inhaltsverzeichnis

1 AROMATEN IM ÜBERBLICK: STRUKTUREN UND EIGENSCHAFTEN

1.1 Benzol

Benzol und 1,3,5-Hexatrien ist gemeinsam, daß beide Moleküle 6 sp^2-hybridisierte Kohlenstoffatome enthalten und eine abgeschlossene ("closed shell") Elektronenkonfiguration besitzen, d.h. alle bindenden Orbitale sind vollständig besetzt, alle anti-bindenden Orbitale unbesetzt, und es treten keine nicht-bindenden Orbitale auf.

Die Unterschiede in den physikalischen und chemischen Eigenschaften der beiden Moleküle sind allein auf die unterschiedliche Topologie der Kohlenstoffgerüste (cyclische Topologie beim Benzol, acyclische beim Hexatrien) zurückzuführen. Die folgenden aus der cyclischen Topologie des Benzols resultierenden Eigenschaften definieren seinen *aromatischen Charakter*:

1. **Geometrie.** Im Gegensatz zum Hexatrien mit alternierenden Doppel- und Einfachbindungen haben alle C-C-Bindungen des Benzols die gleiche Länge (140 pm, Röntgen-Kristallstrukturanalyse). Das Benzolmolekül ist vollkommen planar und hat die Geometrie eines regelmäßigen Sechsecks (Symmetriegruppe D_{6h}). (Das gilt für die Gleichgewichtskonfiguration des elektronisch nicht angeregten Benzols).

Aus der Struktur des Benzols folgt auch die chemische Äquivalenz seiner C-Atome. Sie war schon lange vor der experimentellen Bestimmung der Bindungslängen bekannt und ergab sich aus der Nichtexistenz von isomeren 1,2-Disubstitutionsprodukten des Benzols (Ladenburg, 1872).

2. **Chemische Reaktivität.** Im Gegensatz zum Hexatrien geht Benzol bevorzugt (elektrophile) Substitutionsreaktionen ein. Während die Addition zum Beispiel eines Brommoleküls an Benzol eine endotherme Reaktion wäre (2 kcal mol^{-1}), ist die elektrophile Substitutionsreaktion mit Br_2 unter Bildung von Brombenzol eine exotherme Reaktion (ca −11 kcal mol^{-1}). Bei den für Benzol charakteristischen Substitutionsreaktionen wird das ursprüngliche Elektronensystem im Verlauf der Reaktion (durch einen Eliminierungsschritt) wieder hergestellt, nachdem es zeitweilig in einem Zwischenprodukt aufgehoben wurde.

Für diese Eigenschaft des Benzols wurden die Bezeichnungen "regeneratives" oder "meneides" (griech., "typ-bewahrendes") Reaktionsverhalten vorgeschlagen[1].

Benzol besitzt im elektronischen Grundzustand große kinetische Stabilität, doch wenn es sich in elektronischen Anregungszuständen befindet, d.h. unter photochemischen Bedingungen, geht es Additionsreaktionen und ungewöhnliche Isomerisierungen zu Valenztautomeren ein[2].

3. **NMR-Spektrum.** Das ^{1}H-NMR-Spektrum des Benzols besteht aus einer einzigen scharfen Linie. Ihr δ-Wert ist mit 7.37 beträchtlich größer als die chemische Verschiebung, die für Alkene gefunden wird (ca 5). Die starke Tieffeld-Verschiebung kommt dadurch zustande, daß das äußere Magnetfeld H^o des Kernresonanzspektrometers im ringförmig geschlossenen π-Elektronensystem des Benzols einen (diamagnetischen) Ringstrom erzeugt, der seinerseits zur Entstehung eines kleineren, dem äußeren Magnetfeld entgegengesetzten Feldes H' führt (Bild 1.1). Das zentral im Benzolkern herrschende Gesamtmagnetfeld wird dadurch schwächer, während für die (außen liegenden) Protonen das angelegte Feld verstärkt wird.

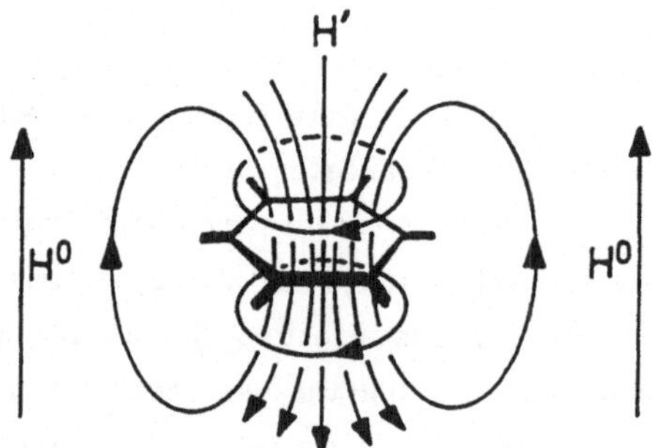

Bild 1.1 Induzierter Kreistrom und induziertes Sekundärfeld
         H' des Benzolmoleküls in einem äußeren Feld H^o

Die Resonanzbedingung ist daher bereits bei einem Feld $H_o = H^o - H'$ erfüllt. Der gleiche Effekt ist auch für die Tieffeldverschiebung (relativ zu Alkanen) der Protonensignale von Alkenen verantwortlich, ist aber hier wegen der räumlich geringeren Ausbreitung der Elektronenbewegung in den lokalisierten Doppelbindungen deutlich schwächer.

Moleküle wie Benzol, bei denen ein äußeres Magnetfeld einen diamagnetischen Ringstrom induziert, bezeichnet man als "diatrope" Moleküle (diamagnetisch anisotrop).

4. **Resonanzenergie.** Die Resonanzenergie (RE) ist ein Maß für die größere thermodynamische Stabilität des Benzols gegenüber der des 1,3,5-Hexatriens. Die RE ist im Gegensatz zu den bisher besprochenen Eigenschaften des Benzols eine rein theoretische Größe (die mit der experimentellen Erfahrung korrespondiert). Sie kann auf unterschiedliche Weise definiert werden, nach Dewar[3] als die Differenz der Gesamt-π-Elektronenenergie (E_π) des Benzols und der des 1,3,5-Hexatriens oder (in der Version nach Hess und Schaad[4,5]) des hypothetischen Moleküls 1,3,5-Cyclohexatrien (mit fixierten Doppel- und Einfachbindungen):

$$RE(\text{Benzol}) = E_\pi(\text{Benzol}) - E_\pi(\text{Cyclohexatrien}) \tag{1.1}$$

Die E_π von π-Elektronensystemen ist generell gegeben durch:

$$E_\pi = 2 \sum_{j=1}^{n} \epsilon_j \tag{1.2}$$

d.h. als die Summe der Energien ϵ_j aller besetzten π-Orbitale, multipliziert mit der Anzahl der Elektronen pro Orbital (der Besetzungszahl 2). $E_\pi(\text{Benzol})$ wird im Rahmen der Hückel-MO-Methode (HMO) erhalten, während sich $E_\pi(\text{Cyclohexatrien})$ additiv aus den (verbindungsunabhängigen) π-Bindungsenergien der CH=CH- und der CH-CH-Bindung ergibt. Dabei werden alle Energien in Einheiten des Resonanzintegrals β ausgedrückt. Für Vergleiche der thermodynamischen Stabilität von Verbindungen ist eine Kenntnis des Betrags von β nicht erforderlich. Mit $E_\pi(\text{Benzol}) = 8\beta$ und den Bindungsenergien der CH=CH- und CH-CH-Bindung (2.0699 resp. 0.4362 β) ergibt sich für die RE des Benzols:

$$RE(\text{Benzol}) = 8\beta - (3\times2.0699 + 3\times0.4362)\beta = 0.39\,\beta \tag{1.3}$$

Die Essenz des RE-Konzepts wird schnell klar, wenn man in analoger Weise die Dewar-RE des Cyclobutadiens errechnet, sie ist negativ ($-1.07\,\beta$). Generell gibt es cyclisch konjugierte Kohlenwasserstoffe mit positiver resp. negativer Dewar-RE. Es ist eine wichtige "theoretische Eigenschaft" des Benzols, daß es eine positive Dewar-RE hat.

Zusammenfassend ergibt sich, daß Benzol durch diese charakteristischen Eigenschaften ausgezeichnet ist: Idealer Bindungsausgleich (D_{6h}-Symmetrie), meneides chemisches Reaktionsverhalten, Diatropie im NMR-Experiment und positive Dewar-Resonanzenergie.

1.2 Paracyclophane

In [n]Paracyclophanen 1 sind die C1- und C4-Atome des Benzols durch Polymethylenketten $(CH_2)_n$ verknüpft. Die Cyclophane 1 mit n = 4-10 sind sowohl in experimenteller wie theoretischer Hinsicht eingehend untersucht worden[6]. In den [n,n]Paracyclophanen stehen sich zwei durch Methylenketten verknüpfte Benzolringe gegenüber. Der Prototyp und am besten untersuchte Vertreter der [n,n]Paracyclophane[6,7] ist das [2,2]Paracyclophan (2).

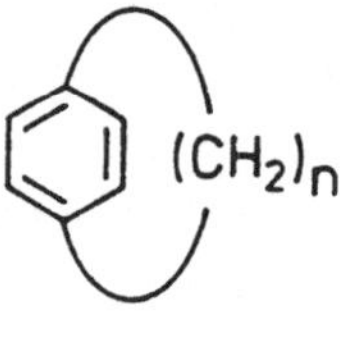

$$(CH_2)_n$$

1 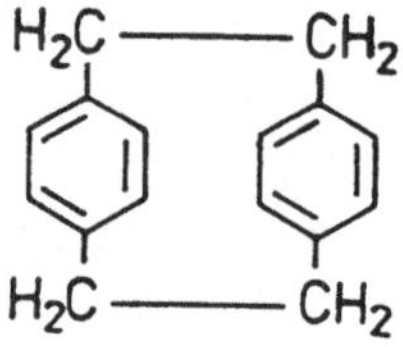   **2**

Das charakteristische strukturelle Merkmal von 2 und der [n]Paracyclophane mit n <10 besteht in der Nichtplanarität der Benzolringe (Bild 1.2). Der im Bild 1.2 definierte Knickwinkel φ beträgt zum Beispiel beim [7]Paracyclophan 17° und beim Cyclophan 2 14°. Mit abnehmender Länge der Polymethylenbrücke nimmt φ in den [n]Paracyclophanen von 8.5^o (n = 9) bis 29.7^o (n = 4) zu. Den bisherigen Rekord in der Herstellung hochgespannter [n]Cyclophane stellt das [5]Paracyclophan dar[8]. Es wurde in einer photochemischen Reaktion bei − 60° C erhalten und zersetzt sich bei Raumtemperatur.

Eine interessante und wichtige Frage ist nun, ob und in welchem Maße die nichtplanaren Benzolringe in bestimmten Cyclophanen sich in ihren physikalischen und chemischen Eigenschaften von denen des planaren Benzols unterscheiden.

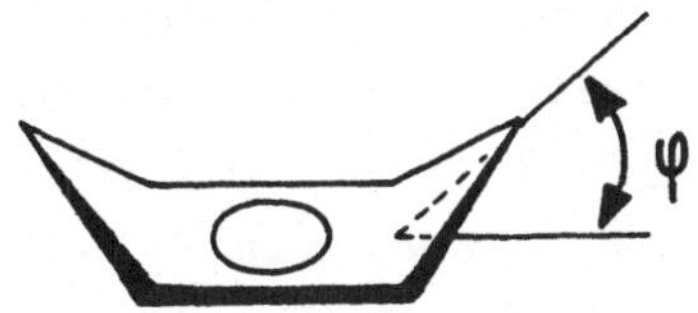

Bild 1.2 Geometrie von Benzolkernen in Paracyclophanen
und Definition des Knickwinkels φ

Aus Röntgen-Kristallstrukturanalysen und Molekülrechnungen ergibt sich, daß selbst starke Abweichungen von der Planarität der Benzolringe in Cyclophanen nur einen geringen Einfluß auf die **C-C-Bindungslängen der Benzolkerne** haben. Zum Beispiel wurden für die Benzolringe im [2.2]Paracyclophan (2) experimentell die Bindungslängen 139 und 140 pm ermittelt[9], d.h. man beobachtet praktisch kein Alternieren der Bindungslängen und sie stimmen mit dem Wert für Benzol (140 pm) überein. Für [5]Paracyclophan ergaben semiempirische und ab initio quantenchemische Rechnungen, daß die C-C-Bindungslängen des erheblich nichtplanaren Benzolrings nur geringfügig alternieren (um ca 2.5 pm[10]). Interessanterweise unterscheiden sich also planare und nichtplanare Benzolringe hinsichtlich der C-C-Bindungslängen nicht wesentlich voneinander.

Aus den ^{1}H-NMR-Spektren von Cyclophanen folgt eindeutig, daß ein äußeres Magnetfeld auch in nichtplanaren Benzolkernen einen diamagnetischen Ringstrom induziert. Bei den [n]Paracyclophanen zeigt sich dies auf zweierlei Weise: Die Protonen des Benzolkerns erscheinen bei niedrigem Feld (siehe hierzu Abschnitt 1.1), während die Protonen der räumlich über dem Benzolkern liegenden CH_2-Gruppen bei ungewöhnlich hohem Feld auftreten. Am Ort dieser Methylenprotonen hat das Magnetfeld des im Benzolring induzierten Ringstroms eine dem äußeren Magnetfeld entgegengesetzte Richtung, d.h. eine abschirmende Wirkung, wie leicht aus Bild 1.1 ersichtlich ist.

Die **chemische Reaktivität** der nichtplanaren Benzolringe in Cyclophanen ist vielfältiger als die des planaren Benzols: Die nichtplanaren Ringe gehen sowohl elektrophile Substitutionsreaktionen als auch

Additionsreaktionen ein, d.h. einerseits findet man das für Benzol charakteristische meneide Verhalten, andererseits die für Cyclopolyene typische Reaktivität. Beispiele für elektrophile Substitutionsreaktionen, die besonders eingehend am [2.2]Paracyclophan (2) untersucht wurden, sind die Bromierung, Nitrierung und Friedel-Crafts-Acylierung; sie finden unter den für elektrophile aromatische Substitutionen typischen Reaktionsbedingungen statt.

Ein Beispiel für Additionsreaktionen[11] der nichtplanaren Benzolringe in Cyclophanen ist die Diels-Alder-Reaktion von [8]Paracyclophan (3) mit Dicyano-acetylen unter Bildung des Addukts 4:

$$RC \equiv CR, \; \Delta \qquad R = CN$$

3   4

Zahlreiche weitere Diels-Alder-Reaktionen sind mit Cyclophanen, auch mit [2.2]Paracyclophan (2), durchgeführt worden[12], und zwar unter milden Bedingungen. Andererseits gehen Benzol oder Polymethylbenzole Diels-Alder-Reaktionen nur mit sehr reaktiven Dienophilen bei Anwendung hoher Drucke oder in Gegenwart von Lewissäuren als Katalysatoren ein[13].

Daß die nichtplanaren Benzolringe in Cyclophanen (im Gegensatz zum planaren Benzol) relativ leicht (2 + 4)-Cycloadditionen eingehen, ist in der Abnahme der Spannungsenergie beim Übergang vom Cyclophan zum Diels-Alder-Addukt begründet[7]. Die Spannungsenergie (definiert als Unterschied der Bildungswärme der gespannten und einer entsprechenden, hypothetischen ungespannten Verbindung) liegt zum Beispiel bei [n]Paracyclophanen (nach quantenchemischen MNDO Rechnungen[14]) zwischen 32 (n = 7) und 63 kcal mol^{-1} (n = 5) und ist überwiegend auf die Nichtplanarität der Benzolringe zurückzuführen.

Additionen an olefinische Doppelbindungen oder an die gespannten Benzolringe von Cyclophanen sind aus unterschiedlichen Gründen ther-

modynamisch günstig: im Falle der olefinischen Doppelbindung weil
die Gesamtbindungsenergie der beiden neuen Einfachbindungen, die
bei der Reaktion entstehen, größer ist als die Bindungsenergie der
Doppelbindung; bei den Benzolringen von Cyclophanen weil die Addi-
tionsreaktion mit einer Abnahme der Spannungsenergie verbunden ist.
Daher sind die Reaktionen nicht vergleichbar und das Auftreten von
Additionsreaktionen bei Cyclophanen erlaubt keine Entscheidung ob
die Bindungen in den Benzolringen mehr olefinischen oder benzolischen
Charakter haben.

Vorzeichen (und Betrag) der **Dewar-Resonanzenergie** (siehe Abschnitt
1.1) sind nur im Falle von planaren Verbindungen ein einfach zugäng-
liches und verläßliches Kriterium ob ein cyclisch konjugiertes System
"benzolähnlich" ist oder nicht. Das ist darin begründet, daß die
Berechnung von π-Energien mit einfachen quantenchemischen Methoden,
zum Beispiel der HMO-Methode, Orthogonalität der π- und σ-Orbitale
voraussetzt, was nur in planaren Verbindungen gegeben ist. Für die
Berechnung der π-Energien von nichtplanaren ungesättigten Verbindung-
en sind spezielle Varianten semiempirischer quantenchemischer Methoden
entwickelt worden[15], doch die Wahl der zur Berechnung von Resonanzenergien erforderlichen Referenzverbindung ist oft problematisch.
Im Fall der [n]Paracyclophane scheint eine einfache qualitative Alter-
native zum Dewar-Resonanzenergie-Konzept möglich (siehe hierzu Lit.
16): Die Energiedifferenz zwischen einem verbrückten Benzol **5a** resp.
Dewarbenzol **5b** wird der Energiedifferenz zwischen den Grundkörpern
gleichgesetzt; sie beträgt ca 60 kcal mol^{-1}, um diesen Betrag ist
Benzol stabiler als Dewarbenzol. Ist die (berechnete) Spannungsenergie
eines [n]Paracyclophans größer 60 kcal mol^{-1}, so ist **5b** stabiler
als **5a** und die Resonanzenergie des gespannten Benzolrings negativ.

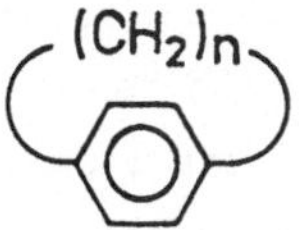

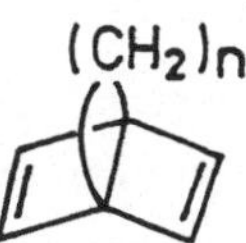

5a   **5b**

Zum Beispiel hat der Benzolring im [5]Paracyclophan eindeutig eine negative Resonanzenergie.

1.3 Mehrkernige benzoide Kohlenwasserstoffe

Naphthalin (**6**) besteht formal aus zwei Benzolkernen, die zwei C-Atome und eine C-C-Bindung gemeinsam haben. Weitere Beispiele für mehrkernige benzoide Kohlenwasserstoffe sind in der Formelübersicht 1.1 zusammmengestellt.

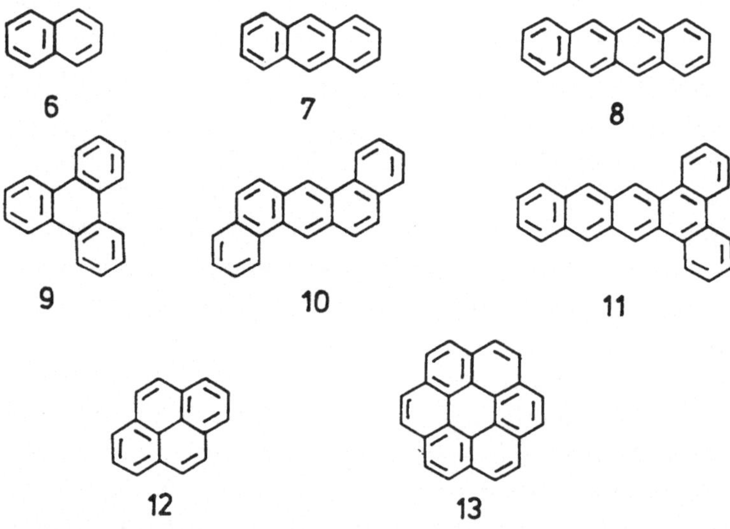

Formelübersicht 1.1. Mehrkernige benzoide Kohlenwasserstoffe

Im vorangegangenen Abschnitt wurde der Einfluß des Strukturmerkmals "Nichtplanarität" von Benzolringen auf deren physikalische und chemische Eigenschaften besprochen; ähnlich soll in diesem Abschnitt der Einfluß des Strukturmerkmals "Ringkondensation" auf die Eigenschaften der einzelnen Benzolringe in mehrkernigen benzoiden Kohlenwasserstoffen untersucht werden. Drei Möglichkeiten sind denkbar: 1. Die Ringkondensation hat keinen Einfluß auf die Eigenschaften der Benzolringe, d.h. die Eigenschaften der Benzolringe in den mehrkernigen Kohlenwasserstoffen sind mit den Eigenschaften des Grundkörpers identisch. 2. Ein Einfluß liegt vor, aber er wirkt sich auf die einzelnen Benzolringe eines gegebenen mehrkernigen Kohlenwasserstoffs in gleichem Maße aus, d.h. alle Benzolringe in einem mehrkernigen Kohlenwasserstoff haben identische Eigenschaften, die allerdings von den Eigenschaften des Benzols graduell verschieden sind, und

3. Die einzelnen Benzolringe eines mehrkernigen Kohlenwasserstoffs unterscheiden sich in ihren Eigenschaften sowohl voneinander als auch vom Benzol. Sowohl experimentelle wie theoretische Untersuchungen zeigen eindeutig, daß ohne Ausnahme der dritte Fall zutrifft.

Ein theoretischer Zugang zu dem Problem ergibt sich in besonders einfacher Weise, wenn man von den möglichen Kekule-Strukturen der Kohlenwasserstoffe ausgeht[17]. Dies sei am Beispiel des Phenanthrens erläutert:

Vom Phenanthren gibt es 5 Kekule-Strukturen. In 4 der 5 Strukturen weisen die (aus Symmetriegründen identischen) terminalen Ringe A und C die Doppelbindungsverteilung (Kekule-Struktur) des Benzols auf. Man charakterisiert nun den relativen "Benzolcharakter" (die formale Ähnlichkeit mit dem Benzol) dieser Ringe durch den Index 4/5 (= 0.8). Der mittlere Ring B hat nur in 2 der 5 Strukturen die Doppelbindungsverteilung des Benzols, entsprechend ist der "Benzol-charakter" dieses Rings gegeben durch 2/5 (= 0.4). Benzol selbst mit 2 Kekule-Strukturen hat natürlich den Index 2/2 (= 1.0). Aus dieser Betrachtung leiten wir die Erwartung ab, daß 1. die drei Ringe des Phenanthrens hinsichtlich ihrer physikalischen und chemischen Eigenschaften zwar dem Benzol ähnlich, aber nicht mit diesem identisch sind, 2. daß das Strukturmerkmal "Ringkondensation" einen unterschied-lichen Einfluß auf die Eigenschaften der drei Ringe des Phenanthrens hat, und 3. daß die terminalen Ringe A und C benzolähnlicher sind als der innere Ring B. Diese theoretischen Erwartungen werden durch die experimentelle Erfahrung vollkommen bestätigt. Das hier beschriebene Verfahren ist nichts anderes als eine Analogie zu dem berühmten Konzept der Paulingschen Bindungsordnung. Nach Pauling[18] ist die Bindungsordnung (d.h. der relative Doppelbindungscharakter) von C–C-Bindungen in benzoiden Kohlenwasserstoffen gegeben durch den Quotienten aus der Zahl der Kekule-Strukturen, in denen die betreffende C–C-Bindung eine Doppelbindung ist, und der Gesamtzahl der Kekule-Strukturen.

Es gibt eine ganze Reihe von theoretischen Methoden zur quantitativen Kennzeichnung des relativen "Benzolcharakters" der einzelnen Ringe in mehrkernigen benzoiden Kohlenwasserstoffen. Im quantenchemischen sog. "Pars-Orbital-Verfahren"[19] wird eine "benzoide Charakterordnung" ρ erhalten, die ein Maß für die elektronische Ähnlichkeit der einzelnen Ringe eines mehrkernigen Kohlenwasserstoffs mit dem Benzol darstellt; sie ist so definiert, daß ihr Wert umso größer je ausgeprägter die elektronische Ähnlichkeit des betrachteten Rings mit dem Benzol ist (ρ (Benzol) = 1000). Die ρ-Werte der bisher mit dem Pars-Orbital-Verfahren untersuchten Kohlenwasserstoffe überstreichen einen Bereich von ca 700 bis 940. Es wird also gefunden, daß es in den Kohlenwasserstoffen Benzolringe gibt, die in elektronischer Hinsicht dem Grundkörper sehr ähnlich sind, während dies für andere Benzolringe nicht zutrifft. Den Einfluß der Kondensation von Benzolringen auf den Benzolcharakter kann man zum Beispiel am Vergleich der ρ-Werte von Biphenyl (975) und Naphthalin (912) erkennen.
Wie sich aus den **1H-NMR-Spektren** eindeutig ergibt, sind mehrkernige benzoide Kohlenwasserstoffe diatrope Moleküle.
Die **Dewar-Resonanzenergien** der Verbindungen sind immer positiv. Da unabhängig von der Konstitution der Kohlenwasserstoffe (dem "Verknüpfungsmuster" der Benzolringe) die Resonanzenergie mit der Molekülgröße (Zahl der Kohlenstoffatome) zunimmt, ist die Resonanzenergie pro Elektron (REPE), d.h. der Quotient RE/n, wobei n die Zahl der π-Elektronen ist, eine geeignetere Größe zum Vergleich verschiedener Kohlenwasserstoffe hinsichtlich ihrer Resonanzenergien. Die REPE von Benzol

beträgt $0.065\,\beta$ (Hess–Schaad, siehe Abschnitt 1.1). Alle mehrkernigen benzoiden Kohlenwasserstoffe haben kleinere REPE als Benzol. Die Beträge hängen stark von der Konstitution der Verbindungen ab. Zum Beispiel hat der Kohlenwasserstoff **8** (Formelübersicht 1.1) eine REPE von $0.042\,\beta$ während die REPE des isomeren Kohlenwasserstoffs **9** $0.056\,\beta$ beträgt. In den verglichen mit Benzol kleineren REPE-Beträgen der mehrkernigen Kohlenwasserstoffe drückt sich eine graduelle Minderung des mittleren Benzolcharakters der Ringe aus.

Die **C–C-Bindungslängen der Benzolkerne** (Röntgen–Kristallstrukturanalyse) in den mehrkernigen Kohlenwasserstoffen weichen von der C–C-Bindungslänge (140 pm) im Grundkörper ab. Hierfür zwei Beispiele:

Bindung	6	8 (pm)
a	140	146
b	136	138
c	142	142
d	139	142
e	–	139
f	–	140
g	–	146

Tendenziell ist ein Alternieren der Bindungslängen in den Benzolkernen erkennbar. Die Unterschiede in den C–C-Bindungslängen der Benzolkerne betragen bei einigen Kohlenwasserstoffen bis zu ca 30 % der Bindungslängendifferenz zwischen der normalen C–C-Einfach- und C–C-Doppelbindung sp^2-hybridisierter C-Atome (Einfachbindung: 150 pm, Doppelbindung: 133 pm).

Auch in der **chemischen Reaktivität** unterscheiden sich viele mehrkernige benzoide Kohlenwasserstoffe vom Benzol: Sie geben sowohl Substitutions- wie Additionsreaktionen. So können die Kohlenwasserstoffe als Dien-Komponenten in Diels-Alder-Reaktionen fungieren:

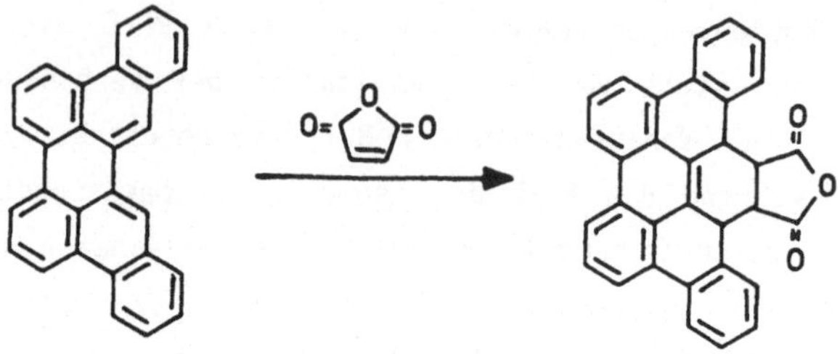

Hierbei sind die thermodynamisch stabilen Produkte auch die kinetisch bevorzugten, da die Geometrie des Übergangszustandes der des Produkts ähnlich ist, d.h. der Übergangszustand nahe am Produkt liegt. Anders als bei den Paracyclophanen mit nichtplanaren Benzolringen (siehe Abschnitt 1.2) ist die treibende Kraft der Diels-Alder-Reaktionen von mehrkernigen Kohlenwasserstoffen nicht der Abbau von Spannungsenergie. Vielmehr haben die Diels-Alder-Addukte größere Gesamt(σ,π)-Elektronenenergien und sind daher thermodynamisch stabiler. Sowohl Paracyclophane mit nichtplanaren Benzolringen als auch mehrkernige benzoide Kohlenwasserstoffe zeigen "Zwitter-Reaktivität", d.h. gehen Reaktionen ein, die für Benzol resp. für Alkene typisch sind. Aber die Gründe für die "Zwitter-Reaktivität" sind in den beiden Verbindungsklassen verschieden.

Es gibt viele mehrkernige benzoide Kohlenwasserstoffe mit 10, 14, 18, 22...etc., d.h. $(4n + 2)$ π-Elektronen, doch hat das nichts mit der bekannten Hückel-Regel zu tun. Die Hückel-Regel besagt, daß planare cyclische Polyene mit $(4n + 2)$ π-Elektronen eine abgeschlossene Elektronenkonfiguration (siehe hierzu Abschnitt 1.1) besitzen, thermodynamisch stabiler sind als ihre acyclischen Analoga und, wenn auch in unterschiedlichem Maße, aromatische Eigenschaften haben. Doch gilt die Hückel-Regel ausschließlich für monocyclische Polyene; sie resultiert aus dem für monocyclische Polyene charakteristischen MO-Energieniveau-Schema ("MO-Diagramm") und dem Pauli-Prinzip, nach dem jedes Orbital maximal 2 Elektronen (mit antiparallelem Spin) "aufnehmen" kann. Exemplarisch sind in Bild 1.3 die MO-Diagramme von Cyclodecapentaen $C_{10}H_{10}$ ("[10]Annulen") (Diagramm a), Naphthalin $C_{10}H_8$ (b), [14]Annulen $C_{14}H_{14}$ (c) und Anthracen $C_{14}H_{10}$ (d) wiedergegeben.

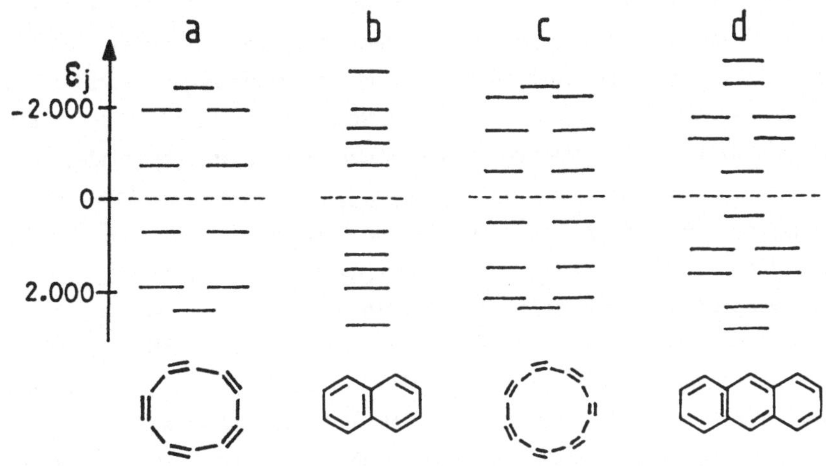

Bild 1.3 MO-Diagramme (Energien in β-Einheiten)

Wie aus dem Bild ersichtlich, sind die MO-Diagramme der monocyclischen Annulene und der bi- resp. tricyclischen benzoiden Kohlenwasserstoffe mit der jeweils gleichen Zahl an π-Elektronen grundsätzlich verschieden. Daß die für monocyclische Polyene abgeleitete Hückel-Regel nicht für mehrkernige benzoide Systeme gilt, folgt auch daraus, daß mehrkernige Kohlenwasserstoffe mit 16, 20, 24 ... etc., d.h. 4n π-Elektronen die gleiche Stabilität und ähnliche Eigenschaften wie die (4n + 2)-Kohlenwasserstoffe besitzen. Dagegen sind monocyclische Polyene mit 4n π-Elektronen sehr instabile, "anti-aromatische" Verbindungen mit (wie leicht aus Bild 1.3 ableitbar ist) unabgeschlossener Elektronenkonfiguration.

1.4 Aromatizität

Was für Paracyclophane und mehrkernige benzoide Kohlenwasserstoffe in den vorangegangenen Abschnitten gezeigt wurde, gilt für viele weitere Klassen cyclisch konjugierter Systeme mit abgeschlossener Elektronenkonfiguration: Die Verbindungen sind in einigen Eigenschaften dem Benzol sehr ähnlich, in anderen jedoch nicht. Die Situation bleibt aber übersichtlich, da es für alle in Frage kommenden Stoffklassen immer die gleichen Eigenschaften sind für die Übereinstimmung mit dem Benzol besteht, nämlich das Verhalten im NMR-Experiment (Diatropie) und die thermodynamische Stabilität (positive Dewar-Resonanzenergie, d.h. die Verbindungen sind thermodynamisch stabiler als ihre acylischen Analoga). Man wird sich auf diese beiden Eigenschaften als "Aromatizitätskriterien" beschränken dürfen, wenn begründet werden kann, daß es sich um die _essentiellen_ aromatischen Eigenschaften handelt. Doch hängt das Ergebnis vom Standpunkt ab, von der Wahl des "Fensters", durch das man das Problem betrachtet.

Überwiegend experimentell orientierte Chemiker könnten das meneide Reaktionsverhalten des Benzols als dessen wichtigste Eigenschaft ansehen. Dagegen werden Theoretiker einwenden, daß das Reaktionsverhalten von Molekülen von vielen unterschiedlichen (thermodynamischen und kinetischen) Faktoren abhängt, und wegen dieser Komplexität zur Klassifizierung von Molekülen weniger gut geeignet ist als Eigenschaften der Moleküle im Grundzustand.

Die Aromatizitätskriterien "Diatropie" und "positive Dewar-Resonanzenergie" beziehen sich auf Grundzustandseigenschaften. In einem Fall, nämlich für (4n + 2)Annulene, konnte gezeigt werden, daß ein analytisch herleitbarer Zusammenhang zwischen Resonanzenergie und Ringstrom besteht[20].

Die Geometrie eines Moleküls ist eine weitere inhärente Eigenschaft seines Grundzustandes, in der sich andere wichtige Eigenschaften, zum Beispiel Hybridisierung und Bindungsenergien, ausdrücken. In neueren quantenchemischen Untersuchungen zum Benzolproblem wurde die Vorstellung entwickelt, daß die ideale D_{6h}-Symmetrie des σ-Gerüsts von Benzol die Voraussetzung (und nicht, wie früher angenommen, die Folge) der π-Elektronendelokalisierung ist[21]. Doch haben andere Autoren betont, daß dieses Ergebnis aus einer inhärenten Eigenschaft des Formalismus von SCF (self consistent field) MO-Rechnungen resultiert[22]. Üblicherweise wird das Aromatizitätskriterium "Diatropie" gleichzeitig als Indiz für "π-Elektronendelokalisierung" angesehen. Dies als zutreffend vorausgesetzt, muß man aus den an Paracyclophanen und bestimmten mehrkernigen benzoiden Kohlenwasserstoffen erhaltenen NMR-Ergebnissen schließen, daß der Benzolring erhebliche Abweichungen von der D_{6h}-Symmetrie "verträgt" bevor er die π-Elektro-

nendelokalisierung als Mittel zur Energieminimierung "aufgibt".
Zwischen dem durch ein äußeres Magnetfeld induzierten ("verlustlosen")
Ringstrom in aromatischen Verbindungen und der Elektronenbewegung
in Supraleitern bestehen gewisse Analogien[20,23]. Das ist ein implizi-
ter Hinweis auf die besondere Natur der π-Elektronen von Aromaten.
Im Rahmen aller quantenchemischen Molekülorbital(MO)-Verfahren werden die π-Elektronen in Aromaten durch Molekülorbitale beschrieben,
die sich über das gesamte Molekül erstrecken: in diesem Sinne sind
die π-Elektronen "delokalisiert". Doch kann man im Rahmen einer speziellen Variante des quantenchemischen Valence Bond(VB)-Verfahrens
die spezifischen Eigenschaften aromatischer π-Elektronensysteme auch
auf der Basis von Atomorbitalen beschreiben, die an den einzelnen
C-Atomen lokalisiert sind[22]. Die Übereinstimmung zwischen experimentellen und theoretischen Daten ist bei beiden Verfahren gleich gut.
Das ist in einer grundlegenden Analogie von MO- und VB-Ansatz begründet: In beiden Verfahren werden Wellenfunktionen für einzelne Elektronen als "Bausteine" zur näherungsweisen Konstruktion der Wellenfunk-
tion eines Mehrelektronensystems verwendet.
Das "Rätselraten" um die besondere Natur der Aromaten begann kurz
nach der Aufstellung der Benzolformel durch Friedrich August Kekule
("Kekule" mit oder ohne Akzent ? Chemiehistorisch interessierte Leser
mögen Lit.24 konsultieren) im Jahre 1865, und ist auch heute noch
nicht beendet (wenn auch gewiße "Ermüdungserscheinungen" unübersehbar
sind). Entsprechend der heute überwiegend vertretenen Auffassung
definieren wir Aromaten als *cyclisch konjugierte Moleküle mit abgeschlossener Elektronenkonfiguration, die thermodynamisch stabiler
sind als ihre acyclischen Analoga (positive Dewar-Resonanzenergie)
und bei denen ein äußeres Magnetfeld einen diamagnetischen Ringstrom
induziert (Diatropie).* Im nächsten Abschnitt wird sich zeigen ob
diese Definition auch in Extremfällen brauchbar ist.

1.5 Sind die Fullerene polycyclische Aromaten ?

1985 wurde erstmals die Existenz von sphärischen Kohlenstoffclustern
nachgewiesen[25], fünf Jahre später konnten sie auch in Substanz erhalten werden[26]. Bei den "Fullerenen" handelt es sich um eine Klasse

von neuen allotropen Modifikationen des Kohlenstoffs. Im Gegensatz zu den bis dahin bekannten Allotropen (Diamant und Graphit) sind die Fullerene <u>molekulare</u> Kohlenstoffmodifikationen.

Die Fullerene mit 60 resp. 70 C-Atomen (C_{60} und C_{70}) sind bisher am eingehendsten untersucht worden[27]. Alle stabilen Fullerene (deren Prototypen C_{60} und C_{70} sind) haben die folgenden gemeinsamen Strukturmerkmale: 1. Die Zahl ihrer C-Atome ist immer gerade und $\geq$ 60 (C_{60} ist das kleinste stabile Fulleren). 2. Alle C-Atome sind sp^2-hybridisiert und durch Bindungen verknüpft, d.h. es treten keine freien Valenzen (keine ungepaarten Elektronen) auf. 3. Die C-Atome bilden ein in sich geschlossenes Netzwerk mit sphärischer Topologie, das aus 5- und 6-gliedrigen Ringen besteht. 4. Die stabilen Fullerene enthalten unabhängig von ihrer C-Zahl n immer 12 fünfgliedrige Ringe (Pentagone), während die Zahl h der sechsgliedrigen Ringe (Hexagone) gegeben ist durch h = n/2 – 10 (für C_{60}: n = 60, h = 20, C_{70}: n = 70, h = 25). 5. Alle 12 Pentagone sind durch Hexagone voneinander isoliert, d.h. es gibt in stabilen Fullerenen keine Pentagone mit gemeinsamen C-C-Bindungen (das ist der Inhalt der "Isolated Pentagon Rule", IPR). In Bild 1.4 ist die Vorderansicht (a) sowie ein sog."Schlegel-Diagramm" (b) von C_{60} wiedergegeben. Im Schlegel-Diagramm (nach dem Mathematiker Schlegel[28]) sind alle C-Atome (= Ecken der Pentagone resp. Hexagone) des sphärischen Clusters und ihre Verknüpfung in die Ebene projiziert.

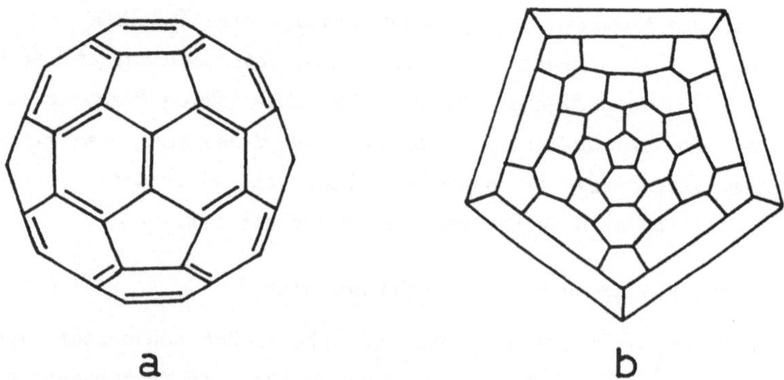

a   b

Bild 1.4 Vorderansicht (a) und Schlegel-Diagramm (b) von C_{60}

Die große Popularität, die die Fulleren-Entdeckung in der Tagespresse und im Fernsehen gefunden hat, ist nicht zuletzt der Tatsache zuzuschreiben, daß C_{60} die Struktur eines Fußballs hat !

Die Doppel- und Einfachbindungsverteilung, wie sie in Bild 1.4 a angegeben ist, entspricht der energieärmsten Kekule-Struktur des C_{60}-Moleküls. Die IPR kann man sich leicht am Schlegel-Diagramm klar machen.

In Bild 1.5 sind die Vorderansicht und das Schlegel-Diagramm von C_{70} dargestellt. Im Gegensatz zum kugelförmigen C_{60} hat C_{70} eine elliptoide Form (die Form eines Rugby-Balls, um beim Sport zu bleiben, den man in den USA "football" nennt, während der "Fußball" in den USA "soccer ball" heißt).

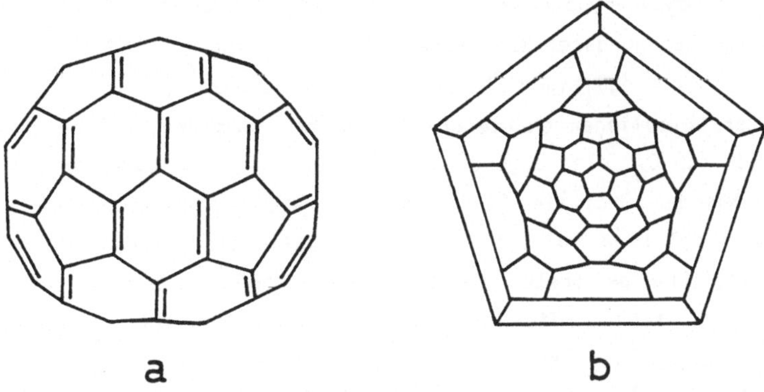

a   b

Bild 1.5 Vorderansicht (a) und Schlegel-Diagramm (b) von C_{70}

Für sphärische Kohlenstoffcluster mit C-Zahlen n ⟩ 22, 12 fünfgliedrigen Ringen und (n/2 - 10) sechsgliedrigen Ringen gibt es für jedes n eine sehr große Zahl von möglichen Regioisomeren, die sich durch die gegenseitige Verknüpfung der 5- und 6-Ringe unterscheiden. Aus theoretischen Untersuchungen[29] sowie der bisherigen experimentellen Erfahrung folgt jedoch, daß nur die Regioisomeren, die die IPR erfüllen, stabile Moleküle sind. Von den 1812 theoretisch denkbaren Regioisomeren für n = 60 ist die der IPR entsprechende Ringverknüpfung nur in dem stabilen, leicht herstellbaren "Fussballmolekül" von Bild 1.4 gegeben. Keines der übrigen Regioisomeren wurde bisher gefunden. In Fullerenstrukturen, in denen alle 12 fünfgliedrigen

Ringe durch sechsgliedrige Ringe voneinander isoliert sind, wird die Ringspannung gleichmäßig auf das gesamte Molekül verteilt, und die Bindungswinkel-Deformationen sind geringer als in den übrigen Regioisomeren.

Die Struktur des C_{60}-Moleküls erinnert natürlich an mehrkernige benzoide Aromaten (siehe Formelübersicht 1.1) ebenso wie an die aromatische allotrope Modifikation des Kohlenstoffs, den Graphit. So wurde schon in der ersten Arbeit[25] über die Entdeckung und postulierte Struktur des C_{60}-Moleküls vermutet: "It appears to be aromatic". Nachdem C_{60} durch die zweite große Entdeckung auf dem Fullerengebiet[26] in präparativen Mengen zugänglich geworden war und seine Eigenschaften studiert werden konnten[28], ergaben sich weit mehr Argumente gegen als für die Aromaten-Hypothese. Doch erst experimentelle und theoretische Ergebnisse aus jüngster Zeit scheinen dieses wichtige und interessante Problem einer endgültigen Lösung näher zu bringen[30,31].

Mit unterschiedlichen quantenchemischen Methoden ergibt sich übereinstimmend, daß C_{60} eine abgeschlossene Elektronenkonfiguration besitzt. Alle bindenden Orbitale (wobei das oberste bindende Orbital 5-fach entartet ist) sind vollständig besetzt, alle anti-bindenden Orbitale unbesetzt, und es treten keine nicht-bindenden Orbitale auf. Auch die physikalischen und chemischen Eigenschaften von C_{60} sind nur mit einer abgeschlossenen Elektronenkonfiguration vereinbar.

Das wichtigste Strukturmerkmal des C_{60} ist seine räumliche Gestalt. Die Kugelform kommt ausschließlich durch die 5-gliedrigen Ringe in der C_{60}-Oberfläche zustande, was mathematisch aus der Eulerschen Theorie der Polyeder folgt und an einem chemischen Beispiel leicht veranschaulicht werden kann: Der nur aus 6-Ringen bestehende Kohlenwasserstoff Coronen (13) ist ideal planar, während Corannulen (14) mit einem zentralen 5-Ring die Gestalt einer Schüssel hat.

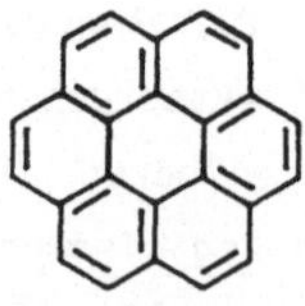

13   14

(C_{60} kann man sich formal aus drei Corannulen-Schüsseln mit je 20 C-Atomen aufgebaut denken).

Erste Abschätzungen der **Resonanzenergie** von C_{60} gaben widersprüchliche Resultate da die Nichtplanarität des Moleküls nicht oder nur unzureichend berücksichtigt wurde. In neueren Untersuchungen wird von der sog. π-orbital axis vector (POAV) Analyse Gebrauch gemacht[15,32].

In der POAV-Analyse wird, wie in Bild 1.6 dargestellt, ein π-Orbitalachsen-Vektor so definiert, daß er mit allen drei σ-Bindungen eines konjugierten C-Atoms den gleichen Winkel $\Theta_{\sigma\pi}$ bildet.

(Die σ-Bindungen werden auf der Verbindungslinie zwischen den Kernen angenommen).

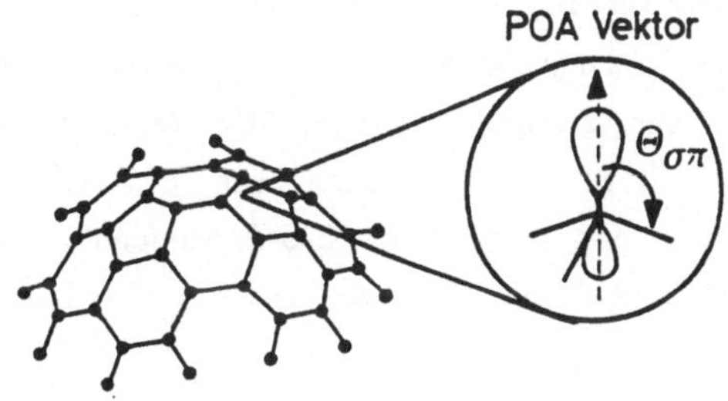

Bild 1.6 Definition des Winkels $\Theta_{\sigma\pi}$ im POAV-Verfahren

Für die sp^2-hybridisierten C-Atome in planaren π-Systemen beträgt $\Theta_{\sigma\pi}$ natürlich $90°$, im C_{60} dagegen $101.64°$ (zum Vergleich "Tetraederwinkel" in gesättigten Kohlenwasserstoffen: $109.47°$). Entsprechend ergibt sich für das $2p_z-\pi$-Orbital der Kohlenstoffatome im C_{60} etwas s-Charakter ($s^{0.088}p$).

Es konnte nun gezeigt werden, daß die aus der Nichtplanarität resultierende Spannungsenergie S von Fullerenen dem Winkel $\Theta_{\sigma\pi}$ proportional ist[33]:

$$S = a \sum_{}^{n} (\Theta_{\sigma\pi} - \pi/2)^2 \qquad a = \text{Konstante} \qquad (1.4)$$

Vergleicht man die experimentell bestimmte Bildungswärme[34] von C_{60} (ca 600 kcal mol^{-1}) mit der Bildungswärme einer einzelnen, zwei-dimensionalen Kohlenstoffschicht des Graphit, so ergibt sich, daß die erheblich größere Bildungswärme des C_{60} allein auf die Spannungsenergie zurückzuführen ist[35]. Die (theoretischen) Bildungswärmen pro Mol von spannungsfreiem C_{60} und einer einzelnen Graphitschicht sind also annähernd gleich. Da Graphit resonanzstabilisiert ist (die Dewar-Resonanzenergie (Hess-Schaad) pro Elektron von Graphit hat etwa den gleichen Betrag wie die REPE von Naphthalin), folgt, daß auch C_{60} eine (positive) Resonanzenergie besitzen muß[30].

Aus Symmetriegründen sind alle C-Atome im C_{60} äquivalent und entsprechend besteht das ^{13}C-NMR-Spektrum nur aus einer Linie ($\delta = 143$). Die **C-C-Bindungslängen** im C_{60} wurden mit verschiedenen experimentellen Methoden (NMR, Neutronenbeugung, Elektronenbeugung, Röntgen-Kristallstrukturanalyse) bestimmt und mit quantenchemischen Verfahren berechnet[27]. Übereinstimmend wird in allen Untersuchungen gefunden, daß zwei unterschiedliche Bindungslängen auftreten: Eine kürzere Bindungslänge für die (gemeinsame) Bindung der miteinander verknüpften 6-Ringe und eine längere Bindungslänge für die (gemeinsame) Bindung der miteinander verknüpften 5- und 6-Ringe. Die Verhältnisse sind schematisch in Bild 1.7 an zwei Ausschnitten aus der Fullerenstruktur dargestellt, wobei die kürzeren "6-6-Bindungen" durch starke, die längeren "5-6-Bindungen" durch schwächere Linien wiedergegeben sind.

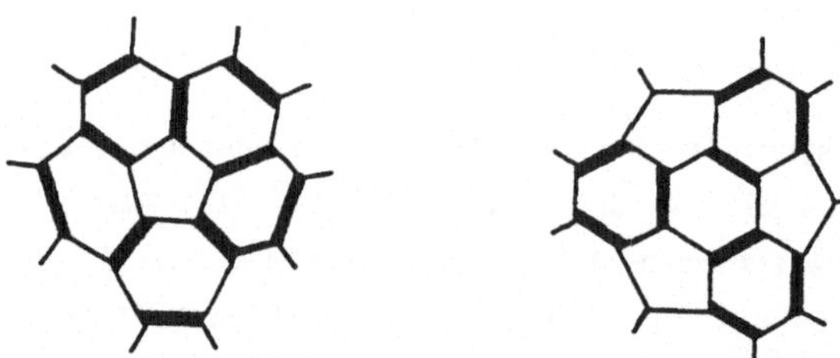

Bild 1.7 Verteilung der kurzen und langen Bindungen im C_{60}

Man erkennt sofort, daß alle Bindungen in den 5-Ringen gleich lang sind, während die Bindungslängen in den 6-Ringen alternieren.

Aus den experimentellen Untersuchungen ergibt sich als Mittelwert der 6-6-Bindungslänge 138 pm. Dabei stimmen die Ergebnisse der Untersuchung durch NMR, Neutronen- und Elektronenbeugung untereinander etwas besser überein als mit dem Ergebnis der Röntgen-Kristallstrukturanalyse. Der Mittelwert der 6-6-Bindungslänge aus den theoretischen Arbeiten (138.2 pm) entspricht dem experimentellen Mittelwert. Zusammengefaßt ist nach jetzigem Kenntnisstand die Länge der 6-6-Bindung im C_{60} 138 pm.

Für die 5-6-Bindung ergibt sich als Mittelwert der experimentellen Untersuchungen eine Bindungslänge von 145 pm, mit dem der Mittelwert aus den theoretischen Arbeiten übereinstimmt (144.8 pm).

Der Unterschied in den alternierenden Bindungslängen der 6-Ringe ist mit 7 pm wesentlich geringer als der zwischen den Doppel- und Einfachbindungen von Polyenen (zum Beispiel im 1,3-Butadien: 23 pm) und entspricht Bindungslängendifferenzen, wie sie für einzelne Benzolkerne auch bei mehrkernigen benzoiden Kohlenwasserstoffen beobachtet werden (siehe Abschnitt 1.3). Die C-C-Bindungslängen im C_{60} sind eher mit der Annahme vereinbar, daß C_{60} eine aromatische Verbindung ist als daß es sich um ein großes Cylopolyen mit lokalisierten Doppel- und Einfachbindungen handelt.

Die **chemische Reaktivität** von C_{60} wird wesentlich durch die folgenden molekularen Eigenschaften bestimmt: 1. Das erste unbesetzte π-Orbital (LUMO) liegt relativ niedrig und ist dreifach entartet. 2. Die Spannungsenergie des C_{60} ist sehr groß (pro Atom 8–10 kcal mol^{-1}); tatsächlich sind C_{60} und höhere Fullerene die spannungsreichsten organischen Moleküle, die jemals isoliert wurden. 3. Die 6-6- und 5-6-Doppelbindungen unterscheiden sich durch die Bindungslängen, und damit auch in der Bindungsordnung und in der Reaktionsfähigkeit; die kürzeren 6-6-Bindungen sind reaktiver als die 5-6-Bindungen.

Aufgrund der niedrigen Energie des LUMO kann C_{60} elektrochemisch leicht reduziert werden. Das erste Reduktionspotential, das mit der Aufnahme von einem Elektron im LUMO verbunden ist, liegt (in Abhängigkeit vom Lösungsmittel) zwischen –0.33 und –0.98 V[27]. Vergleichbar niedrige Reduktionspotentiale findet man auch bei einigen mehrkernigen benzoiden Kohlenwasserstoffen. Zum Beispiel beträgt das Reduktionspotential von Pentacen (15) –0.86 V.

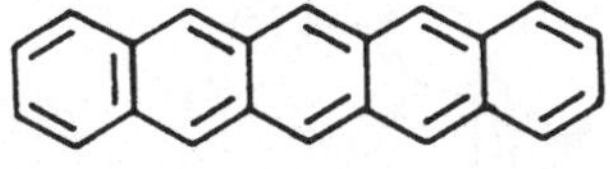

15

Wegen der dreifachen Entartung seines LUMO kann C_{60} bis zum Hexaanion

$C_{60}{}^{6-}$ reduziert werden[27]. Bei mehrkernigen aromatischen Kohlenwasserstoffen sind stabile mehrfach geladene Anionen selten. Eine Ausnahme ist das mit C_{60} strukturell verwandte Corannulen (**14**), das leicht ein Tetraanion bildet[36].

Da die Fullerene keinen Wasserstoff enthalten, können sie natürlich keine Substitutionsreaktionen eingehen. Dagegen sind zahlreiche Additionsreaktionen mit C_{60} (und zum Teil auch mit C_{70}) durchgeführt worden[27], zum Beispiel Diels–Alder–Reaktionen:

In Diels–Alder–Reaktionen fungiert C_{60} immer als <u>Dienophil</u>; es sind keine Diels–Alder–Reaktionen bekannt, in denen C_{60} die Rolle der <u>Dien</u>-Komponente übernimmt. Auch dieser Befund ist als Indiz gewertet worden, daß C_{60} die Elektronenstruktur eines (elektronenarmen) Polyens hat, doch wäre auch für ein "aromatisches C_{60}" nicht zu erwarten, daß es Dien-Reaktivität zeigt. Nur solche mehrkernigen benzoiden Kohlenwasserstoffe, die wie Anthracen mindestens drei linear verknüpfte Benzolringe enthalten, reagieren in Diels–Alder–Reaktionen als Diene. Derartige benzoide Bereiche kommen aber in der C_{60}-Struktur nicht vor.

Carbanionen werden nucleophil an C_{60} addiert, zum Beispiel:

Das aus Brom-malonester in Gegenwart von Base (NaH) entstehende Carb-
anion gibt durch nucleophile Addition an C_{60} eine anionische Zwischen-
stufe, die sich durch intramolekularen Ringschluß unter Eliminierung
von NaBr zum Cyclopropanderivat stabilisiert. Über analoge Zwischenstufen verläuft auch die nucleophile Substitution von benzoiden Aromaten, zum Beispiel die zweifache Methylierung von Anthracen durch
Umsetzung mit Dimethylsulfoxid in Gegenwart von NaH[37].

Die Additionsreaktionen von C_{60} finden an den 6-6-Bindungen statt,
d.h. an den kürzeren Bindungen mit der entsprechend höheren Bindungsordnung. Hierbei herrschen 1.2-Additionen vor. Die 1.4-Addition führt
zur Ausbildung von Doppelbindungen zwischen 5- und 6-Ringen, was
energetisch ungünstig ist. Der Energiebedarf pro entstehender Doppelbindung zwischen 5- und 6-Ring beträgt ca 8.5 kcal mol^{-1}. (Auch aus
diesem Grund ist verständlich, daß C_{60} in Diels-Alder-Reaktionen
nicht als Dien reagiert).

Die verglichen mit Graphit erheblich geringere thermodynamische Stabilität von C_{60} resultiert, wie schon erwähnt wurde, praktisch vollständig aus der Spannungsenergie des C_{60}. Additionsreaktionen am
C_{60} ändern die Hybridisierung der Kohlenstoffatome: sie sind im Addi-
tionsprodukt sp^3-hybridisiert. Dadurch wird nicht nur lokal (am Ort
der Addition) sondern auch im Gesamtmolekül die Spannung vermind-
ert[30].

Erst bei Einführung mehrerer groß-volumiger Reste entsteht durch
die sterische Hinderung zwischen den Resten ein neuer destabilisieren-
der (Energie-erhöhender) Faktor.

Wenn auch im Detail mechanistisch verschieden so doch im Prinzip analog[31], ist die "treibende Kraft", die für die Additionsreaktionen sowohl von Paracyclophanen als auch des C_{60} verantwortlich ist, der Abbau von Spannungsenergie. Wie schon bei den Paracyclophanen (Abschnitt 1.2) im Einzelnen ausgeführt, erlaubt das Auftreten von Additionsreaktionen, die mit Spannungsabbau verbunden sind und wesentlich durch Spannungsabbau zustande kommen, keine Entscheidung ob die reagierenden C-Atome mehr olefinischen oder aromatischen Charakter besitzen. Mit anderen Worten: die Chemie des C_{60} kann keinen eindeutigen Beitrag zur Klärung der Frage leisten ob C_{60} die Elektronenstruktur eines Polyens oder eines aromatischen Moleküls hat.

Doch gibt auch hier das **NMR-Spektrum** eine klare Antwort. Dies gilt insbesondere für das folgende außerordentlich interessante Experiment[38]: Eine Mischung von C_{60} und C_{70} wurde in einer Atmosphäre von ^{3}He unter einem Druck von ca 2500 atm für 5 h auf 600° C erhitzt. Unter diesen Bedingungen gelingt es, ^{3}He-Atome in das Innere der Fulleren-Hohlkugeln "einzuschleusen" (wahrscheinlich werden hierbei durch Lösen von C-C-Bindungen "Fenster" in den Moleküloberflächen geöffnet, durch die die He-Atome in das Innere der Hohlkugeln eintreten, und darauffolgend wieder geschlossen). In allen so dotierten Fullerenmolekülen befindet sich immer nur ein Heliumatom (C_{60}-^{3}He, C_{70}-^{3}He). Zwar ist die Ausbeute an dotierten Fullerenmolekülen gering (ca 0.1% der Fullerenmoleküle enthalten Heliumatome, bei gleicher Verteilung auf C_{60} und C_{70}), doch ausreichend für die NMR-Messung, die mit der Mischung aus undotierten und dotierten Fullerenmolekülen durchgeführt wurde. Das NMR-Spektrum (gemessen in 1-Methylnaphthalin unter Durchleiten von ^{3}He) besteht aus drei Linien, die vom "freien" Helium (Referenzsubstanz, $\delta = 0$), dem in C_{60} eingeschlossenen Helium ($\delta = -6.3$) und dem in C_{70} eingeschlossenen Helium ($\delta = -28.8$) herrühren. Die Heliumatome erfahren also im Inneren der Fulleren-Hohlkugeln (wie quantenchemische Rechnungen ergeben haben: im Zentrum der Hohlkugeln) die Wirkung eines dort herrschenden magnetischen Feldes, dessen Richtung der des äußeren Feldes entgegengesetzt ist. Unterstützt durch Rechnungen[31] ergibt sich aus dem experimentellen Ergebnis, daß ein äußeres Magnetfeld in den π-Elektronensystemen von C_{60} und C_{70} diamagnetische Ringströme induziert, d.h. die Verbindungen sind "diatrop" (Abschnitt 1.1).

Die vorliegenden Ergebnisse zur Struktur, Stabilität und chemischen Reaktivität sowie zum magnetischen Verhalten von C_{60} und C_{70} sind am besten mit der Vorstellung vereinbar, daß es sich bei diesen Molekülen um <u>dreidimensionale polycyclische Aromaten</u> handelt.

"If C_{60} is not to be considered aromatic, benzene will be condemned to a lonely existence" (R.C.Haddon[30]).

Mit dieser lakonischen Feststellung ist nicht nur das C_{60}-Problem, sondern auch das Problem der "Aromatizität" treffend umschrieben.

1.6 Heteroaromaten und mehrkernige nichtbenzoide Aromaten

Das Gesamtgebiet der polycyclischen Aromaten umfaßt außer den polycyclischen Kohlenwasserstoffen und den Fullerenen noch Heteroaromaten und mehrkernige nichtbenzoide Aromaten, die jedoch in diesem Buch nicht ausführlich behandelt werden.

Viele Heteroaromaten leiten sich formal von carbocyclischen Aromaten durch Ersatz von CH-Gruppen durch Stickstoff- oder Schwefel-Atome ab. Einige Beispiele sind in der Formelübersicht 1.2 angegeben.

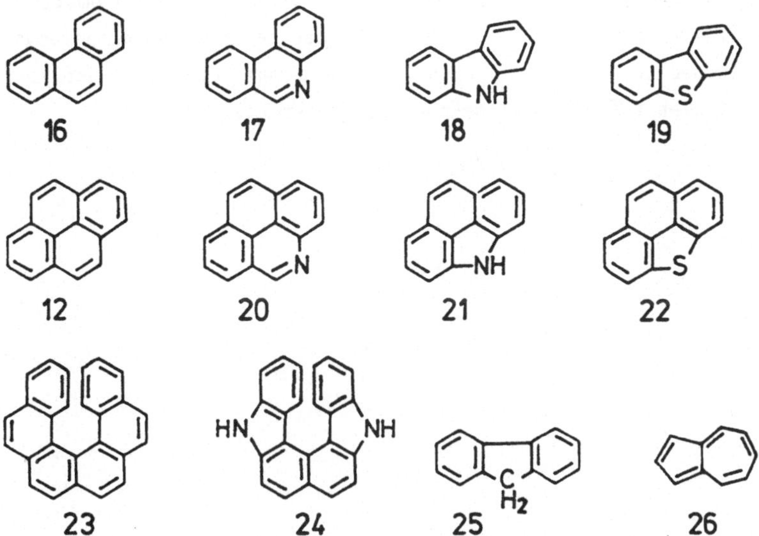

Formelübersicht 1.2. Mehrkernige Aromaten und Heteroaromaten

Heteroaromaten haben meist ähnliche physikalische und chemische Eigenschaften wie ihre jeweiligen carbocyclischen Analoga. Das trifft
zum Beispiel für die Spektren zu, häufig auch für spezielle photo-
physikalische Eigenschaften[39].

Die Regioselektivität der elektrophilen Substitution von heteroaroma-
tischen Verbindungen wird natürlich stark durch den elektronischen
Einfluß der Heteroatome bestimmt. So wird zum Beispiel Carbazol
(**18**) ausschließlich in ortho- und para-Stellung zur NH-Gruppe (analog
wie Anilin) substituiert. Die spektroskopischen und chemischen Eigenschaften des Carbazols ändern sich, wenn das einsame Elektronenpaar
am Stickstoff aus der Resonanz des Moleküls "herausgenommen" wird,
zum Beispiel durch Protonierung der NH-Gruppe; in stark saurer Lösung
ähneln die Eigenschaften des Carbazols denen des Fluorens (**25**).

Gelegentlich sind interessante Bauprinzipien mehrkerniger Aromaten
zunächst in heterocyclischen und erst später in den analogen carbocyclischen Verbindungen verifiziert worden. So ist zum Beispiel das
nichtplanare Carbazol **24** seit 1927 bekannt[40], aber der entsprechende Kohlenwasserstoff, das Hexahelicen (**23**), ist erst 1956 synthetisiert worden[41].

Während eine Vielzahl monocyclischer nichtbenzoider Aromaten hergestellt und untersucht wurde, sind bisher relativ wenige polycyclische
nichtbenzoide Aromaten bekannt. Das mit dem Naphthalin isoelektroni-
sche Azulen (**26**) ist das bekannteste Beispiel.

2 BAUPRINZIPIEN POLYCYCLISCHER AROMATISCHER KOHLENWASSERSTOFFE

Das heute überwiegend in der internationalen Literatur verwendete Acronym für die polycyclischen aromatischen Kohlenwasserstoffe ist PAH (von Polycyclic Aromatic Hydrocarbon).
Alle PAHs enthalten Benzolringe, und es ist üblich geworden, bereits das bicyclische Naphthalin zur Klasse der PAHs zu rechnen. Das ist aus formalen Gründen praktisch, aber auch dadurch gerechtfertigt, daß Naphthalin in seinen physikalischen und chemischen Eigenschaften den mehrkernigen Kohlenwasserstoffen, z.B. dem Phenanthren, näher steht als dem Benzol.
Der größte bisher bekannte PAH mit eindeutig bestimmter Konstitution besteht aus 17 Benzolringen.

2.1 Bi- und Oligo-aryle, Fluorene

Die Stoffklasse der PAHs kann unterteilt werden in kondensierte und nichtkondensierte Verbindungen. In den kondensierten Kohlenwasserstoffen haben miteinander verknüpfte Ringe eine C–C-Bindung gemeinsam. Naphthalin (1) ist das einfachste Beispiel. Der entsprechende nichtkondensierte PAH aus zwei Benzolringen ist das Biphenyl (2): die beiden verknüpften Benzolringe haben keine gemeinsame C–C-Bindung.

Auch <u>Biaryle</u>, die aus größeren Arylresten bestehen, z.B. 2,2'-Binaphthyl (3), werden zu den nichtkondensierten PAHs gerechnet, d.h. die C-C-Einfachbindung ("Biaryl-Bindung") zwischen den verknüpften Arylresten ist das dominante Strukturmerkmal dieses Typs von nichtkondensierten PAHs. Beispiele für <u>Oligo-aryle</u> sind die Kohlenwasserstoffe 4 und 5.

Zu den nichtkondensierten PAHs zählen auch die <u>Fluorene</u>. Sie stehen strukturell in naher Beziehung zu den Bi- und Oligo-arylen: Arylreste sind durch Biaryl-Bindungen und zusätzlich durch CH_2-Gruppen verknüpft. Der Grundkörper, das Fluoren (6), leitet sich vom Biphenyl (2) ab. Zahlreiche höhermolekulare Fluorene sind bekannt, zum Beispiel die Verbindungen 7 - 10.

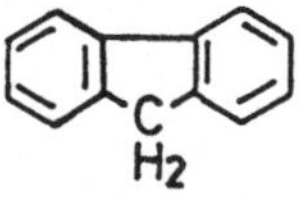

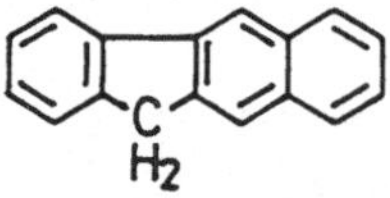

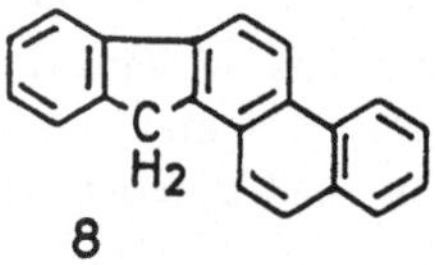

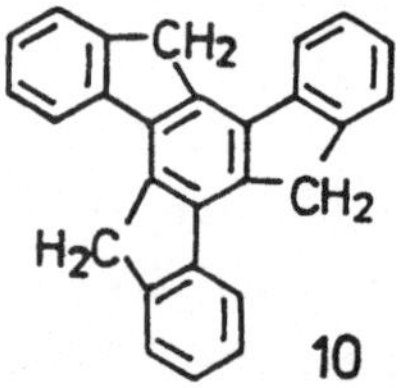

Die Stärke der elektronischen Wechselwirkung zwischen den durch formale Einfachbindungen verknüpften Arylresten in Bi- und Oligo-arylen sowie Fluorenen hängt stark von der Größe der Atomorbitalkoeffizienten ab, die die Brückenkopf-Kohlenstoffatome der Arylreste in ihren Grenzorbitalen (HOMO und LUMO) aufweisen. Die Wechselwirkung nimmt mit der Größe dieser Koeffizienten zu und ist im Falle großer Koeffizienten auch vom Verdrillungswinkel abhängig[1]. Sind die Arylreste aufgrund sterischer Hinderung orthogonal zueinander angeordnet, so findet nahezu keine Wechselwirkung statt. In jedem Fall ist die elektronische Wechselwirkung zwischen den Benzolringen in kondensierten PAHs deutlich größer als die zwischen den durch formale Einfachbindungen verknüpften Arylresten in Bi- und Oligo-arylen sowie Fluorenen.

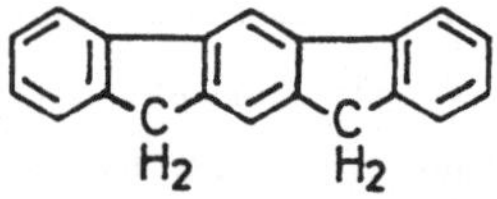

2.2 Alternierende und nichtalternierende PAHs

Alle C-Atome in den kondensierten und nichtkondensierten PAHs sind (bis auf die Methylen-C-Atome in Fluorenen) sp^2-hybridisiert. In den bisher betrachteten PAHs waren die sp^2-hybridisierten C-Atome (mit einer Ausnahme) ausschließlich in sechsgliedrigen Ringen (Benzolringen) angeordnet. Die Ausnahme war das Corannulen (Abschnitt 1.5), das neben Benzolringen auch einen fünfgliedrigen Ring enthält. Tatsächlich ist das Corannulen nur ein (wenn auch wegen seiner Geometrie sehr spezielles) Beispiel für eine sehr große Klasse von PAHs, die sich von dem Kohlenwasserstoff 11, dem Fluoranthen, ableitet (siehe Formelübersicht 2.1 mit weiteren Beispielen für PAHs mit fünfgliedrigen Ringen).

11   12   13   14

15   16

Formelübersicht 2.1. PAHs mit fünfgliedrigen Ringen

Bei den Fluoranthenen und strukturell verwandten PAHs mit fünfgliedrigen Ringen handelt es sich um stabile, aromatische Verbindungen. Sofern keine speziellen strukturellen Gegebenheiten vorliegen, wie zum Beispiel beim Corannulen, sind sie planar.

Andererseits ergibt sich ein wichtiger Unterschied zwischen PAHs, die nur aus 6-Ringen aufgebaut sind, und solchen, die auch 5-Ringe enthalten, wenn man zur Charakterisierung der Strukturen ein einfaches formales Prinzip (das sog. "Alternanz-Prinzip") anwendet[2,3]. Die C-Atome des PAH werden (alternierend) "besternt", so daß besternte C-Atome nur mit unbesternten verbunden sind, und umgekehrt; oder in der Sprache der MO-Theorie: die Atomorbitale werden einem besternten und einem unbesternten Satz so zugeordnet, daß nur Bindungen zwischen Atomorbitalen aus den verschiedenen Sätzen resultieren. In den angegebenen Beispielen wird das Prinzip sowohl auf PAHs angewendet, die nur aus 6-Ringen bestehen, als auch auf solche, die außer 6-Ringen auch 5-Ringe enthalten.

Man sieht an den Beispielen sofort, daß die Alternanzforderung bei den PAHs, die nur aus 6-Ringen bestehen, vollständig erfüllt ist. Die nur aus 6-Ringen bestehenden PAHs sind "<u>alternierende Kohlenwasserstoffe</u>"[2,3]. Andererseits lassen sich die PAHs, die neben 6-Ringen auch 5-Ringe enthalten, nicht durchgehend alternierend besternen: immer gibt es mindestens zwei C-Atome der gleichen Parität zwischen denen eine Bindung besteht (d.h. eine Wechselwirkung zwischen Atomorbitalen des gleichen Satzes). PAHs, die neben 6-Ringen auch 5-Ringe enthalten, sind "<u>nichtalternierende Kohlenwasserstoffe</u>"[2,3].

Die Bedeutung der Klassifizierung von PAHs als alternierende resp. nichtalternierende Systeme besteht darin, daß sich die beiden Typen von Kohlenwasserstoffen nicht nur topologisch sondern daraus resultierend auch in der Elektronenstruktur unterscheiden: für die alternierenden PAHs gilt das sogenannte "<u>Paarungstheorem</u>", für die nichtalternierenden PAHs dagegen nicht. Das Paarungstheorem bezieht sich auf die Energien und Atomorbitalkoeffizienten (Hückelkoeffizienten der

Linearkombination von AOs zu MOs) der bindenden und antibindenden π-Orbitale von alternierenden Kohlenwasserstoffen und umfaßt folgende Aussagen[2,3]:

(1) Zu jedem bindenden Orbital mit der Energie $(\alpha + \epsilon_j)$ gibt es ein antibindendes Orbital mit der Energie $(\alpha - \epsilon_j)$, wobei α das Coulomb-Integral (der energetische Bezugspunkt) ist, d.h. die Energien aller bindenden und antibindenden Orbitale sind symmetrisch gegenüber dem energetischen Bezugspunkt (siehe Bild 2.1 a: Ausschnitt aus dem MO-Diagramm eines alternierenden PAH).

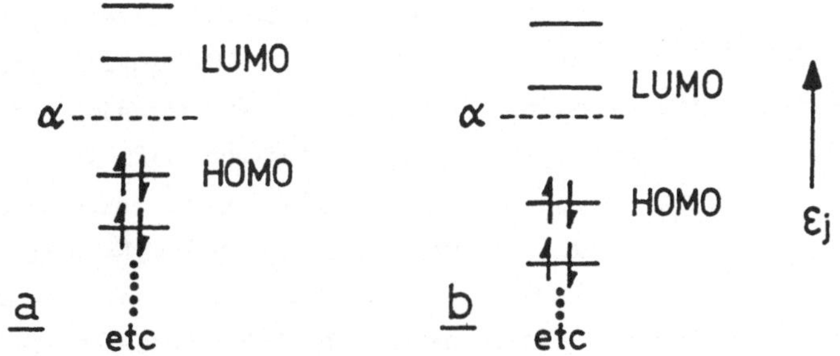

Bild 2.1. Alternierende und nichtalternierende PAHs: MO-Pattern

(2) In den bindenden und antibindenden MOs mit jeweils gleichen absoluten Beträgen der Energie haben auch die AO-Koeffizienten gleiche Beträge. In einem der beiden AO-Sätze besitzen die Koeffizienten auch gleiche Vorzeichen. Als Beispiel sind in Tabelle 2.1 die AO-Koeffizienten des Benzols angegeben.

Tab.2.1.   AO-Koeffizienten des Benzols

C-Atom/MO	1	2	3	4	5	6
1*	+0.408	0	+0.577	-0.577	0	-0.408
3*	+0.408	+0.500	-0.289	+0.289	-0.500	-0.408
5*	+0.408	-0.500	-0.289	+0.289	+0.500	-0.408
2	+0.408	+0.500	+0.289	+0.289	+0.500	+0.408
4	+0.408	0	-0.577	-0.577	0	+0.408
6	+0.408	-0.500	+0.289	+0.289	-0.500	+0.408

(nach Lit.4, Seite 57)

    (3) Die Elektronendichte q_r ist an allen C-Atomen gleich 1,
d.h. alternierende PAHs besitzen kein Dipolmoment.
Die Elektronendichte (synonym mit "Ladungsordnung") ist
(in HMO-Näherung) gegeben durch:

$$q_r = 2 \sum_{j=1}^{n} c_{jr}^2 \qquad (2.1)$$

wobei c der AO-Koeffizient für das C-Atom r im Orbital
j ist und die Summation sich über alle besetzten Orbitale
erstreckt.

Für nichtalternierende PAHs gilt, wie schon erwähnt, das Paarungstheorem nicht, und sie besitzen keine der Eigenschaften (1) bis (3).
In Bild 2.1 b ist ein Ausschnitt aus dem MO-Diagramm eines nichtalternierenden PAH schematisch dargestellt. Die bindenden und antibindenden MOs weisen keine symmetrische Verteilung auf. Viele physikalische und chemische Eigenschaften von PAHs werden insbesondere durch die Elektronen im HOMO bestimmt (die für Moleküle eine vergleichbare Rolle wie die Valenzelektronen in Atomen spielen). Von ähnlich großer Bedeutung sind die Eigenschaften des LUMO. Unterschiede in den Eigenschaften von alternierenden resp. nichtalternierenden PAHs sind oft direkt darauf zurückzuführen, daß im Falle der alternierenden PAHs die Grenzorbitale (HOMO und LUMO) symmetrisch, im Falle der nichtalternierenden PAHs dagegen unsymmetrisch zum Coulombintegral liegen.
Im Gegensatz zu alternierenden weisen nichtalternierende PAHs keine homogene Elektronendichteverteilung auf. Nichtalternierende PAHs sollten daher immer ein Dipolmoment besitzen. Diese theoretische Erwartung steht auch in vielen Fällen in Übereinstimmung mit den experimentellen Daten. (Allerdings werden im Rahmen der einfachen HMO-Näherung, die die Coulomb-Abstoßung zwischen den Elektronen nicht berücksichtigt, immer etwas zu große Dipolmomente berechnet).
Alternanz wurde oben explizit bei PAHs nachgewiesen, die ausschließlich aus sechsgliedrigen Ringen bestehen. Es ist jedoch leicht nachvollziehbar, daß alle carbocyclischen konjugierten π-Elektronensysteme, die nur <u>geradzahlige</u> Ringe enthalten, Alternanz zeigen müssen.
In der Stoffklasse der PAHs gibt es außer den vollständig benzoiden Kohlenwasserstoffen nur noch einen Typ von Verbindungen, der hier

von Bedeutung ist: <u>Biphenylen</u> (17) und seine Benzologen. Beispiele sind die Kohlenwasserstoffe 18 – 21.

17 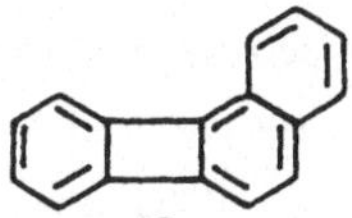   18 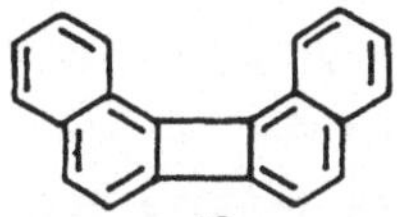   19

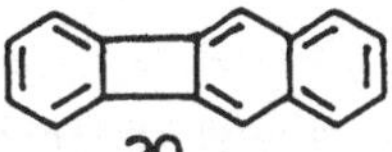

20 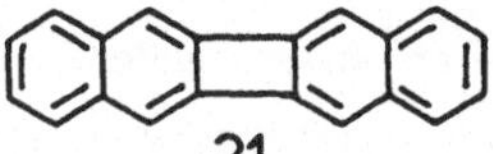   21

Biphenylen ist ein planarer Kohlenwasserstoff. Das charakteristische Strukturmerkmal ist der zentrale 4-Ring. Er leistet einen negativen Beitrag zur Resonanzenergie, wie sich aus dem Vergleich mit dem isoelektronischen Biphenyl ergibt (zum Beispiel beträgt die Hess-Schaad-Resonanzenergie von 17 $0.33\,\beta$, die von Biphenyl $0.72\,\beta$ [5]). Der negative Beitrag des 4-Rings kann auf seinen "anti-aromatischen" Charakter zurückgeführt werden[3] (Cyclobutadien hat eine negative Dewar-Resonanzenergie, siehe auch Abschnitt 1.1). Mit dieser Vorstellung steht auch das ^{1}H- und ^{13}C-NMR-Spektrum von 17 in Übereinstimmung; die beobachteten chemischen Verschiebungen lassen sich mit einem durch das äußere Magnetfeld induzierten <u>para</u>magnetischen Ringstrom im 4-Ring erklären. "Paratropie" ist eine charakteristische Eigenschaft anti-aromatischer Verbindungen[6].

Der zentrale 4-Ring ist auch die Ursache der erheblichen Spannungsenergie von 17, die basierend auf dem Vergleich der experimentellen Standardbildungsenthalpien von 17 und Biphenyl sowie nach neueren theoretischen Berechnungen etwa 70 kcal mol^{-1} beträgt[7]. Die Spannung kommt durch Abweichungen der Bindungswinkel in den Benzolringen vom Idealwinkel von 120° zustande (um 2.2 bis 4.8°).

17 geht leicht elektrophile Substitutionsreaktionen ein (Halogenierung, Nitrierung, Friedel-Crafts-Acylierung) und zwar bevorzugt in der 2-Position; es zeigt also das für Benzol und benzolähnliche Verbindungen typische meneide Reaktionsverhalten (siehe Abschnitt 1.1). Im Gegensatz zu gespannten Paracyclophanen (Abschnitt 1.2) und den Fullerenen (Abschnitt 1.5) sind Substitutions- vor Additionsreaktionen aus energetischen Gründen bei 17 stark begünstigt[7].

2.3 Kata- und peri-kondensierte PAHs

Ein C-Atom wird als primär, sekundär, tertiär oder quartär (manchmal dem englischen Ausdruck entsprechend auch als "quaternär") bezeichnet, je nachdem ob es mit einer, zwei, drei oder allen vier Valenzen an andere C-Atome gebunden ist. In PAHs können nur tertiäre und quartäre C-Atome vorkommen, wobei die tertiären C-Atome, da sie die H-Atome tragen, sich immer "außen", im Umfang ("Perimeter") der PAHs befinden. Bei den quartären C-Atomen von PAHs muß zwischen zwei Typen unterschieden werden: quartäre C-Atome des Perimeters (C_{qa}) und solche, die im Innern der PAHs (C_{qi}) liegen. In den vollständigen Strukturformeln von Anthracen (22) und Pyren (23) sind die quartären C-Atome fett geschrieben.

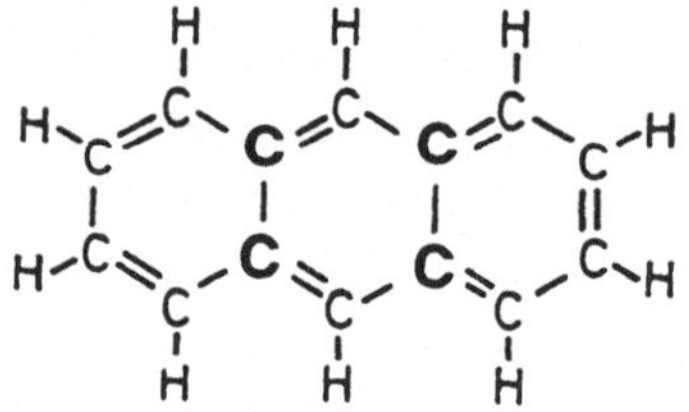

22 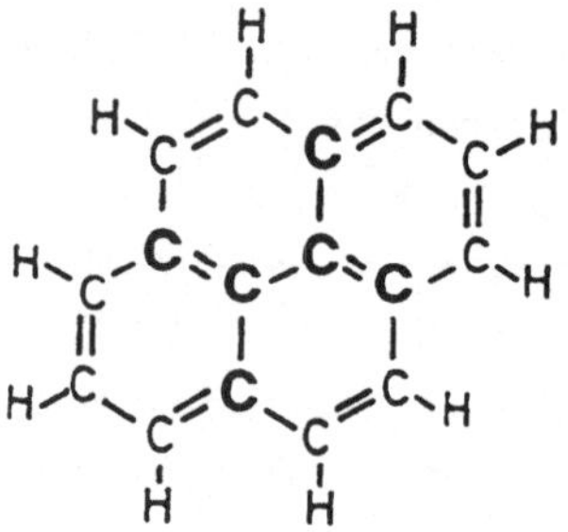   23

Man sieht sofort, daß Anthracen nur C_{qa} enthält, während beim Pyren sowohl C_{qa} wie C_{qi} vorkommen. Generell bezeichnet man PAHs, deren quartäre C-Atome sämtlich vom C_{qa}-Typ sind, als kata-kondensierte Kohlenwasserstoffe, während PAHs, die außer C_{qa} auch C_{qi} enthalten, peri-kondensierte PAHs genannt werden. Damit ist die Vielzahl der polycyclisch-aromatischen Strukturen in zwei große Gruppen aufgeteilt.

In der Formelübersicht 2.2 sind weitere Beispiele für kata-kondensierte PAHs zusammengestellt. Die Formelübersicht 2.3 gibt Beispiele für peri-kondensierte PAHs. Hierbei handelt es sich, wie in allen vorangegangenen Abschnitten, um bekannte, in reiner Form hergestellte Kohlenwasserstoffe, nicht um "theoretische Strukturen".

Mit ganz wenigen Ausnahmen sind alle kata-kondensierten PAHs alternierende Systeme (siehe Abschnitt 2.2). Eine Ausnahme ist das Dibenzopentalen (**28**). Der Grundkörper dieses nichtalternierenden PAHs, das Pentalen, enthält 10 π-Elektronen, d.h 4n π-Elektronen und ist daher entsprechend der Hückel-Regel anti-aromatisch; die Hess-Schaad-Resonanzenergie beträgt -0.18β [5]. Dibenzopentalen ist in Substanz erhalten worden, ein bronze-farbener Kohlenwasserstoff, der sich oberhalb ca 280°C zersetzt, leicht polymerisiert und Brom addiert, sich chemisch also wie ein konjugiertes Dien verhält[8]. Ein weiterer nichtalternierender kata-kondensierter Kohlenwasserstoff ist **29**. Die in dunkel-violetten Kristallen isolierte Verbindung[9] leitet sich vom as-Indacen ab und enthält die Strukturelemente eines Polyens. Kohlenwasserstoffe wie **28** und **29** sollen hier nicht weiter betrachtet werden.

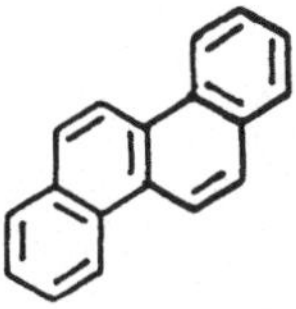
24

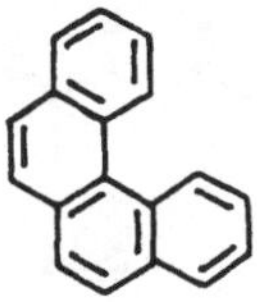
25

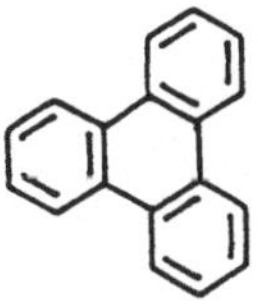
26

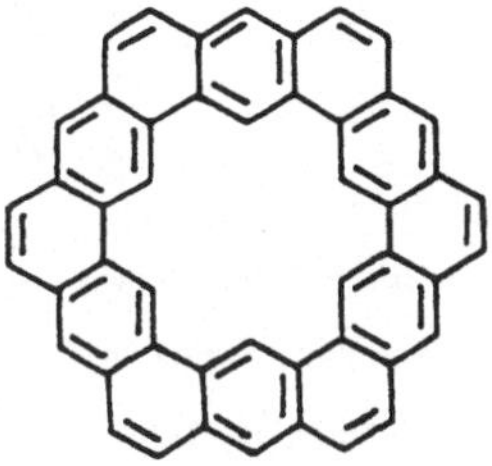
27

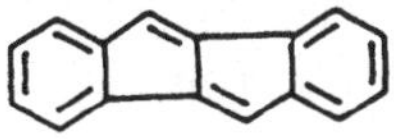
28

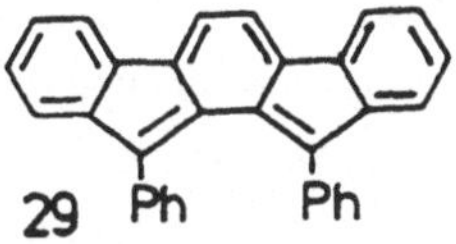

29

Formelübersicht 2.2. Kata-kondensierte Kohlenwasserstoffe

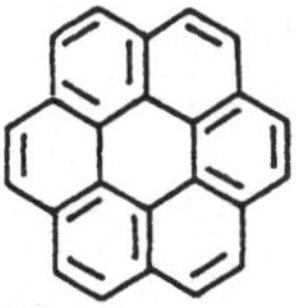
30

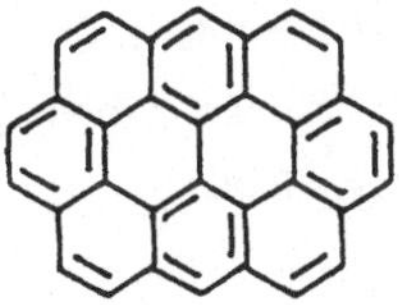
31

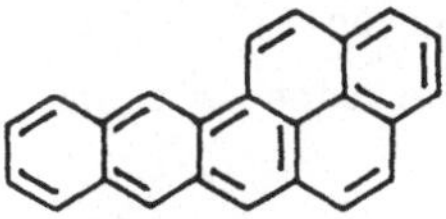
32

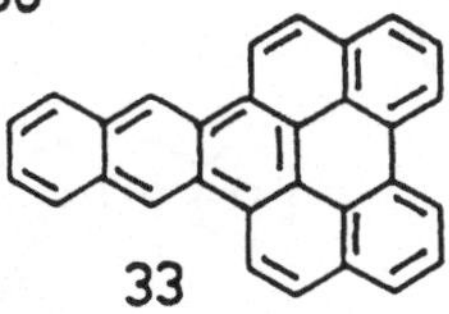
33

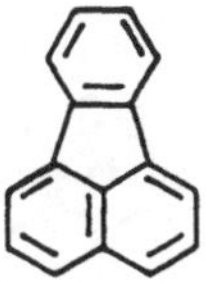
11

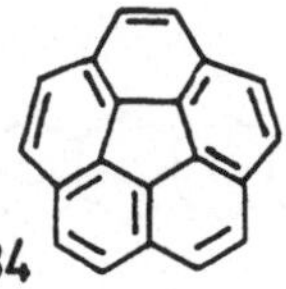
34

Formelübersicht 2.3. Peri-kondensierte Kohlenwasserstoffe

Auch **27** (Formelübersicht 2.2) ist ein kata-kondensierter PAH[10]. Er enthält jedoch im Gegensatz zu den Kohlenwasserstoffen **24 – 26** einen "inneren" und "äußeren" Perimeter.

Coronen (**30**) und Ovalen (**31**) (Formelübersicht 2.3) sind Beispiele für <u>strikt-peri-kondensierte</u> PAHs: in ihnen bilden alle <u>internen C–C-Bindungen</u> <u>zusammenhängende</u> Teilstrukturen[11]. Dagegen sind **32** und **33** zwar peri- aber nicht strikt-peri-kondensiert: sie enthalten isolierte interne C–C-Bindungen. Zur Verdeutlichung des Unterschiedes zwischen peri- und strikt-peri-kondensierten PAHs sind in den Formeln **30a** und **33a** die internen C–C-Bindungen durch stärkere Linien markiert:

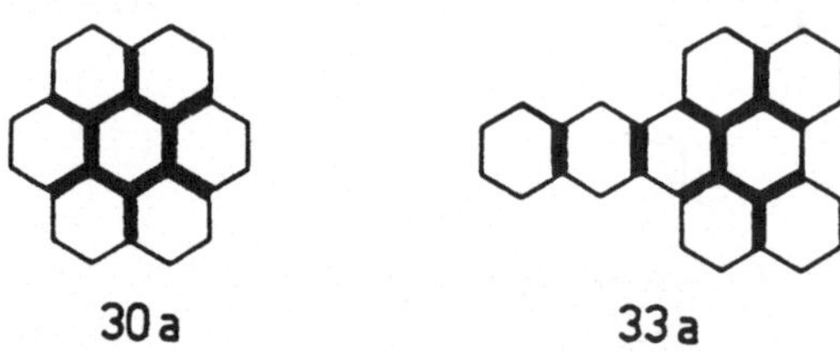

30a   **33a**

Nichtalternierende PAHs sind (mit Ausnahme der sich vom Pentalen oder den Indacenen ableitenden Verbindungen) immer peri-kondensierte Kohlenwasserstoffe. Unter den peri- resp. strikt-peri-kondensierten PAHs sind Fluoranthen (**11**) resp. Corannulen (**34**) die kleinsten nicht-alternierenden Systeme (Formelübersicht 2.3).

Bei kata-kondensierten PAHs unterscheidet man zwischen <u>linear anellierten</u> und <u>angular anellierten</u> Kohlenwasserstoffen. In linear anellierten PAHs liegen die Mittelpunkte aller Benzolringe auf einer Geraden, während sie in angular anellierten PAHs auf zwei Geraden liegen, die einen Winkel von 120° bilden. Gehen in einem PAH Anellierungen von allen drei ortho-Positionen eines Benzolkerns aus, so handelt es sich um einen <u>verzweigten</u> PAH.

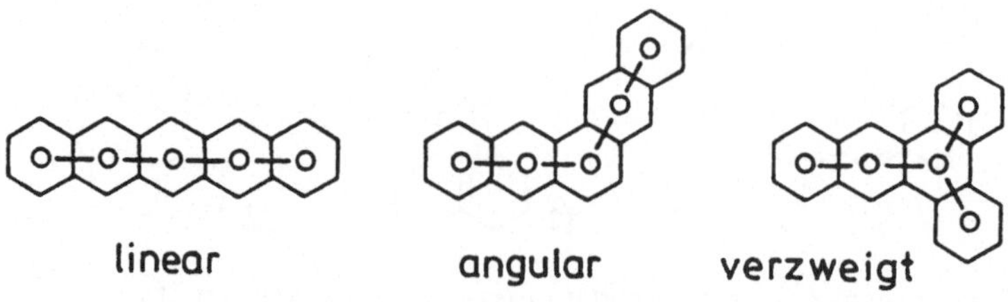

linear   angular   verzweigt

Auch zahlreiche peri-kondensierte PAHs mit linear oder angular anellierten resp. verzweigten kata-kondensierten "Ästen" sind bekannt, zum Beispiel:

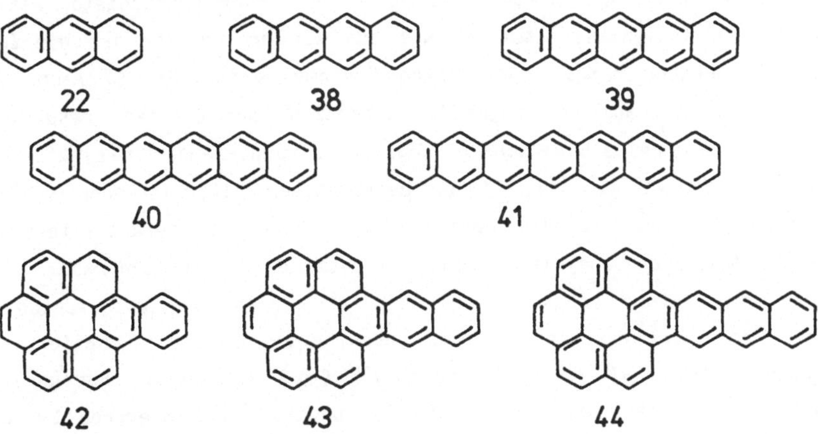

Über eine lange Zeit gehörte die Synthese der einzelnen, jeweils nur um einen Benzolring verschiedenen Glieder von "Anellierungsreihen" zu den wichtigsten Forschungsaufgaben auf dem PAH-Gebiet. Die Untersuchung der Eigenschaften von Anellierungsreihen gab oft weit mehr Einsichten in die Zusammenhänge zwischen Struktur und Eigenschaften von PAHs als das detaillierte Studium einzelner Kohlenwasserstoffe[12]. Unten sind zwei Beispiele für Anellierungsreihen gegeben. Alle aufgeführten Verbindungen wurden durch Synthese in reiner Form erhalten und ihre Konstitutionen mit chemischen und spektroskopischen Methoden bewiesen. (Lediglich bei dem extrem reaktiven und schwer zu reinigenden Heptacen (41) ist die Reinheit umstritten[13,14]).

Formelübersicht 2.4. Anellierungsreihen

2.4 "Kekulians" und "Non-Kekulians"

Konjugierte Kohlenwasserstoffe mit einer ungeraden Zahl an Kohlenstoffatomen und damit auch einer ungeraden Zahl an π-Elektronen können keine abgeschlossene Elektronenkonfiguration besitzen. Sie müssen immer ein nicht-bindendes MO (NBMO) aufweisen, das nur mit einem Elektron besetzt ist. Es handelt sich um freie Radikale. Ein auch experimentell gut untersuchtes Beispiel[15] ist das Perinaphthyl-Radikal mit der Summenformel $C_{13}H_9$. Es besteht aus 3 sechsgliedrigen Ringen, die in der in Formel **45a** angegebenen Weise miteinander verknüpft sind.

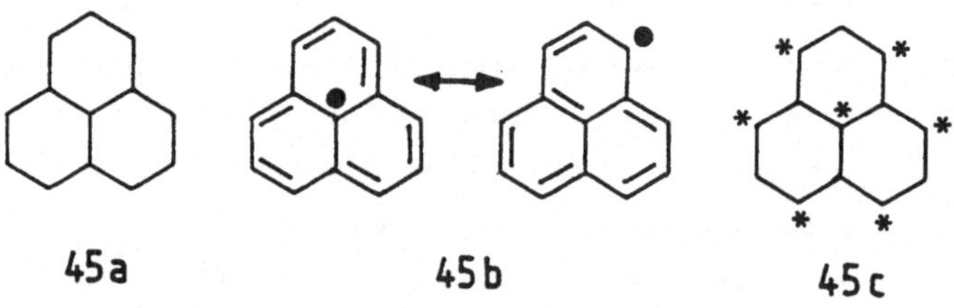

45a   **45b**   **45c**

Für das Perinaphthyl-Radikal läßt sich keine Kekule-Struktur formulieren, da eine notwendige Voraussetzung hierfür nicht erfüllt ist, nämlich eine gerade Anzahl von C-Atomen. Die Resonanzstrukturen des Perinaphthyl-Radikals sind vom Typ **45b**. Wendet man das Alternanz-Prinzip (siehe Abschnitt 2.2) auf das Perinaphthyl-Radikal an, so erkennt man einen wichtigen Unterschied zu allen bisher betrachteten alternierenden Kohlenwasserstoffen. Wie aus **45c** ersichtlich ist die Zahl der besternten resp. unbesternten C-Atome verschieden (7 resp. 6), was natürlich aus der ungeraden Gesamtzahl der C-Atome resultiert und eine generelle Eigenschaft "ungerade-alternierender" π-Elektronensysteme darstellt. Alle früher betrachteten alternierenden Kohlenwasserstoffe hatten eine gerade C-Zahl, und bei "gerade-alternierenden" π-Elektronensystemen sind die Sätze der besternten resp. unbesternten C-Atome stets gleich groß. Wir wollen den Unterschied in der Größe des besternten resp. unbesternten Satzes von alternierenden Systemen als "Paritätsüberschuß" (Δ) bezeichnen. Für gerade-alternierende Systeme ist $\Delta = 0$, für ungerade-alternierende Systeme gilt stets $\Delta > 0$. In der Sprache der HMO-Theorie ausgedrückt, bedeutet ein Paritätsüberschuß von $\Delta = 1$, da Bindungen nur zwischen C-Atomen unterschiedlicher Parität bestehen, daß das Molekül ein NBMO aufweist, das mit einem Elektron besetzt ist, es sich folglich bei der Verbindung um ein freies Radikal handelt. Die Eigenschaften gerade- resp. ungerade-alternierender π-Elektronensysteme seien hier noch einmal zusammengefaßt:

	Gerade-alternierende	Ungerade-alternierende
Paritätsüberschuß Δ	0	>0
Kekule-Struktur	ja	nein
Elektronenkonfiguration	abgeschlossen	unabgeschlossen
NBMO	nein	ja
Verbindungstyp	stabiler Kohlenwasserstoff (hier PAH)	freies Radikal

Die hier diskutierten Unterschiede in den Elektronenstrukturen und Eigenschaften gerade- resp. ungerade-alternierender Kohlenwasserstoffe sind nicht überraschend. Überraschend war jedoch die Beobachtung, daß es auch gerade-alternierende Kohlenwasserstoffe mit den Eigenschaften ungerade-alternierender Systeme gibt[16,17]. Beispiele sind die Strukturen **46a**, **47a** und **48a**.

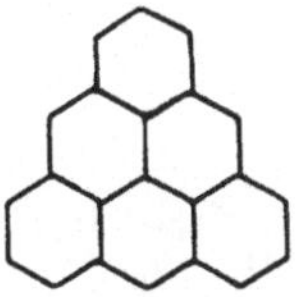
46a

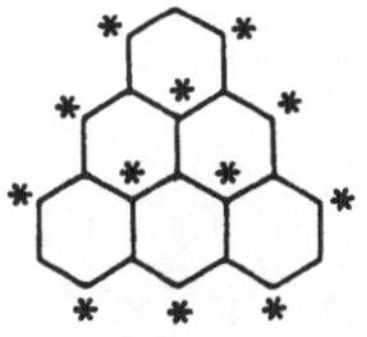
46b

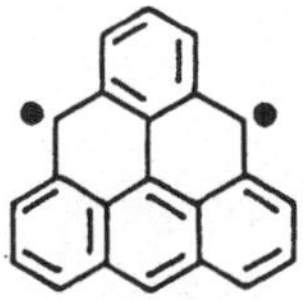
46c

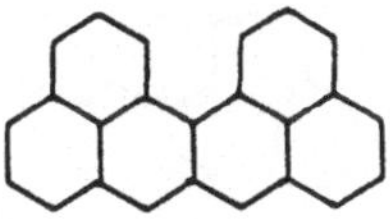
47a

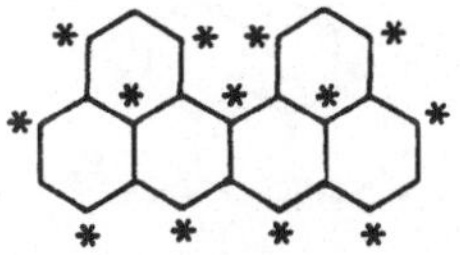
47b

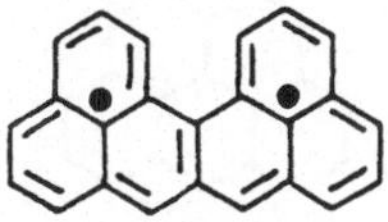
47c

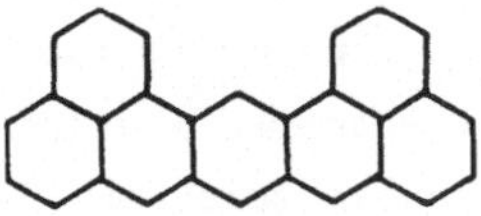
48a

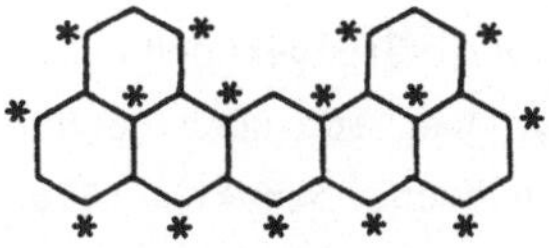
48b

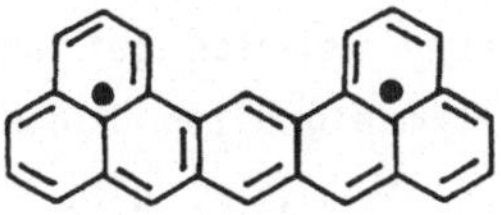
48c

Die Summenformeln der Moleküle sind: $C_{22}H_{12}$ (**46**), $C_{24}H_{14}$ (**47**) und $C_{28}H_{16}$ (**48**). Wie aus **46b**, **47b** und **48b** hervorgeht, handelt es sich in allen drei Fällen um alternierende Systeme. Im Gegensatz zu den bisher betrachteten alternierenden Kohlenwasserstoffen haben **46**, **47** und **48** jedoch einen Paritätsüberschuß von $\Delta = 2$. Analog wie bei den ungerade-alternierenden Molekülen sind die obersten besetzten MOs nichtbindend und zweifach entartet, jedes der beiden NBMOs ist mit einem Elektron besetzt: **46**, **47** und **48** sind Biradikale. Entsprechend lassen sich für diese Moleküle keine Kekule-Strukturen formulieren. Die Resonanzstrukturen sind vom Typ **46c**, **47c** und **48c**[17,18].

Generalisierend kommen wir zu folgenden Schlußfolgerungen: 1. Unter den polycyclisch-aromatischen Systemen gibt es solche, für die sich keine Kekule-Struktur formulieren läßt, obwohl sie eine gerade C-Zahl haben und formal ausschließlich aus Benzolringen aufgebaut sind. Für derartige Systeme wollen wir die in der angelsächsischen Literatur übliche Bezeichnung übernehmen: "Non-Kekulians". Entsprechend nennen wir aromatische Kohlenwasserstoffe mit abgeschlossener Elektronenkonfiguration, für die man Kekule-Strukturen schreiben kann, "Kekulians". 2. Non-Kekulians lassen sich mit Hilfe des Alternanzprinzips erkennen, da sie einen Paritätsüberschuß aufweisen. 3. Non-Kekulians sind Biradikale ($\Delta = 2$) (resp. Polyradikale, $\Delta > 2$)[18].

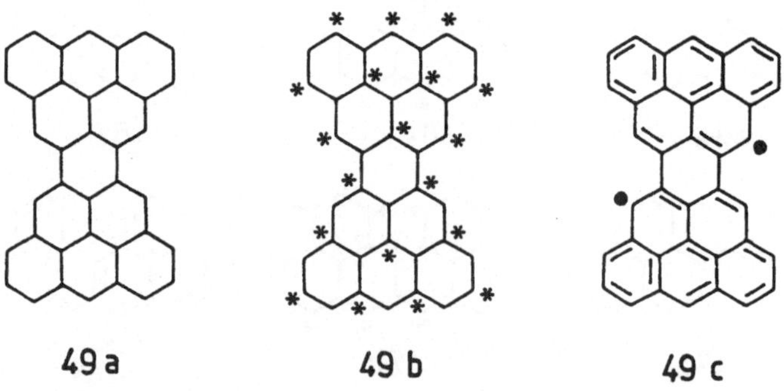

49 a   **49 b**   **49 c**

Während es sich bei den Schlußfolgerungen 1 und 3 um gut begründete Gesetzmäßigkeiten handelt, hat Schlußfolgerung 2 eher den Charakter einer Regel: es gibt Ausnahmen. Struktur **49a** ist ein Beispiel. Der Kohlenwasserstoff mit der Summenformel $C_{38}H_{18}$ ist ein gerade-alternierendes Molekül (**49b**); die Zahl der besternten und unbesternten C-Atome ist gleich, d.h. es besteht kein Paritätsüberschuß. Trotzdem kann für **49** keine Kekule-Struktur geschrieben werden, es läßt sich nur als Biradikal (**49c**) formulieren[19]. Mit graphentheoretischen Methoden sind mehrere solcher "verborgener" ("concealed") Non-Kekulians identifiziert worden[20].

Alle bisherigen Versuche Non-Kekulians, insbesondere die Kohlenwasserstoffe **46**, **47** und **48**, zu synthetisieren sind fehlgeschlagen[21,22]. Hexahydroderivate wurden hergestellt. Doch entstand bei der Dehydrierung, selbst bei Anwendung von Techniken mit denen sehr reaktive PAHs aus ihren Hydroderivaten erhalten werden können, ausschließlich polymeres Material. Dieses "negative" Ergebnis entspricht der theoretischen Erwartung, wonach es sich bei **46**, **47** und **48** um sehr reaktive Biradikale handelt. Andererseits sollten die Dianionen und Dikationen von **46**, **47** und **48** abgeschlossene Elektronenkonfigurationen besitzen und relativ stabil sein. Tatsächlich gelang die Präparation der Dianionen von **46** und **48** sowie des Dikations von **48** unter Anwendung von Synthesewegen, die andere Konstitutionen ausschließen; die NMR-spektroskopische Untersuchung der zweifach geladenen Moleküle bestätigte die angenommenen Konstitutionen[23,24].

In Abschnitt 1.3 wurde erwähnt, daß die C-C-Bindungslängen in PAHs relativ stark variieren und zum Teil deutlich von der Bindungslänge im Benzol abweichen können. Perylen (**50**) bietet ein interessantes Beispiel für diesen Sachverhalt.

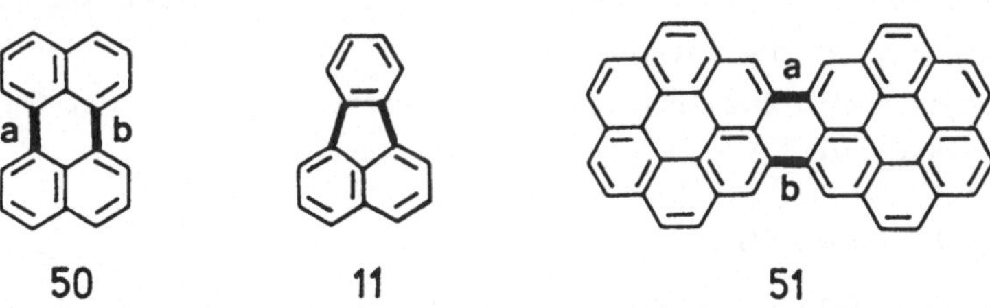

50   **11**   **51**

Die Bindungslänge der in Formel **50** fett gezeichneten C-C-Bindungen a und b beträgt 150 pm (Röntgen-Kristallstrukturanalyse), entspricht also exakt einer Einfachbindung zwischen sp^2-hybridisierten C-Atomen. Eine einfache Deutung ergibt sich mit dem Paulingschen auf Kekule-

Strukturen basierenden Verfahren zur Berechnung der C-C-Bindungs-
ordnungen in aromatischen Kohlenwasserstoffen (siehe Abschnitt 1.3):
es läßt sich keine Kekule-Struktur vom Perylen (**50**) formulieren,in
der die Bindungen a und/oder b Doppelbindungen sind. Perylen ist
ein Beispiel für PAHs mit <u>fixierten Einfachbindungen</u>. Weitere Beispiele sind Fluoranthen (**11**) und Dicoronylen (**51**). (Für die in Formel
51 mit a und b bezeichneten Bindungen ergab die Röntgen-Kristallstrukturanalyse eine Bindungslänge von 148 pm[25]).
Entsprechend bezeichnet man PAHs, in denen bestimmte C-C-Bindungen
in keiner der möglichen Kekule-Strukturen Einfachbindungen sind,
als PAHs mit <u>fixierten Doppelbindungen</u>. Beispiele sind die Kohlenwasserstoffe **52 - 54.** Die fixierten Doppelbindungen sind in den Formeln fett gezeichnet.

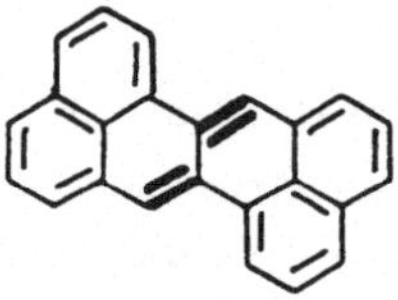

52 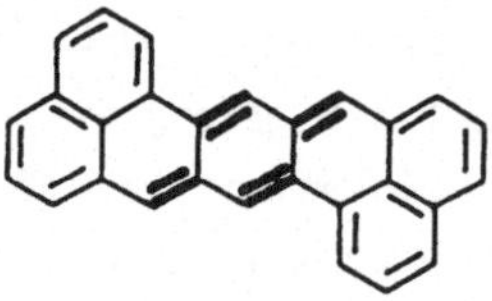   **53** 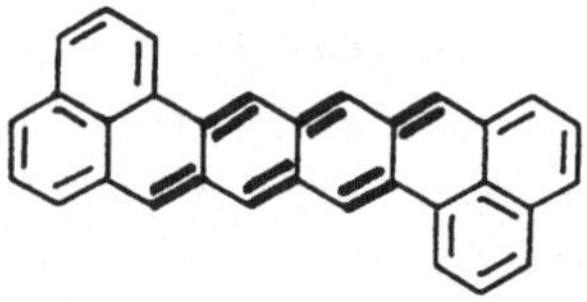   **54**

Die wegen ihrer Z-Form "Zethrene" genannten Kohlenwasserstoffe sind
in mehrstufigen Synthesen hergestellt worden[19,26,27]. Röntgen-Kristallstrukturanalysen liegen bisher nicht vor. Im ^{1}H-NMR-Spektrum
von **52** erscheinen die Protonen der beiden mittleren Ringe bei deutlich
höherem Feld als die der terminalen Naphthalineinheiten, was in Übereinstimmung mit dem angenommenen Dien-Charakter der zentralen Doppelbindungen steht. Die Zethrene sind außerordentlich reaktive Substanz-
en, insbesondere sind sie sehr lichtempfindlich.

2.5 Nichtplanare PAHs

Lange Zeit galten die PAHs als der Prototyp planarer Moleküle. Erst
in neuerer Zeit ist erkannt worden, daß planare PAHs eher die Ausnahme
als die Regel sind[28,29]. Berechnung der Molekülgeometrie von PAHs
mit verschiedenen Methoden und der Vergleich der Daten mit den Ergebnissen aus Röntgen-Kristallstrukturanalysen führte zu der Schlußfolge-

rung, daß PAHs, die die in Bild 2.2 wiedergegebenen Strukturelemente enthalten, nicht planar sein können.

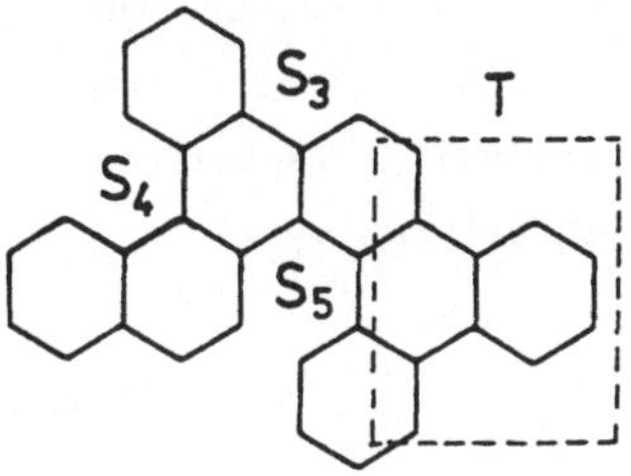

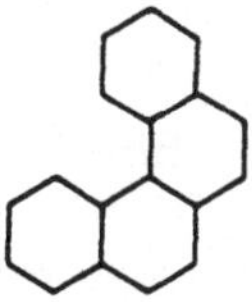

55 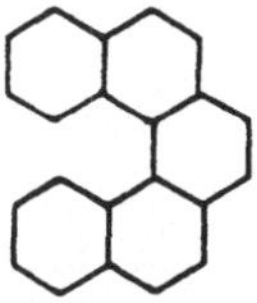   **56**    **57**

Bild 2.2. Strukturelemente von nichtplanaren PAHs

Die Anwesenheit von einem oder mehreren der mit S_4 und S_5 bezeichneten Strukturelemente führt in PAHs zu Nichtplanarität aufgrund der sterischen Hinderung der durch 4 (S_4) resp. 5 C–C–Bindungen (S_5) voneinander getrennten H–Atome. Beispiele für nichtplanare PAHs mit jeweils einer S_4- resp. S_5-Gruppierung sind die Kohlenwasserstoffe **55** und **56**. In **55** beträgt der Diederwinkel zwischen den beiden Naphthalineinheiten bereits $29.6°$ (Röntgen-Kristallstrukturanalyse[30]). Während das Strukturelement S_3 noch nicht zu Abweichungen von einer planaren Molekülstruktur führt, ist die Anwesenheit von T-Einheiten (die zwei S_3-Einheiten enthalten) eine mögliche Ursache von Nichtplanarität.

Bei den Helicenen[31,32], seit langem bekannte Beispiele für nichtplanare PAHs, kommen Strukturelemente S_n mit n > 5 vor. So enthält zum Beispiel das [6]Helicen (Hexahelicen) (**57**) das Strukturelement S_6.

Die durch die S- und T-Strukturelemente bedingte sterische Hinderung zwischen H–Atomen und damit der Einfluß auf Abweichungen von einer planaren Molekülstruktur nimmt in der Reihenfolge $T < S_4 < S_5 < S_n$ zu.

Ein interessantes Beispiel wie bei polycyclisch-aromatischen Kohlenwasserstoffen sterische Hinderung zwischen H-Atomen zu starken Abweichungen von einer planaren Molekülstruktur führen kann, bietet der
Kohlenwasserstoff **58**[33]. Die Anthraceneinheit des Moleküls ist, wie
in der Struktur **58a** dargestellt, "vertwisted". Der Twistwinkel beträgt
65.7° (Röntgen-Kristallstrukturanalyse).

58   **58a**

Nichtplanarität tritt vor allem bei größeren PAHs (mit mehr als 6
Benzolringen) auf. Das hat einen einfachen Grund: mit zunehmender
Zahl der Benzolringe in den PAHs wächst auch die Zahl der möglichen
Konstitutionsisomeren, und damit auch die Häufigkeit der PAHs mit
Strukturelementen S_4, S_5, S_n (n ›5) und T. So beträgt die Zahl der
möglichen isomeren kata-kondensierten PAHs, die aus 6 Benzolringen
bestehen, bereits 41. Davon enthalten nur 16 keines der zu Planari-
tätsabweichungen führenden Strukturelemente, sind also planar. Entsprechend sind von den insgesamt 15 möglichen peri-kondensierten
PAHs mit 6 Benzolringen 11 planar. Dagegen enthalten von den möglichen
225 peri- resp. kata-kondensierten PAHs mit 7 Benzolringen schon
151 (67 %) eines oder mehrere der diskutierten Strukturelemente,
sind also mit großer Wahrscheinlichkeit nicht planar. Von den kata-
resp. peri-kondensierten PAHs mit 10 Benzolringen sind nur noch ca
7 % mit Sicherheit planar[34]. Wenn auch nicht ausgeschlossen werden
kann, daß der Einfluß der zu Nichtplanarität führenden Strukturelemente bei manchen PAHs durch Variationen in den C-C-Bindungslängen
abgeschwächt wird, dürfte die generelle Schlußfolgerung aus diesen
Untersuchungen sicherlich richtig sein, nämlich daß molekulare Planarität bei PAHs die Ausnahme und nicht die Regel ist.
Alle nichtplanaren PAHs müssen als Enantiomerenpaare resp. als meso-

Verbindungen auftreten[29], doch sind Enantiomeren-Trennungen bisher nur bei ausgepägt nichtplanaren Helicenen durchgeführt worden[31,32]. Aus theoretischen[29] und experimentellen Untersuchungen (siehe zum zum Beispiel l.c.[33]) folgt, daß auch starke Abweichungen von der Planarität keinen signifikanten Einfluß auf die aromatischen Eigenschaften der PAHs haben.

2.6 Isomerenzahlen und Größe (Ringzahl) alternierender PAHs

Das Auffinden von verläßlichen und leistungsfähigen Algorithmen zur Bestimmung der Isomerenzahlen von PAHs unterschiedlicher Größe, d.h. unterschiedlicher Ringzahl ist eine schwierige mathematische Aufgabe, die seit längerem bearbeitet wird[18]. Die Mehrzahl der Untersuchungen zu diesem Thema bezieht sich auf PAHs, die ausschließlich aus Benzolringen aufgebaut sind. Von besonderem Interesse (zumindest für Chemiker) sind Rechenverfahren, die es gestatten zwischen stabilen PAHs mit abgeschlossenen Elektronenkonfigurationen (Kekulians, siehe Abschnitt 2.4) und Non-Kekulians zu unterscheiden. Diese Aufgabe löst ein von Herndon entwickelter Algorithmus, der außerdem die nichtplanaren Isomeren anhand charakteristischer Strukturelemente erkennt[34] (siehe Abschnitt 2.5). Hier werden im Folgenden hauptsächlich die von Herndon ermittelten Isomerenzahlen verwendet.

Als Konstitutionsisomere werden hierbei PAHs mit gleicher Zahl an Benzolringen aber unterschiedlicher Ringverknüpfung angesehen. Solche "Benzolringisomeren" können aber durchaus unterschiedliche Bruttoformeln haben und sind daher nicht Isomere im üblichen Sinne. Für eine gegebene Ringzahl besitzen zwar alle isomeren kata-kondensierten PAHs die gleiche Bruttoformel, aber sie ist verschieden von den Bruttoformeln peri-kondensierter PAHs gleicher Ringzahl. Zum Beispiel haben die aus vier Benzolringen bestehenden kata-kondensierten PAHs die Bruttoformel $C_{18}H_{12}$, aber der ebenfalls aus 4 Benzolringen aufgebaute peri-kondensierte Kohlenwasserstoff Pyren (**23**) besitzt die Bruttoformel $C_{16}H_{10}$. Auch innerhalb der Klasse der peri-kondensierten PAHs bedeutet gleiche Ringzahl nicht zwangsläufig gleiche Bruttoformel.Zum Beispiel ist die Bruttoformel des 7-Ring-PAH Coronen (**30**) $C_{24}H_{12}$, während der ebenfalls aus 7 Benzolringen bestehende PAH Anthraceno-pyren die Bruttoformel $C_{28}H_{16}$ hat.

In Tabelle 2.2 sind die Zahlen der möglichen isomeren kata- und peri-kondensierten PAHs mit 3 - 10 Benzolringen angegeben, und zwar unterteilt nach planaren und nichtplanaren Molekülen (Enantiomerenpaare, meso-Verbindungen)[34]. Die Zahlen beziehen sich ausschließlich auf nichtalternierende Kohlenwasserstoffe mit Kekule-Strukturen (Kekulians).

Tab.2.2. Isomerenzahlen von PAHs mit n Benzolringen (nach Herndon[34])

| n | kata-kondensierte | | | peri-kondensierte | | |
	planare	Enantiomeren-paare	meso-PAH	planare	Enantiomeren-paare	meso-PAH
3	2	0	0	0	0	0
4	4'	1	0	1	0	0
5	8	4	0	3	0	0
6	16	22	3	11	4	0
7	40	104	4	34	39	4
8	92	531	10	119	287	11
9	237	2559	21	392	1944	22
10	600	12882	47	1355	12454	70

Mit zunehmender Molekülgröße nimmt das Verhältnis der Zahl der bis heute synthetisierten zur Zahl der theoretisch möglichen PAHs stark ab. So sind die 15 theoretisch möglichen alternierenden PAHs mit 5 Benzolringen in reiner Form dargestellt worden, während von den PAHs mit 6 Benzolringen nur etwa die Hälfte der theoretisch möglichen Verbindungen bekannt ist. Wie schon in Abschnitt 2.5 erwähnt wurde, sind bisher nur sehr wenige der nichtplanaren PAHs in Form der reinen Enantiomeren erhalten worden.

Insgesamt sind heute ca 300 alternierende und ca 100 nichtalternierende PAHs bekannt. Bei den nichtalternierenden Kohlenwasserstoffen handelt es sich überwiegend um Benzologe des Fluoranthens (siehe Abschnitt 2.2).

Der größte bisher hergestellte kata-kondensierte PAH ist das [14]Helicen (59)[35]. Der Kohlenwasserstoff mit der Bruttoformel $C_{58}H_{32}$ besteht aus 14 helical angeordneten Benzolringen und hat ein Molekulargewicht von 728 Dalton. **60** ist der größte <u>peri</u>-kondensierte PAH mit eindeutig bestimmter Konstitution, der bisher bekannt ist[36]. Der aus 17 Benzolringen bestehende Kohlenwasserstoff hat die Summenformel $C_{52}H_{20}$ (Molekulargewicht: 644 Dalton). Schließlich ist der größte bis heute bekannte <u>nichtalternierende</u> PAH der Kohlenwasserstoff **16**[37] mit der Bruttoformel $C_{54}H_{26}$ (Molekulargewicht: 674 Dalton).

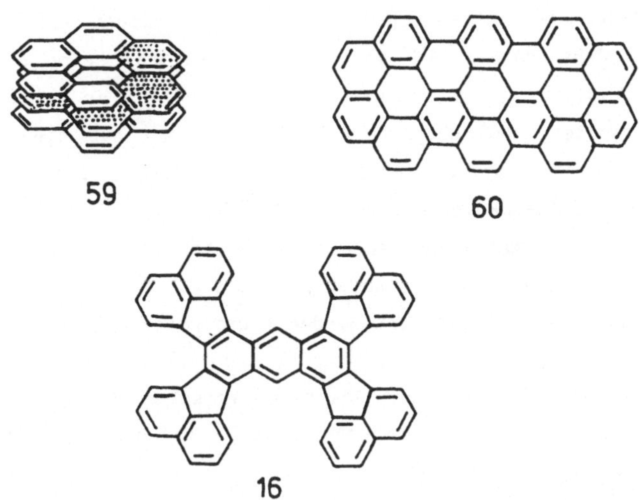

59

60

16

Abschließend sei die interessante Tatsache erwähnt, daß die benzoiden peri-kondensierten Systeme, für die sich keine Kekule-Struktur schreiben läßt (alternierende Systeme mit ungerader C-Zahl resp. mit gerader C-Zahl, Non-Kekulians im engeren Sinne) nicht etwa eine Rarität sind sondern eine sehr große Klasse von polycyclischen Strukturen darstellen (Tabelle 2.3).

Tab.2.3   Isomerenzahlen von Non-Kekulians und Kekulians
           mit n Benzolringen

n	Non-Kekulians	Kekulians	n	Non-Kekulians	Kekulians
7	141	225	9	3282	5175
8	671	1050	10	15979	27408

Isomerenzahlen der Non-Kekulians nach Lit.18; Kekulians: Summe der Zahlen aus Spalten 2-7 von Tabelle 2.2

Monoradikale (Paritätsüberschuß Δ = 1) machen bei den Non-Kekulians in Abhängigkeit von der Zahl n der kondensierten Benzolringe einen Anteil von 88% (n = 10) bis 95% (n = 7) aus[18]. Einige Benzologe des Perinaphthyl-Radikals sind in Lösung hergestellt und ihre Elektronenspin-Resonanzspektren gemessen worden[38].

2.7 Nomenklatur von PAHs

Die international akzeptierten Regeln zur Bildung der chemischen Namen von PAHs wurden 1979 von der International Union of Pure and Applied Chemistry (IUPAC) eingeführt und seitdem in mehreren Dokumenten erweitert und überarbeitet. Hier sollen nur die Grundlagen der IUPAC-Nomenklatur von PAHs besprochen werden; für Einzelheiten sei auf die IUPAC-Dokumente verwiesen[39, 40].

Das Grundprinzip der IUPAC-Nomenklatur besteht darin, daß die Namen größerer komplizierter aufgebauter PAHs aus den Namen kleinerer PAHs, den <u>Basiskomponenten</u>, gebildet werden (Fusionsnomenklatur). Im IUPAC-System sind der Satz der Basiskomponenten und ihre Namen sowie die Regeln der Namensbildung von PAHs durch Verschmelzen der Basiskomponenten festgelegt. Eine größere Auswahl aus den Basiskomponenten ist in Bild 2.3 zusammengestellt.

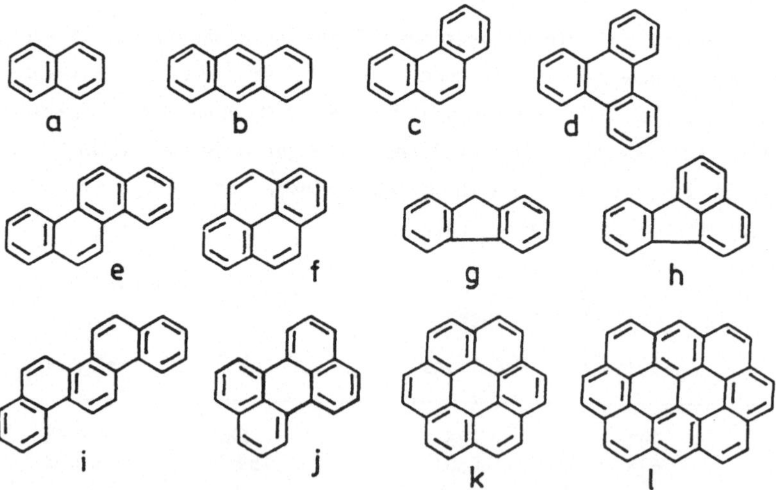

Bild 2.3 Beispiele für Basiskomponenten der IUPAC-Nomenklatur

Für Basiskomponenten sind die seit langem eingeführten Trivialnamen
zugelassen: a Naphthalin, b Anthracen, c Phenanthren, d Triphenylen,
e Chrysen, f Pyren, g Fluoren, h Fluoranthen, i Picen, j Perylen,
k Coronen, l Ovalen (Bild 2.3).
Als Nächstes erfordert die Fusionsnomenklatur Regeln zur eindeutigen
Kennzeichnung der externen C-Atome und externen C-C-Bindungen der
Basiskomponenten (Bild 2.4).

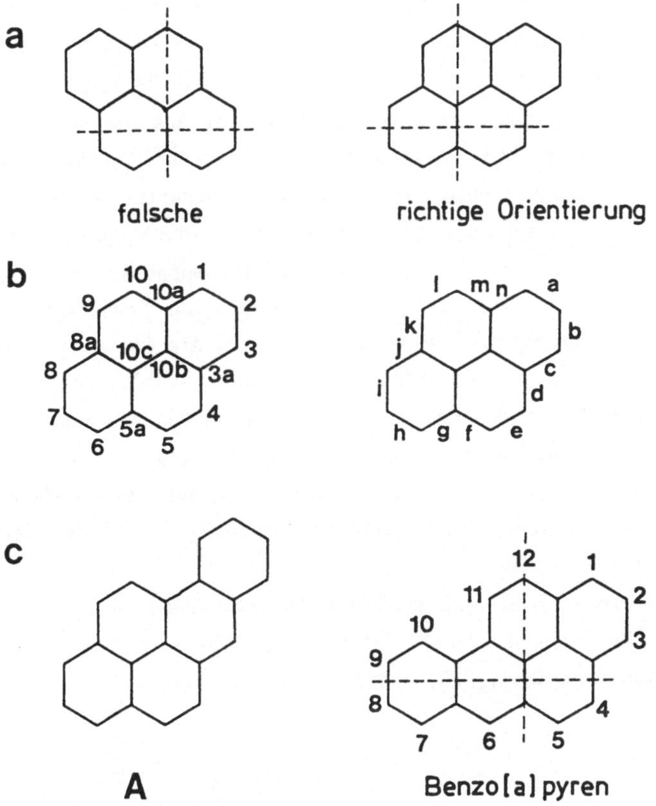

Bild 2.4 IUPAC-Regeln: Bezifferung der C-Atome in PAHs

Die Basiskomponenten werden so geschrieben, daß 1. die maximal mögliche Zahl an Ringen auf einer horizontalen Linie liegt, und 2. sich
soviel Ringe wie möglich rechts oberhalb dieser Linie befinden (im

oberen rechten Quadranten). In Bild 2.4 a ist am Beispiel des Pyrens die richtige Orientierung (neben einer falschen) wiedergegeben. Die Bezifferung der C-Atome beginnt im obersten rechts gelegenen Ring und erfolgt im Uhrzeigersinn (Bild 2.4 b). Die externen C-C-Bindungen (Kanten) werden mit kleinen Buchstaben a, b, c ... gekennzeichnet, immer beginnend mit der 1,2-Bindung und dann im Uhrzeigersinn fortschreitend (Bild 2.4 b).

Die Basiskomponenten sind in einer Rangliste nach abnehmendem Rang (im Wesentlichen nach abnehmender Ringzahl) geordnet[39,40]. Die größeren Systeme besitzen einen höheren Rang als die kleineren (aus Gründen der Übersichtlichkeit sind in Bild 2.3 die Basiskomponenten nach zunehmendem Rang geordnet). In den Namen der aus den Basiskomponenten zusammengesetzten PAHs erscheint der Name der Basiskomponente mit der höchsten Rangordnung immer am Ende. Struktur **A** in Bild 2.4 c ist also ein "Benzo-pyren". Zur Unterscheidung von Isomeren wird im Namen die Kante der (größeren) Basiskomponente genannt, an der die Verschmelzung erfolgt ist. Kommen in der Basiskomponente aus Symmetriegründen identische Kanten vor, wird die Kante mit dem jeweils zuerst im Alphabet erscheinenden Buchstaben gewählt. Struktur **A** (Bild 2.4 c) erhält also den Namen "Benzo[a]pyren" (nicht "Benzo[b]pyren"). Die Buchstaben werden in rechteckige Klammern gesetzt. Die Bezifferung der C-Atome erfolgt wieder unter Beachtung der voranstehend angegebenen Regeln (siehe die mit Ziffern versehene Formel des Benzo[a]pyrens in Bild 2.4 c).

In den Formeln I und II sind die Basiskomponenten mit der jeweils höchsten Rangordnung durch fette Linien hervorgehoben. I hat den IUPAC-Namen "Naphtho[1,2,3,4-def]chrysen" und II ist "Benzo[rst]pentaphen".

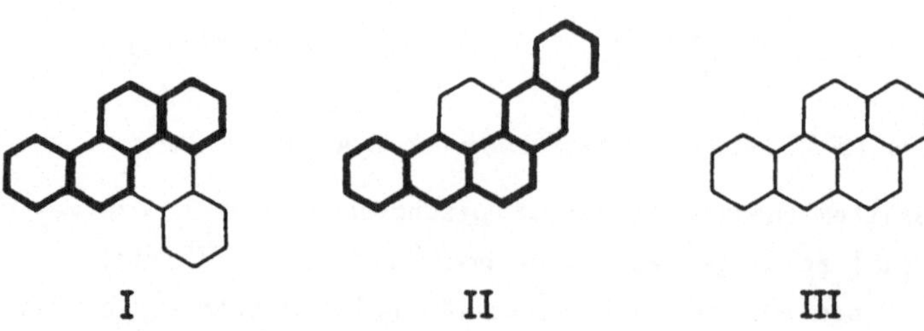

I   II   III

Außer bei <u>Benzo</u>derivaten der Basiskomponenten müssen die C-Atome, über die die Verknüpfung mit den Basiskomponenten niedrigerer Rangordnung erfolgt, im Namen angegeben werden, (z.B. "Naphtho[1,2,3,4-]" im Namen des Kohlenwasserstoffs I).

Struktur III bietet ein gutes Beispiel für die gelegentlichen Widersprüche zwischen "Theorie und Praxis" der IUPAC-Nomenklatur: von den beiden Basiskomponenten, auf die man III zurückführen kann (Chrysen und Pyren) hat Chrysen die höhere Rangordnung. Der korrekte IUPAC-Name von III wäre folglich "Benzo[def]chrysen", doch wird dieser wichtige Kohlenwasserstoff in der internationalen Literatur durchweg "Benzo[a]pyren" genannt (siehe auch Bild 2.4 c).

Häufig ist es einfacher den IUPAC-Namen für einen neuen PAH statt "ab initio" an Hand der IUPAC-Regeln durch Vergleich mit den Namen strukturell verwandter und schon bekannter PAHs zu bilden. Hierbei kann das "Chemical Abstracts Service Ring Systems Handbook", das die korrekten IUPAC-Bezeichnungen von mehr als 94 000 Ringsystemen enthält, von denen etwa 75 % mehrkernige kondensierte (carbo- und hetero-cyclische) Verbindungen sind, wertvolle Dienste leisten.

3 DIE VIELFALT DER POLYCYCLENCHEMIE

3.1 All-benzoide PAHs

Die "all-benzoiden" PAHs stellen eine sehr kleine Klasse von polycyclisch-aromatischen Verbindungen dar. So finden sich unter den insgesamt ca 20600 möglichen alternierenden PAHs mit 4 - 10 Benzolringen
(Stereoisomere nicht berücksichtigt) nur 17 all-benzoide PAHs[1].
Aber obwohl die all-benzoiden PAHs eine "Rarität" sind, haben sie
in der neueren Entwicklung der Theorie polycyclischer Aromaten eine
außerordentlich wichtige Rolle gespielt.

Der einfachste all-benzoide polycyclische Kohlenwasserstoff ist das
Triphenylen (1). Er unterscheidet sich von den isomeren kata-kondensierten PAHs 2-5 mit 4 Benzolringen in vielfältiger Weise.

In Tabelle 3.1 sind von den Kohlenwasserstoffen 1-5 die Resonanzenergie (RE), das 1.Ionisierungspotential (IP_1), die Energie (E_{uv})
der UV-Absorptionsbande, die dem HOMO-LUMO-Übergang entspricht, sowie
die Dewar-Lokalisierungsenergie[2] (N_r) der jeweils reaktivsten Position (als mit der experimentellen Erfahrung gut korrelierendes Maß
für die chemische Reaktivität) angegeben. Große N_r-Werte entsprechen
geringer Reaktivität und umgekehrt.

Aus den Daten ergibt sich, daß Triphenylen (1) von allen isomeren
4-Kern-Aromaten die thermodynamisch stabilste (Resonanzenergie) und

chemisch am wenigsten reaktive Verbindung ist (Dewar-Lokalisierungsenergie). Damit korrespondieren auch das im Vergleich zu den anderen
Kohlenwasserstoffen höhere 1.Ionisierungspotential (niedrige Lage
des HOMO) und die größere HOMO-LUMO-Differenz von 1.

Tab.3.1. Eigenschaften der kata-kondensierten 4-Kern-Aromaten

PAH/	RE (β)[3]	IP_1 (eV)[4]	E_{uv} (eV)[4]	N_r (β)[5]
1	1.01	7.87	4.36	2.00
2	0.75	6.97	2.71	1.03
3	0.89	7.41	3.53	1.35
4	0.96	7.59	3.87	1.67
5	0.96	7.61	3.84	1.79

In strukturchemischer Hinsicht besitzt Triphenylen eine interessante
Eigenschaft: man kann es durch Lösen von C-C-Bindungen formal in
drei Benzoleinheiten zerlegen, was bei den isomeren 4-Kern-Aromaten
nicht möglich ist. Die formale Zerlegung des Triphenylens in Benzoleinheiten ist in Bild 3.1 dargestellt.
Aus dieser strukturchemischen Eigenschaft des Triphenylens und aus
dem Sachverhalt, daß der Kohlenwasserstoff in seinen physikalischen
und chemischen Eigenschaften (Tabelle 3.1) "benzolähnlicher" ist
als seine Isomeren wurde eine neuartige Hypothese über die Elektronenstruktur des Triphenylens (1) abgeleitet. Es wurde angenommen, daß
sich die Elektronenstruktur des Triphenylens in guter Näherung durch
eine Formel **1a** beschreiben läßt (Bild 3.1).

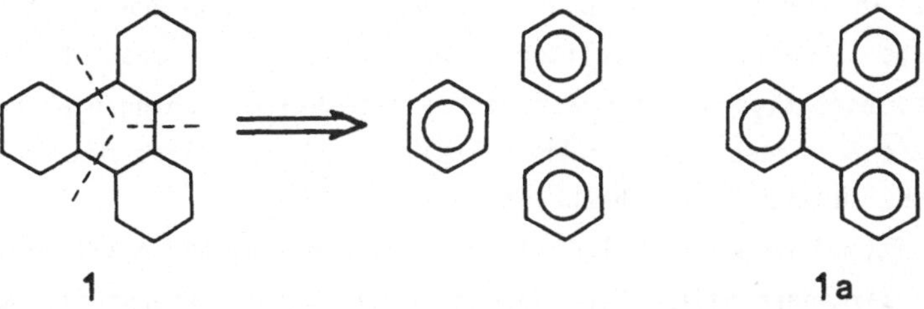

Bild 3.1. Elektronenstruktur des Triphenylens

Danach besteht Triphenylen (im elektronischen Grundzustand) aus 3 in Näherung ungestörten Benzolringen, die durch C-C-Einfachbindungen verknüpft sind. Der Benzolcharakter der externen Ringe ist durch den Robinsonschen Kreis[6] für das Elektronensextett symbolisiert.

Robinsons Arbeit (gemeinsam mit Armitt, Lit.6) erschien 1925, also vor den ersten quantenmechanischen Arbeiten zur Elektronenstruktur des Benzols (E.Hückel, 1931); 1925 gab es auch den Begriff "π-Elektronen" noch nicht. Was Robinson selbst "a glimpse of the obvious" nannte (Lit.7), war ein genialer Analogieschluß zu der in der anorganischen Chemie zu der Zeit schon bekannten Tatsache, daß bestimmte Elektronenkonfigurationen wie das Elektronen-Dublett oder Oktett (z.B. bei den Edelgasen) die Ursache für hohe Stabilität sind. Robinson wandte seine Sextettidee nicht nur auf Benzol und benzolähnliche monocyclische Ringverbindungen an, sondern auch auf Kohlenwasserstoffe wie Naphthalin und Anthracen. So wurde Naphthalin (wie er später sagte: "probably mistakenly", Lit.7) mit zwei Sextetten und unter Weglassung der intrannularen Bindung geschrieben. In der Folge setzten sich in der Literatur PAH-Formeln durch, die in jedem Ring den Robinsonschen Kreis enthielten (was im übrigen eine in den 60ziger Jahren für die Zeitschriften der Chemical Society, London, redaktionell vorgeschriebene Schreibweise für PAH-Strukturen, neben den üblichen Kekule-Formeln, war).

In der Sextettformel **1a** des Triphenylens wird das klassische Robinsonsymbol wieder in seiner ursprünglichen Bedeutung angewandt, nämlich als Symbol für eine metrische Eigenschaft: 6 Elektronen. Natürlich liegt nicht darin die eigentliche Bedeutung der neuen Formel. Vielmehr wurde durch die erste Arbeit über all-benzoide PAHs[8] eine neuartige strukturchemische Theorie der polycyclischen Aromaten vorbereitet, die von der Annahme ausgeht, daß die π-Elektronen in den Kohlenwasserstoffen gewiße Untereinheiten (insbesondere π-Elektronensextette) bilden. In der Tat wird die neue von E.Clar begründete strukturchemische Theorie polycyclischer Aromaten[9] durch das Experiment glänzend bestätigt und ist auf vielfältige Weise auch quantenchemisch verifiziert worden. (An anderer Stelle wird auf Clars Theorie ausführlicher eingegangen, Abschnitt 4).
In der Formelübersicht 1.3 sind die Strukturen weiterer all-benzoider PAHs zusammengestellt. Die aufgeführten Kohlenwasserstoffe wurden durch Synthese erhalten. Das den Kohlenwasserstoffen gemeinsame all-benzoide Bauprinzip ist unmittelbar erkennbar.

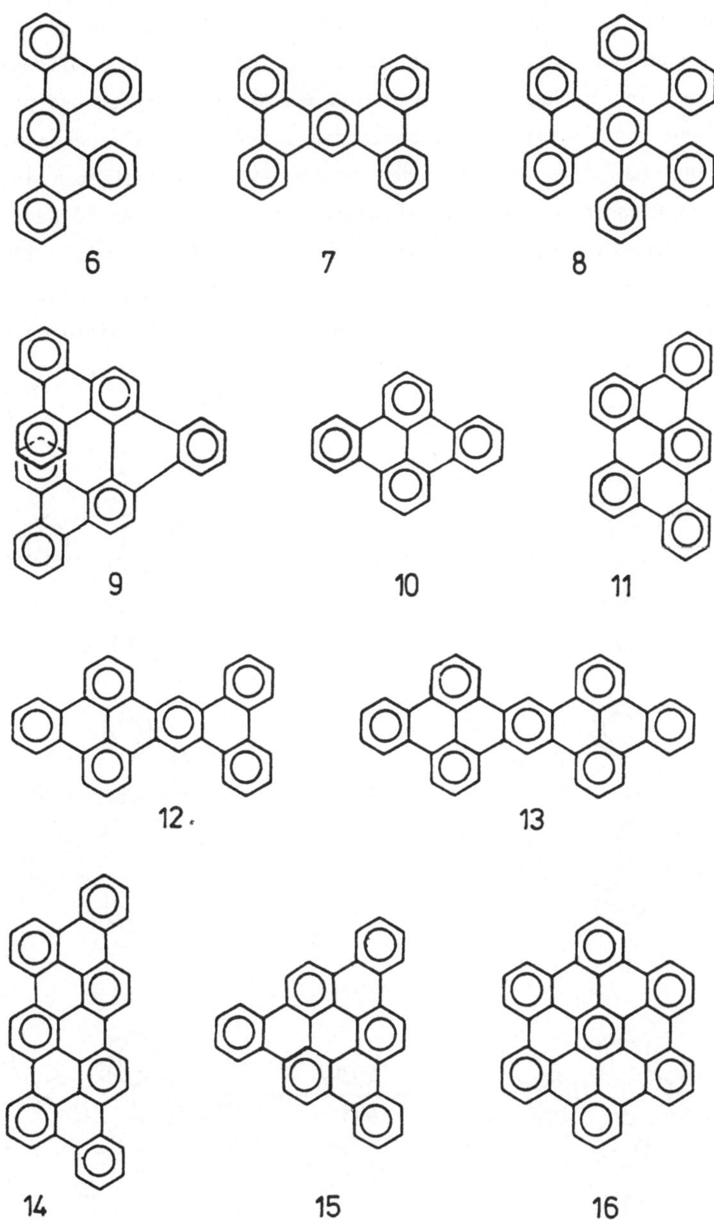

Formelübersicht 3.1. All-benzoide PAHs

Unter den zahlreichen Methoden, die zur Synthese von all-benzoiden PAHs angewandt werden, gibt es zwei, deren Eignung offensichtlich ist: der intramolekulare Ringschluß von Oligo-phenylen und die Dimerisierung von kleineren all-benzoiden zu größeren all-benzoiden PAHs. So kann zum Beispiel **10** durch photochemisch induzierten intramolekularen Ringschluß von ortho-Quaterphenyl (**17**)[10] und **16** durch Aluminiumchlorid-katalysierten Ringschluß von Hexaphenylbenzol (**18**) hergestellt werden[11]. Der Kohlenwasserstoff **12** entsteht als einziges Produkt bei der Umsetzung von Triphenylen (**1**) mit Aluminiumchlorid[12].

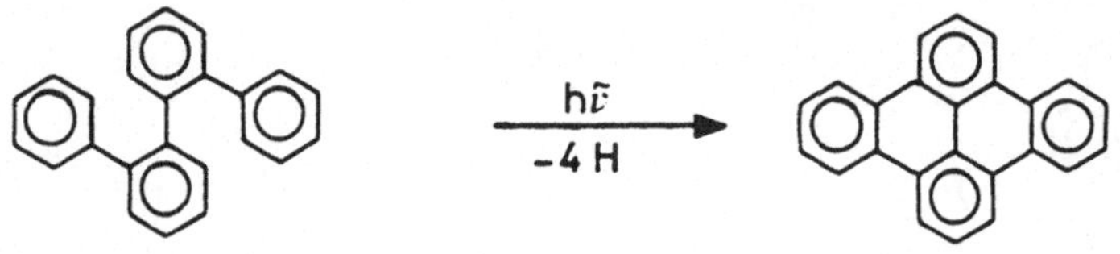

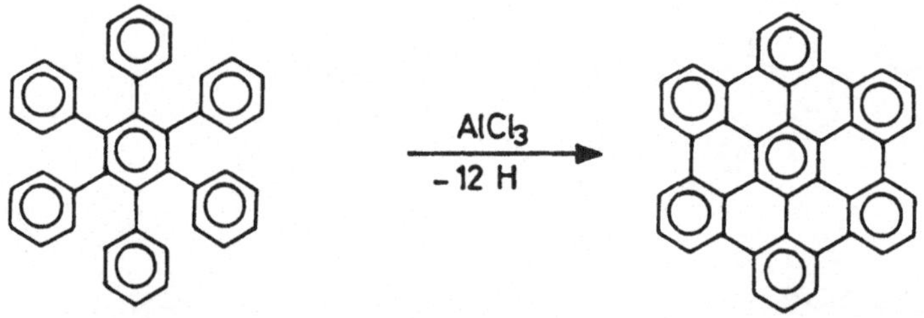

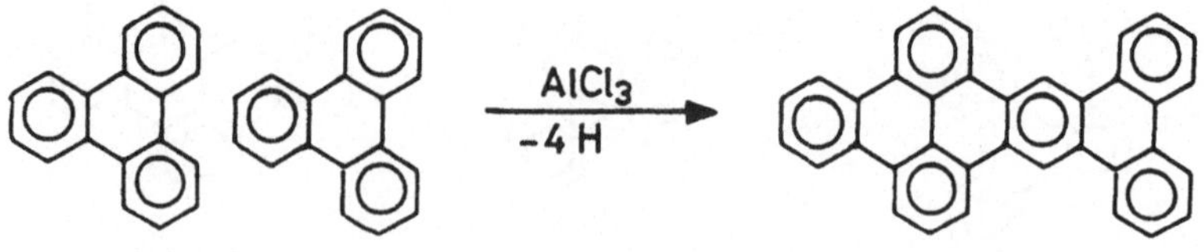

Was am Beispiel des Triphenylens im Detail diskutiert wurde, gilt generell: von allen bekannten (und theoretisch möglichen) PAHs sind die all-benzoiden Kohlenwasserstoffe thermodynamisch am stabilsten und chemisch am wenigsten reaktiv. So haben die all-benzoiden PAHs die größten Resonanzenergien pro Elektron (REPE, Abschnitt 1.3); die REPE-Werte der all-benzoiden PAHs liegen nur um 10-15% (je nach Verbindung und Rechenverfahren) unterhalb der maximal möglichen REPE, d.h. der von Benzol. Die im Vergleich zu anderen PAHs geringe Nucleophilie korrespondiert mit der geringen Basizität: die all-benzoiden PAHs zeigen die bei polycyclischen Aromaten seltene Eigenschaft, daß sie sich (bei Raumtemperatur) nicht in konzentrierter Schwefelsäure lösen. Additionsreaktionen von all-benzoiden PAHs haben extrem kleine Geschwindigkeitskonstanten; so ist die Geschwindigkeitskonstante der Diels-Alder-Reaktion des all-benzoiden Tetrabenzanthracens **7** (Formelübersicht 3.1) mit Maleinsäureanhydrid um einen Faktor ca 1300 kleiner als die der Maleinsäureanhydrid-Addition an Anthracen[4]. Der all-benzoide PAH **12** (Formelübersicht 3.1) mit formal 5 linear anellierten Ringen addiert Maleinsäureanhydrid mit um einen Faktor ca 10^4 kleinerer Geschwindigkeitskonstante als Pentacen[13] (Struktur **39** in Formelübersicht 2.4). All-benzoide PAHs sind auch thermisch extrem stabil; soweit bisher untersucht treten selbst bei sehr hohen Temperaturen keine Destruktionen des Kohlenstoffgerüsts unter Lösen von C-C-Bindungen auf. Wird zum Beispiel Hexabenzocoronen **16** längere Zeit (unter Luftausschluß) auf $1000^{\circ}C$ erhitzt, so findet thermische H-Abstraktion statt und in einer Festkörperreaktion bildet sich ein hochgeordneter (anisotroper) d.h. graphitähnlicher Koks[14].
Röntgen-Kristallstrukturanalysen sind bisher nur von wenigen all-benzoiden PAHs durchgeführt worden. Doch stehen die vorliegenden Daten in Einklang mit den Sextett-Formeln: Die C-C-Bindungen in den Benzolringen mit π-Sextetten sind kürzer als die C-C-Bindungen, die die benzolischen Ringe verknüpfen. So haben die externen Benzolringe im Triphenylen (**1a**) C-C-Bindungslängen von 135-141 pm, während die Bindungslänge der "Quasi-Einfachbindungen" zwischen den Benzolringen 146 pm beträgt[15]. Für Hexabenzocoronen **16** (Formelübersicht 3.1) sind die entsprechenden Daten: 137-142 pm (Benzolringe mit π-Sextett),

145-146 pm ("Quasi-Einfachbindungen" zwischen den Benzolringen)[16].
Auch die mit unterschiedlichen theoretischen Verfahren berechneten
C-C-Bindungslängen zeigen dieses Muster.

Aus der Fülle der quantenchemischen Untersuchungen über all-benzoide
PAHs sei hier nur ein Ergebnis wegen seiner beeindruckenden Anschau-
lichkeit erwähnt: in Bild 3.2 sind Elektronendichte-Konturdiagramme
für die all-benzoiden Kohlenwasserstoffe Hexabenzocoronen (16) und
Triphenylen (1) und zum Vergleich für Tetraphen (3) wiedergegeben[17].

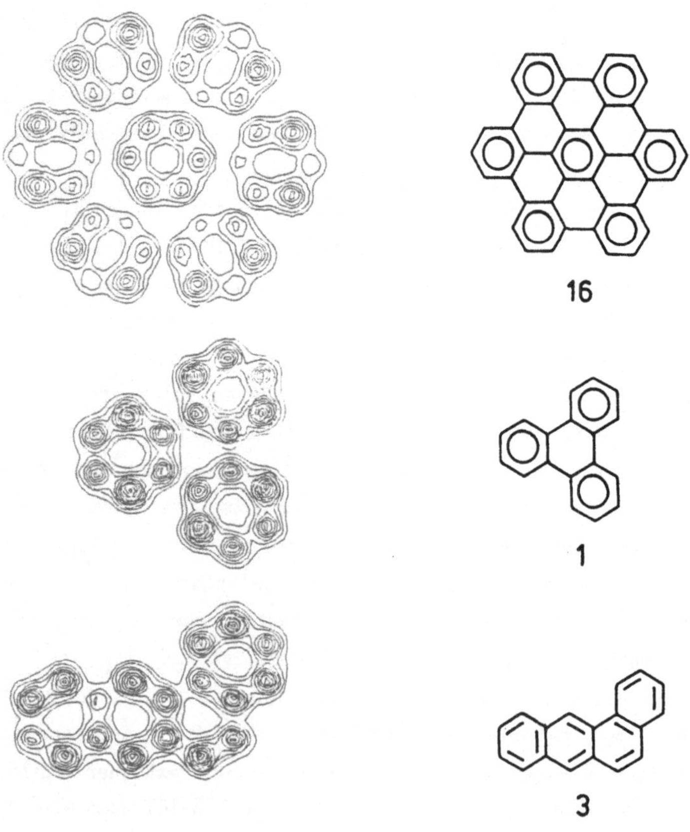

16

1

3

Bild 3.2.   Elektronendichte-Konturdiagramme (basierend auf den kombi-
nierten Beiträgen der 3 obersten besetzten π-MOs)[17]

3.2 Die Acene

Die "Acene" bestehen ausschließlich aus linear anellierten Benzolring-
en (siehe auch Abschnitt 2.3).

Außer Anthracen (**19**) sind die Acene **2**, **20**, **21** und **22** bekannt. Da
mit zunehmender Zahl der linear anellierten Ringe die Stabilität
der Kohlenwasserstoffe stark abnimmt, ist bereits die Synthese von
21 recht schwierig. Bei **22** ist sogar umstritten ob es schon in reiner
Form erhalten worden ist[18] (siehe auch Abschnitt 2.3).

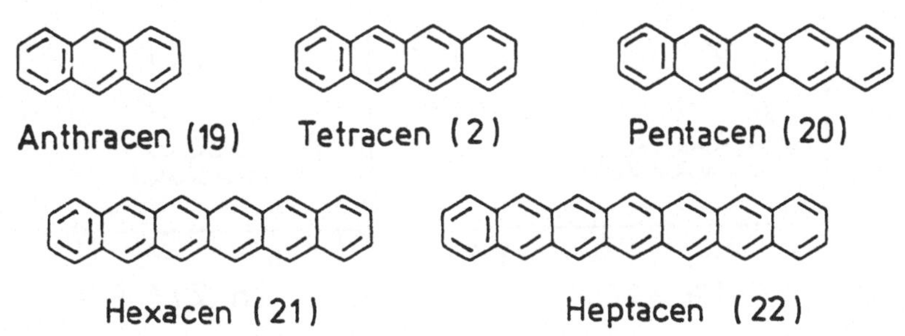

Anthracen (19)   **Tetracen (2)**   **Pentacen (20)**

Hexacen (21)   **Heptacen (22)**

Die Acene sind das klassische Beispiel einer Anellierungsreihe[19]
(Abschnitt 2.3) oder mit einem neueren Ausdruck[20] einer "äqui-topologischen Reihe": Die jeweils nachfolgende Verbindung entsteht formal
aus der vorhergehenden durch Hinzufügen eines bestimmten Fragments
(im Falle der Acene: einer cisoiden 1,3-ungesättigten C_4H_4-Gruppe),
wobei für die Verknüpfung stets das gleiche topologische Muster be-
nutzt wird. In solchen äqui-topologischen Reihen von PAHs ändern
sich alle physikalischen und chemischen Eigenschaften der Kohlenwasserstoffe in regelmäßiger Weise mit der Molekülgröße d.h der Zahl
der C-Atome oder π-Elektronen. Zur Erkennung von quantitativen Struk-
tur/Eigenschaften-Beziehungen ist es zweckmäßig Benzol und Naphthalin
in die Betrachtungen einzuschließen. Als Korrelationsparameter für
die Größe der Kohlenwasserstoffe hat sich der Ausdruck $(n-2)/n^2$,
wobei n die Zahl der π-Elektronen ist, als vorteilhaft erwiesen[21].
Beispiele für Korrelationen von Eigenschaften der Kohlenwasserstoffe
mit $(n-2)/n^2$ sind in Bild 3.3 gegeben: für die Resonanzenergie pro

Elektron (Bild 3.3 a), das 1.Ionisierungspotential (das nach Koopmans Theorem[22]) der Energie des HOMO entspricht) (Bild 3.3 b), die Energie der längstwelligen UV-Absorptionsbande (HOMO-LUMO-Übergang) (Bild 3.3 c) und für die Geschwindigkeitskonstante der Diels-Alder-Addition von Maleinsäureanhydrid (Bild 3.3 d).

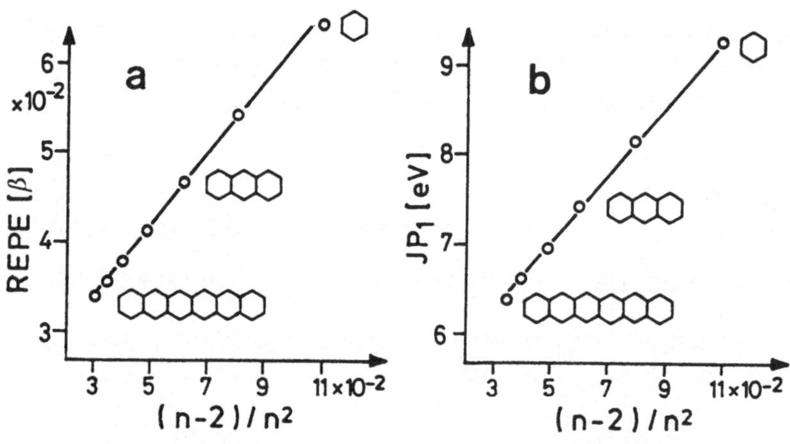

Bild 3.3 a: REPE (β-Einheiten) der Acene als Funktion von $(n-2)/n^2$ (Resonanzenergien nach Lit.3)
b: IP_1 (eV) (Lit.4) der Acene als Funktion von $(n-2)/n^2$

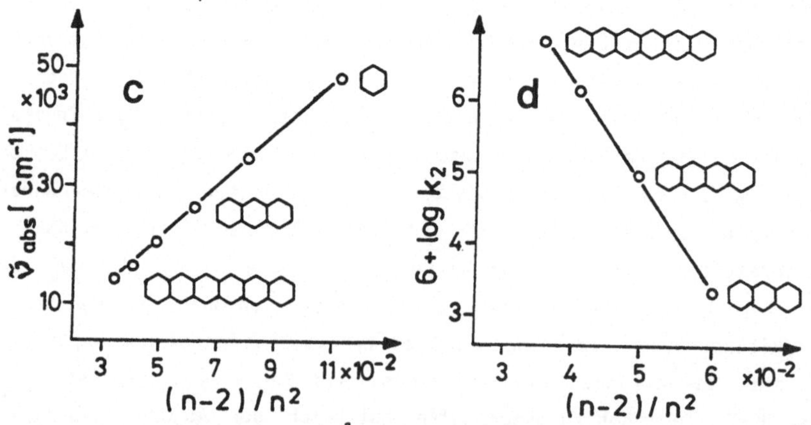

Bild 3.3 c: 1.UV-Bande (cm^{-1}) der Acene als Funktion von $(n-2)/n^2$ (Spektren nach Lit.23, Lösungsmittel: Benzol)
d: Log k der Diels-Alder-Addition von Maleinsäureanhydrid an Acene in 1,2,4-Trichlorbenzol bei 92°C als Funktion von $(n-2)/n^2$ (Geschwindigkeitskonstanten aus Lit.4)

Für PAHs ist ein (graphentheoretischer) "Index B" abgeleitet worden, der ein Maß für die elektronische Ähnlichkeit eines Kohlenwasserstoffs mit dem Benzol darstellt[24] (siehe auch Abschnitt 1.3). Der B-Index (B(Benzol) = 1) beträgt für Naphthalin 0.752, Anthracen 0.630, Tetracen 0.561 und Pentacen 0.522. Zwischen dem B-Index und dem Ausdruck $(n-2)/n^2$ besteht eine annähernd lineare Beziehung, und es entspricht natürlich der chemischen Intuition, daß sich die Eigenschaften der Acene mit zunehmender Molekülgröße und entsprechend abnehmendem B-Index in der in Bild 3.3 dargestellten Weise ändern. Extrapolation läßt für den Grenzfall eines unendlich großen Acens interessanterweise einen von Null verschiedenen B-Index erwarten. Damit steht in Übereinstimmung, daß auch die Resonanzenergie pro Elektron im Grenzfall des unendlich großen Acens nicht verschwindet sondern einen endlichen Wert hat (0.19β)[20,25]. Ein tieferes Verständnis dieser theoretischen Beobachtungen steht noch aus.

In den _Dihydroacenen_ 23, 24 und 25 liegen jeweils zwei elektronisch voneinander isolierte Aromateneinheiten vor. Der Unterschied in der thermodynamischen Stabilität eines Acens und seines entsprechenden Dihydroderivats ergibt sich in Näherung als Differenz der Summe der Resonanzenergien der isolierten Teilsysteme und des intakten Acens (Tabelle 3.2).

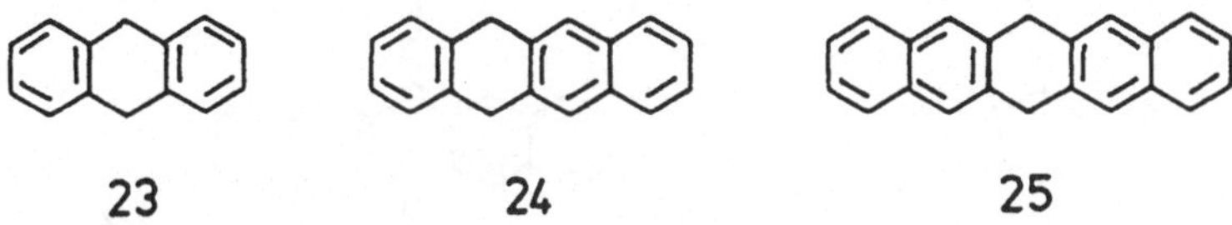

23   24   25

Tab.3.2. Hess-Schaad-Resonanzenergien[3] von Acenen
          und Dihydroacenen (β-Einheiten)

Kohlenwasserstoff	RE	Kohlenwasserstoff	RE	Δ(RE)
Anthracen (19)	0.66	Dihydroverbdg.23	0.78	0.12
Tetracen (2)	0.75	Dihydroverbdg.24	0.94	0.19
Pentacen (20)	0.84	Dihydroverbdg.25	1.10	0.26

Da ähnlich wie CH_2-Gruppen auch Carbonylgruppen eine Unterbrechung der Konjugation in aromatischen Kohlenwasserstoffen bewirken[26,27], sind die <u>Chinone</u> 26 – 30 der Acene stabiler als die entsprechenden Kohlenwasserstoffe, wobei die Stabilität und entsprechend das Reduktionspotential der Chinone mit der Molekülgröße zunimmt[23].

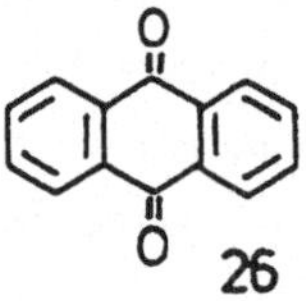

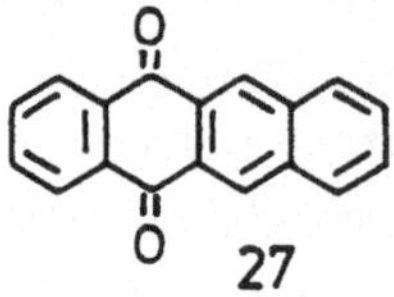

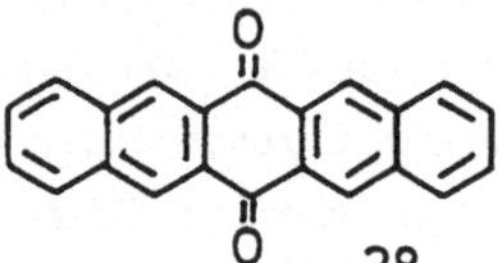

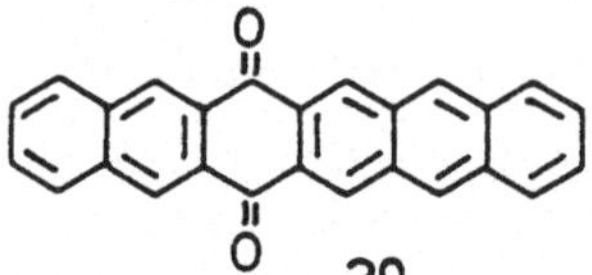

Der Stabilitätsgewinn durch Konjugationsunterbrechung hat auch einen Einfluß auf die Gleichgewichtslagen der Dienon-Phenol-Tautomerie von <u>Monohydroxyderivaten</u> der Acene[23]:

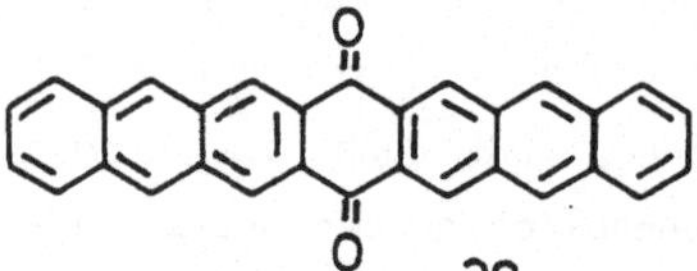

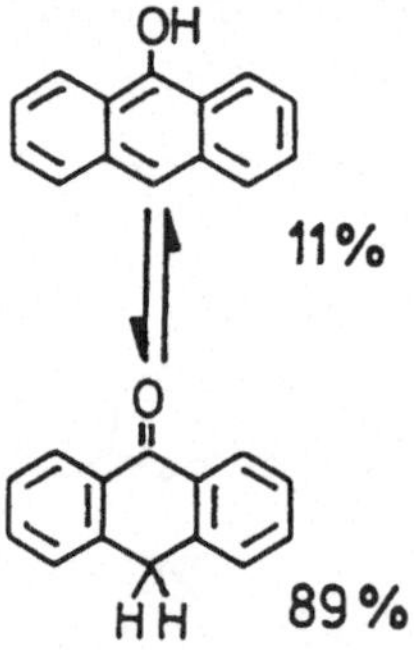

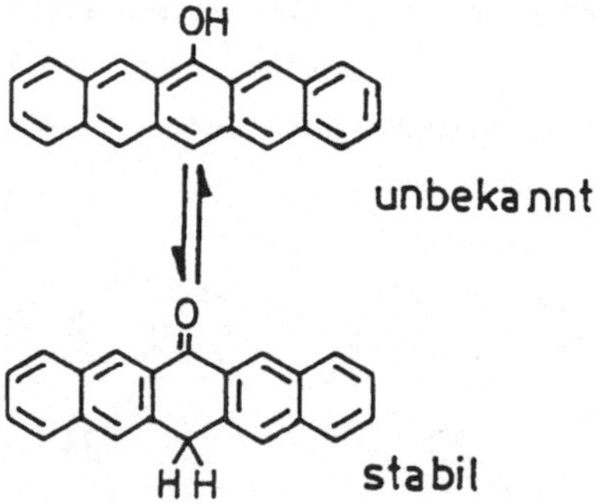

Schließlich soll in diesem Zusammenhang eine interessante Einzelbeobachtung erwähnt werden[23]. Pentacen (20) ist ein tief-blauer Kohlenwasserstoff (längstwellige Absorptionsbande bei 582 nm) während sein 6-Methyl-Derivat 31a eine schwach gelbe Verbindung ist: Es liegt praktisch ausschließlich in der tautomeren Form 31b vor.

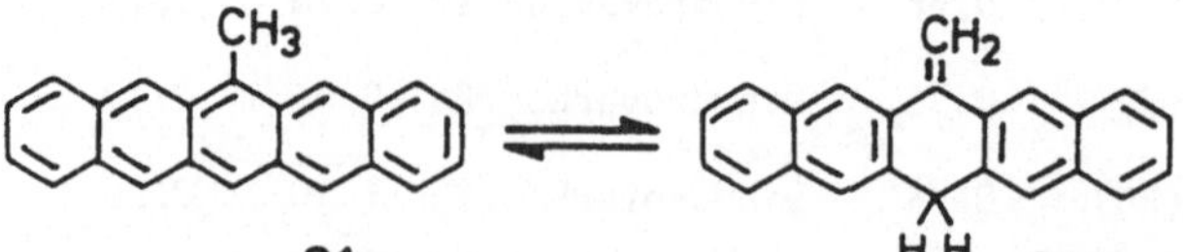

Eine interessante Klasse von polycyclischen Systemen, die strukturell in Beziehung zu den Acenen stehen, sind die "Cyclacene"[28]. Struktur 32 ([12]Cyclacen) ist ein Beispiel: Die 12 acenartig verknüpften sechsgliedrigen Ringe des Kohlenwasserstoffs bilden einen "molekularen Gürtel". Die sechsgliedrigen Ringe sind nicht planar sondern liegen in einer Wannen-Konfiguration vor. Ein wesentliches Strukturmerkmal der Cyclacene besteht darin, daß die in 6-Ringen angeordneten Kohlenstoffatome einen oberen und einen unteren, jeweils annulenartigen Ring bilden. **32a** und **b** sind (in die Ebene projizierte) Resonanzstrukturen des [12]Cyclacens.

32

32a   **32 b**

Für die Cyclacene gibt es zwei Typen von Resonanz-Strukturen: annulenartige (**32a**) und solche, die außer einem Benzolring mit Kekulé-Struktur einen Ring mit einer formalen para-Bindung (Dewar-Struktur) enthalten (**32b**).

Nach HMO-Rechnungen ist die thermodynamische und kinetische Stabilität der Cyclacene sehr gering (zum Beispiel beim [12]Cyclacen kleiner als die eines Acens mit 15 linear anellierten Ringen)[29].

Mit einem außerordentlich eleganten Syntheseverfahren ist es gelungen partiell hydrierte Derivate von **32** darzustellen[28,30]. Doch muß abgewartet werden, ob Methoden gefunden werden können mit denen die vollständige Dehydrierung zu **32** gelingt.

Wie HMO-Rechnungen zeigen, sollten cyclische Systeme vom Typ **33** (in der angelsächsischen Literatur: "Zigzag-cyclopolyacene") eine erheblich größere thermodynamische und kinetische Stabilität als die linear anellierten Cyclacene besitzen[29].

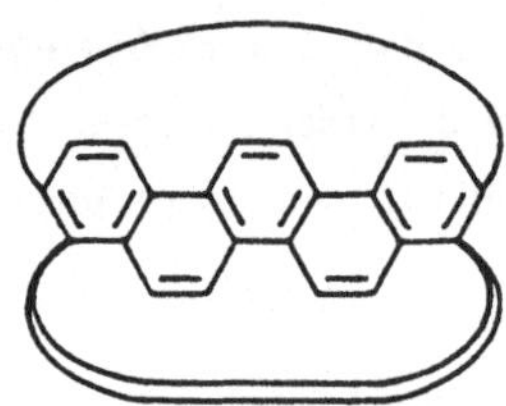

33

Im Gegensatz zu **32** lassen sich für Kohlenwasserstoffe vom Typ **33** zahlreiche Kekule-Strukturen schreiben, was die erwartete größere Stabilität der Zickzack-Cyclopolyacene qualitativ erklärt.

3.3 Angular anellierte PAHs

PAHs, in denen einige oder sämtliche Benzolringe angular anelliert vorliegen (Abschnitt 2.3), bilden einen sehr großen Anteil der theoretisch möglichen Kohlenwasserstoffe. Mit Ausnahme der Acene enthalten alle kata-kondensierten PAHs angular verknüpfte Benzolringe. Unter den peri-kondensierten PAHs treten solche mit angular anellierten Ästen (Abschnitt 2.3) ab Ringzahlen > 5 auf. Ihr Anteil nimmt mit steigender Ringzahl rasch zu. Zahlreiche kata- resp. peri-kondensierte PAHs mit angular anellierten Benzolringen sind hergestellt und insbesondere durch ihre UV-Absorptionsspektren charakterisiert worden[23,31]. Eine kleine Auswahl von bekannten kata-kondensierten PAHs mit angular anellierten Ringen ist in der Formelübersicht 3.2 zusammengestellt. Die Kohlenwasserstoffe **4**, **34** und **35** resp. **36–38** bilden Anellierungsreihen.

Bei gleicher Ringzahl sind kata-kondensierte PAHs mit teilweise oder vollständig angularer Ringverknüpfung thermodynamisch und kinetisch stabiler als die ausschließlich linear anellierten Acene. Dabei nimmt die Stabilität der Kohlenwasssserstoffe mit der Zahl der angularen

Verknüpfungen zu. In den Kohlenwasserstoffen **4, 34** und **35** sind alle Benzolringe angular anelliert, während in den Kohlenwasserstoffen **36-38** jeweils nur eine angulare Ringverknüpfung vorkommt.

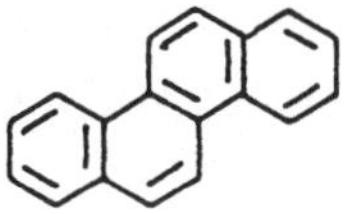

4 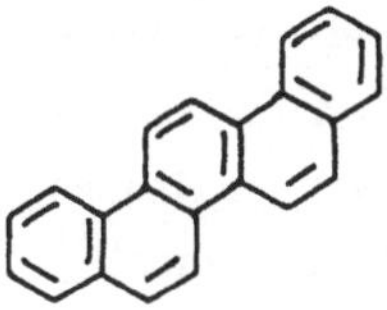   **34** 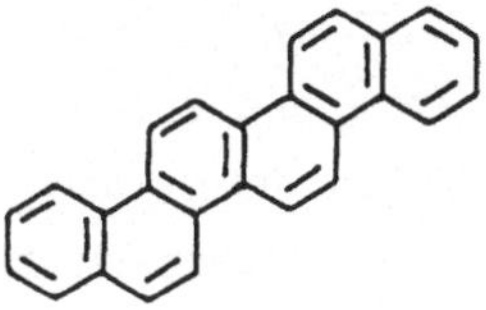   **35**

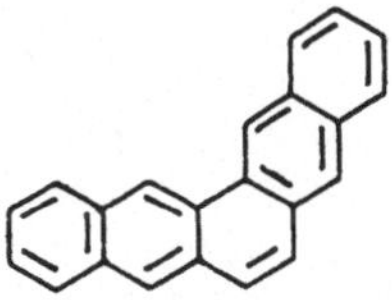

36 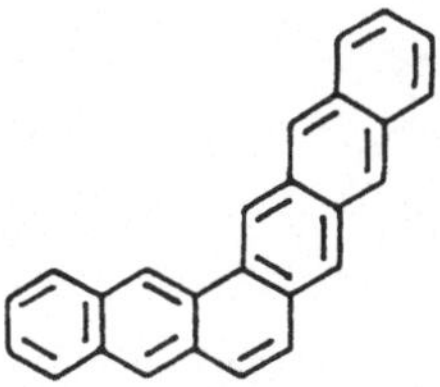   **37** 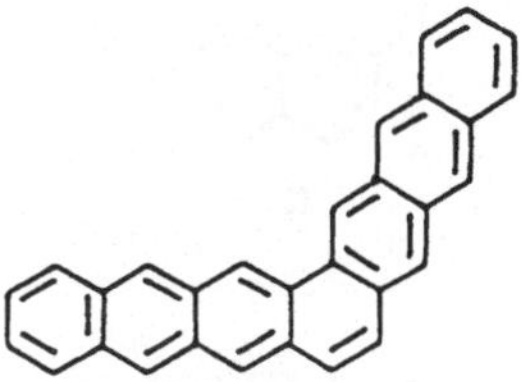   **38**

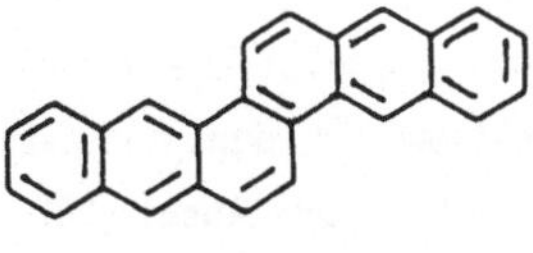

39 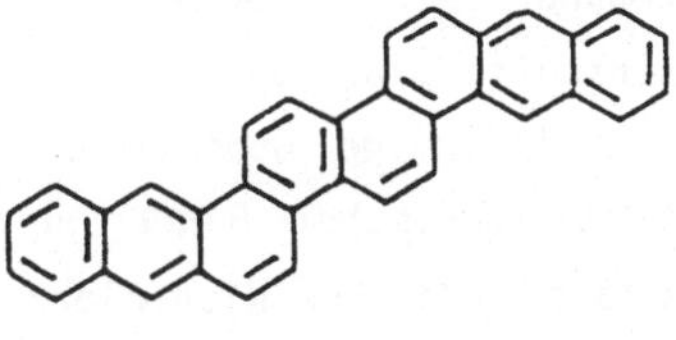   **40**

Formelübersicht 3.2. Angular anellierte PAHs

Eine interessante Anellierungsreihe mit vollständig angularer Verknüpfung der Benzolringe bilden die <u>Helicene</u>. Das erste Glied dieser Anellierungsreihe ist das [4]Helicen (**5**). Es folgen das [5]Helicen (**41**), [6]Helicen (**42**), [7]Helicen (**43**) ... etc; der größte bisher bekannte Vertreter dieser Anellierungsreihe ist das [14]Helicen[32] (siehe auch Abschnitte 2.5 und 2.6).

In elektronischer Hinsicht sind die Helicene eng verwandt mit den sogenannten "Zickzack-Kohlenwasserstoffen" **4, 34** und **35**. (Höhere

Glieder dieser Anellierungsreihe sind bisher nicht bekannt). Helicene und Zickzack-Kohlenwasserstoffe gleicher Ringzahl (d.h. die Verbindungspaare **5-4**, **41-34** und **42-35**) unterscheiden sich in der Resonanzenergie (berechnet für die planaren Systeme) um weniger als 0.4%[33] und im (experimentell bestimmten) 1.Ionisierungspotential um weniger als 0.03 eV[34]; auch ihre Dewar-Lokalisierungsenergien[5] (über Dewar-Zahlen siehe Abschnitt 3.1) sind sehr ähnlich, und die Anzahl der möglichen Kekule-Strukturen von Helicenen und Zickzack-Kohlenwasserstoffen gleicher Ringzahl ist identisch[35].

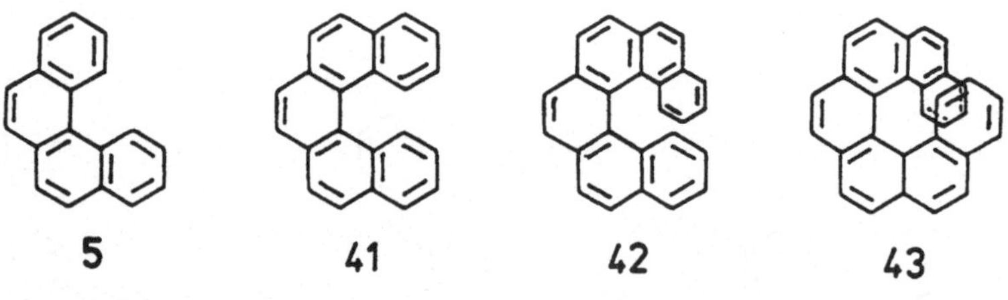

5   **41**   **42**   **43**

Ein grundsätzlicher Unterschied zwischen Helicenen und Zickzack-Kohlenwasserstoffen besteht jedoch, wie aus den Strukturformeln unmittelbar erkennbar ist, in geometrischer Hinsicht: Während die Zickzack-Kohlenwasserstoffe planare, lineare Bänder bilden, besitzen die Helicene eine kreisförmige Geometrie. Das führt bereits beim [4]- und [5]Helicen zu sterischer Hinderung der H-Atome in den endständigen Ringen und als Folge zu Nichtplanarität (siehe auch Abschnitt 2.5); im [6]Helicen (**42**) beträgt der (Interplanar)-Winkel zwischen den Ebenen der endständigen Ringe 58.5°[36], und [7]Helicen (**43**) ist das erste Molekül in der Reihe der Helicene, bei dem sich die beiden endständigen Benzolringe vollständig überdecken[37]. Die höheren Glieder dieser Anellierungsreihe besitzen helicale Geometrie; im [14]Helicen liegen bereits drei Aromatenschichten "face-to-face" übereinander.

Die Helicene sind dissymmetrisch und damit inhärent chirale Moleküle. Sie gehören zur Punktgruppe C_2 und sind "palindromisch". (Unter einem "Palindrom", von palindromos, griech., "rückläufig", versteht man eine Folge von Buchstaben, Wörtern oder Versen, die rückläufig gelesen denselben Sinn ergeben. Auf die Symmetrie der Helicene übertragen bedeutet "palindromisch", daß kein Unterschied besteht ob man die Helix von oben nach unten oder umgekehrt durchläuft: sie hat in beiden Richtungen die gleiche Ganghöhe).

Die Racemate von [6]Helicen (**42**), [7]Helicen (**43**) und einigen der höheren Helicene sind in die reinen Enantiomeren getrennt worden. Auch die absolute Konfiguration von Helicen-Enantiomeren wurde ermittelt[37].

Die Aktivierungsenergie der Racemisierung ist beim [5]Helicen niedrig (23.4 kcal mol^{-1}) und nimmt erwartungsgemäß in der Reihenfolge [6]Helicen (35.6 kcal mol^{-1}), [7]Helicen (41 kcal mol^{-1}) zu, ändert sich dann aber (überraschenderweise) nicht mehr wesentlich beim Übergang zu den höheren Helicenen; die Racemisierungsbarrieren von [8]- resp. [9]Helicen liegen bei 41.5 resp. 42 kcal mol^{-1}.

Der für die Herstellung von Helicenen charakteristische, abschließende Syntheseschritt ist die photochemisch induzierte Dehydrocyclisierung von geeigneten Diarylethylenen. Der Prototyp dieser Reaktion ist die Photocyclisierung von cis-Stilben zu Phenanthren:

Im Gleichgewicht vorliegendes trans-Stilben wird unter den photochemischen Bedingungen zum cis-Isomeren umgelagert. Der Ringschluß erfolgt über eine instabile Dihydrostufe; häufig wird die Reaktion in Anwesenheit eines Dehydrierungsmittels (vorzugsweise elementares Iod) zur Aromatisierung des Dihydroprodukts durchgeführt.

Analog erhält man beim Photoringschluß von **44** das Helicen **41**:

44   **41**

Photocyclisierungen von Diarylethylenen verlaufen in vielen Fällen mit hoher Regioselektivität. So entstehen beim Photoringschluß von **44** die ebenfalls möglichen Produkte **45** und **36** nur in einer Ausbeute von ca 1%[38].

45   **36**

Die Regioselektivität der Photocyclisierungen wird im wesentlichen durch zwei Faktoren kontrolliert: 1. Es finden nur solche Ringschlußreaktionen statt für die sich die intermediär auftretende Dihydrostufe als nichtradikalische, unpolare Struktur d.h. ohne ungepaarte Elektronen oder Ladungen formulieren läßt[39,40]. 2. Erfüllen in einem gegebenen Fall mehrere, zu unterschiedlichen Produkten führende Ringschlußwege diese Bedingung, so erfolgt der bevorzugte Ringschluß zwischen den im elektronisch angeregten Molekül reaktivsten C-Atomen der Aryl-Reste[38]. Zur Abschätzung der Reaktivität der C-Atome können übliche quantenchemische Reaktivitätsindices[41] wie der "Index der freien Valenz" oder Lokalisierungsenergien verwendet werden; allerdings müssen sie anders als bei ihrer Anwendung auf thermische Reaktionen für die Moleküle im elektronischen Anregungszustand (erster Singlett-Anregungszustand) berechnet werden. Sterische Faktoren (sterische Hinderung) haben offenbar nur einen geringen Einfluß auf die Regioselektivität der Photocyclisierungen.

Analog wie bei **44** verläuft die Photocyclisierung des Dinaphthyl-phenanthrens **46** zum Helicen **47**[40]. Viele ähnliche Fälle sind bekannt.

46 $h\tilde{\nu}$ **47**

Auch mehrfache intramolekulare Photocyclisierungen können zur Herstellung von Helicenen verwendet werden. Ein beeindruckendes Beispiel ist die Synthese von [14]Helicen aus **48**[32]. Der Reaktionsverlauf ist durch die geschwungenen Pfeile verdeutlicht.

$$\text{(Reaktionsschema)} \xrightarrow{\;h\bar{\nu}\;} [14]\ \text{Helicen}$$

48

Soweit bisher untersucht zeigen die Helicene das für aromatische Kohlenwasserstoffe typische Reaktionsverhalten. Die relativen Geschwindigkeitskonstanten der Protodetritiierung wurden für die verschiedenen Positionen von [4]-, [5]- und [6]Helicen experimentell bestimmt[42]. Bei der Protodetritiierung handelt es sich um den einfachsten Typ einer elektrophilen aromatischen Substitution:

$$H^+ + \text{(Aromat-T)} \rightleftharpoons \text{(Arenium)} \rightleftharpoons \text{(Aromat-H)} + T^+$$

Die Geschwindigkeitskonstanten dieser für das Studium der elektrophilen Reaktivität von Aromaten wichtigen Modellreaktion[43] sind ein direktes Maß für die Nucleophilie der Verbindungen. Für den planaren, aus 5 Benzolringen bestehenden Zickzack-Kohlenwasserstoff **34** (Formelübersicht 3.2) und das nichtplanare [5]Helicen (**41**) werden (für die jeweils reaktivste Position) innerhalb der Fehlergrenze identische Geschwindigkeitskonstanten gefunden[42,44]. Auch aus quantenchemischen

Untersuchungen, die in diesem Zusammenhang durchgeführt wurden, ergibt sich kein Hinweis, daß die nichtplanare Molekülstruktur von [5]- und [6]Helicen einen signifikanten Einfluß auf die elektrophile Reaktivität der Kohlenwasserstoffe hat[42]. Wie die Zickzack-Kohlenwasserstoffe gehen auch die Helicene (unter üblichen Bedingungen) keine Diels-Alder-Reaktion mit Maleinsäureanhydrid ein[45].

Eine wegen ihrer Molekülarchitektur interessante Klasse von angular anellierten PAHs sind die "Cycloarene[46,47]. Bisher sind die Cycloarene **49**, **50** und **51** hergestellt worden. Ihre Synthese, die sich als sehr schwierig erwies, stellt eine der herausragenden präparativen Leistungen auf dem Gebiet der polycyclisch-aromatischen Chemie dar.

49

50   **51**

Formelübersicht 3.3. Cycloarene

Der Kohlenwasserstoff **49** ist als "Kekulen" bekannt[48] (das Molekül wurde von H.A.Staab zuerst auf einer Tagung der Gesellschaft Deutscher Chemiker vorgestellt, die 1965 aus Anlaß des 100jährigen Jubiläums der Kekuleschen Benzolformel stattfand).

Lange Zeit wurde vermutet, daß mit der ungewöhnlichen Architektur des Kekulens auch eine ungewöhnliche, bei polycyclischen Aromaten bisher nicht bekannte Elektronenstruktur verbunden ist. Doch scheint das nach allen heute vorliegenden experimentellen und theoretischen Untersuchungen nicht der Fall zu sein[49]. Die Elektronenstruktur des Kekulens und die daraus resultierenden Eigenschaften entsprechen denen üblicher angular anellierter PAHs vergleichbarer Größe.

3.4 Circumarene

Die "Circumarene" gehören zu den strikt-peri-kondensierten PAHs (siehe Abschnitt 2.3). Bisher sind die Circumarene **52 - 56** bekannt. Das den Kohlenwasserstoffen gemeinsame Bauprinzip ist leicht erkennbar: eine kleinere aromatische Einheit (in den Formeln fett gezeichnet, Benzol, Naphthalin etc.) ist vollständig von Benzolkernen "umringt", d.h. alle externen Benzolkerne haben gemeinsame C-C-Bindungen mit der internen Aromateneinheit.

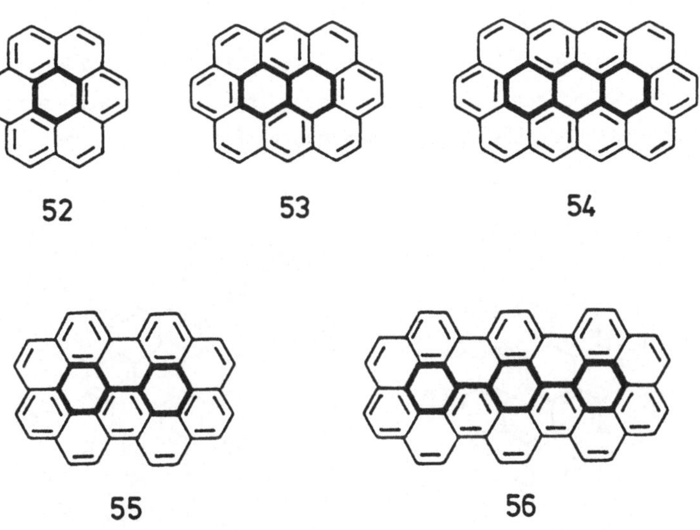

Formelübersicht 3.4. Circumarene

Coronen (**52**) und Ovalen (**53**) sind Basiskomponenten der IUPAC-Nomenklatur (siehe Abschnitt 2.7). Die systematischen Namen der übrigen Circumarene sind sehr kompliziert; meist werden daher die folgenden

Bezeichnungen verwendet: "Circum-anthracen" (**54**), "Circum-biphenyl" (**55**) und "Circum-para-terphenyl" (**56**) (manche Autoren schreiben hinter "Circum" die Zahl der C-Atome (in Klammern), die die zentrale Aromateneinheit umhüllen, zum Beispiel: "Circum(34)para-terphenyl").

Während Coronen, Ovalen und Circum-biphenyl[23,50] seit langem bekannt sind, wurden Circum-anthracen und Circum-para-terphenyl erst kürzlich hergestellt[51,52]. Beide Kohlenwasserstoffe besitzen eine extrem geringe Flüchtigkeit und Löslichkeit. So mußten zur Reinigung von Circum-para-terphenyl (**56**) Vakuumsublimationen bei $700°C/1$ mPa und fraktionierte Kristallisationen aus siedendem Pyren (Siedepunkt $393°C$) angewendet werden.

Die Chemie des <u>Coronens</u> (**52**), dem Prototyp der Circumarene, ist gut untersucht[23]. Zahlreiche Monosubstitutionsprodukte $C_{24}H_{11}$-R des Coronens sind bekannt, zum Beispiel mit R = $-NO_2$, $-CHO$, $-COCH_3$, $-CH_3$, $-C_2H_5$. Mono-ethinyl-coronen (R = $-C{\equiv}CH$) wurde hergestellt und seine Polymerisation untersucht (Bildung von Oligo(coronenyl-acetylenen)[53]. Im Chlorierungssystem $SO_2Cl_2/S_2Cl_2/AlCl_3$ gelingt die Perchlorierung des Coronens[54]. Perchlorcoronen (**57**) ist nicht planar: Paare von ortho-ständigen Chloratomen liegen regelmäßig abwechselnd oberhalb und unterhalb der Ebene des Coronenkerns (Symmetriegruppe: D_{3d}).

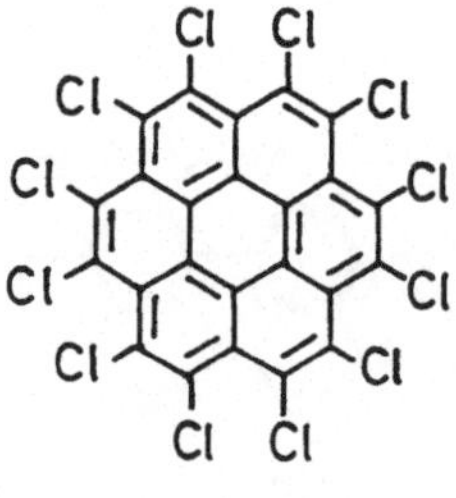

57

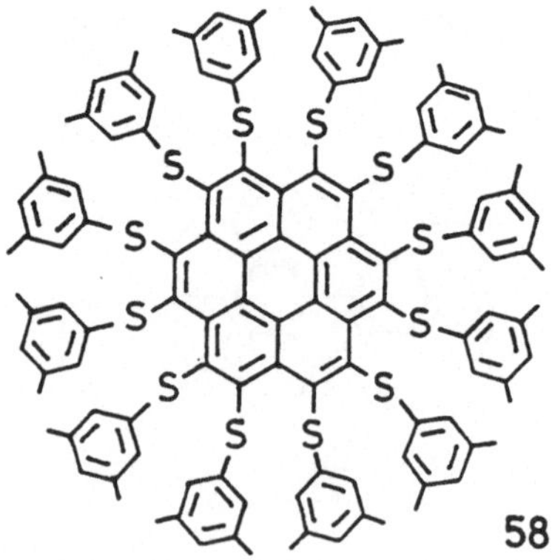

58

Durch Umsetzung von **57** mit Natrium-3,5-dimethylbenzolthiolat erhält man **58**, das mit einer Reihe von Molekülen, z.B. 1,4-Dioxan, Tetrahydrofuran oder Cyclohexanon, stabile kristalline Einschlußverbindungen bildet (Wirt:Gast-Verhältnis = 1:2)[55].

Während von vielen anderen PAHs jeweils mehrere konstitutionsisomere Chinone bekannt sind[56], ist vom Coronen bisher lediglich das ortho-Chinon beschrieben worden[23]. Dagegen wurde die Hydrierung des Coronens eingehend untersucht[23]. Partiell hydrierte Coronene, die als aromatische Einheiten Triphenylen, Pyren, Naphthalin resp. Benzol enthalten, sind in reiner Form hergestellt worden. Die Konstitutionen der Hydrocoronene ergeben sich aus den UV-Absorptionsspektren, die eindeutig den jeweiligen aromatischen Chromophor erkennen lassen. Auch Perhydrocoronen $C_{24}H_{36}$, ein cycloaliphatischer Kohlenwasserstoff, ist bekannt.

Interessanterweise bildet sich Perhydrocoronen neben Coronen und anderen PAHs als Nebenprodukt beim katalytischen Hydrocracken bestimmter Erdölfraktionen. Es lagert sich in den Rohrleitungen des Kühlsystems der Reaktoren ab. Aus den Rohrleitungen kann es (muß es!) mechanisch entfernt werden und ist auf diese Weise im Kilogramm-Maßstab zugänglich[57]. Durch anschließende Reinigung des Rohprodukts (im Labormaßstab) kann hoch-reines Perhydrocoronen hergestellt werden[58]. Das als Stereoisomerengemisch vorliegende Perhydrocoronen bildet farblose Kristalle, die oberhalb 350°C (bei Normaldruck) sublimieren. Perhydrocoronen hat sich als ein interessantes "Lösungsmittel" (d.h. als kristalline Matrix) zur Messung von Lumineszenz-Emissions- und Anregungsspektren (Fluoreszenz und Phosphoreszenz) extrem schwer löslicher PAHs erwiesen, die in üblichen spektroskopischen Lösungsmitteln unlöslich sind[59].

Der Kohlenwasserstoff ist auch als Matrix zur Untersuchung temperaturabhängiger photophysikalischer Eigenschaften von PAHs verwendet worden (in einem Temperaturbereich von 77 bis 433 K)[60,61]. (Das unerwartet große Lösungsvermögen von Perhydrocoronen für PAHs wird auf die Bildung stark übersättigter Lösungen zurückgeführt[62]).

Drei Dimere des Coronens sind bekannt, die Kohlenwasserstoffe **60**, **61** und **62**. Das Biaryl **60** bildet sich in geringer Menge (neben dem Hauptprodukt Coronen) bei der Decarboxylierung von Coronen-1,2-dicarbonsäureanhydrid (**59**) mit wäßriger KOH bei 350°C[63]. (Seine Bildung erfolgt möglicherweise über einen Arin-Mechanismus). **61** und **62** werden als Gemisch durch Einwirkung von Aluminiumchlorid auf Coronen erhalten. Beide Kohlenwasserstoffe[63,64,65] wurden in reiner Form dargestellt.

59

60   **61**   **62**

In **61** sind die beiden Coroneneinheiten durch einen 6-Ring, in **62** durch einen 5-Ring verknüpft. Dieser scheinbar geringfügige Strukturunterschied führt zu erheblichen Unterschieden in den UV-Absorptionsspektren, da **61** ein alternierender, **62** dagegen ein nichtalternierender Kohlenwasserstoff ist[65].

3.5 Nichtalternierende PAHs

Die nichtalternierenden PAHs enthalten neben sechsgliedrigen Ringen mindestens einen fünfgliedrigen Ring (siehe Abschnitt 2.2).

Die Gesamtklasse der nichtalternierenden PAHs kann man in Subklassen unterteilen, zum Beispiel nach der Zahl der C-C-Bindungen, die der 5-Ring und die angrenzenden 6-Ringe gemeinsam haben. Auf diese Weise ergeben sich 4 Subklassen A, B, C und D mit 2 resp. 3, 4 oder 5 gemeinsamen C-C-Bindungen von 5- und 6-Ringen (Formelübersicht 3.5). (Bei allen in der Formelübersicht zusammengestellten Kohlenwasserstoffen handelt es sich um bekannte Verbindungen mit gesicherter Konstitution, nicht um "theoretische Strukturen").

Der einfachste Kohlenwasserstoff vom <u>Typ A</u> ist das Acenaphthylen (**63**), wie alle nichtalternierenden PAHs ein peri-kondensierter Kohlenwasserstoff (er enthält ein internes, nicht zum Perimeter gehörendes

quartäres C-Atom). Weitere Beispiele für Typ-A-PAHs sind die Kohlenwasserstoffe **64** und **65**.

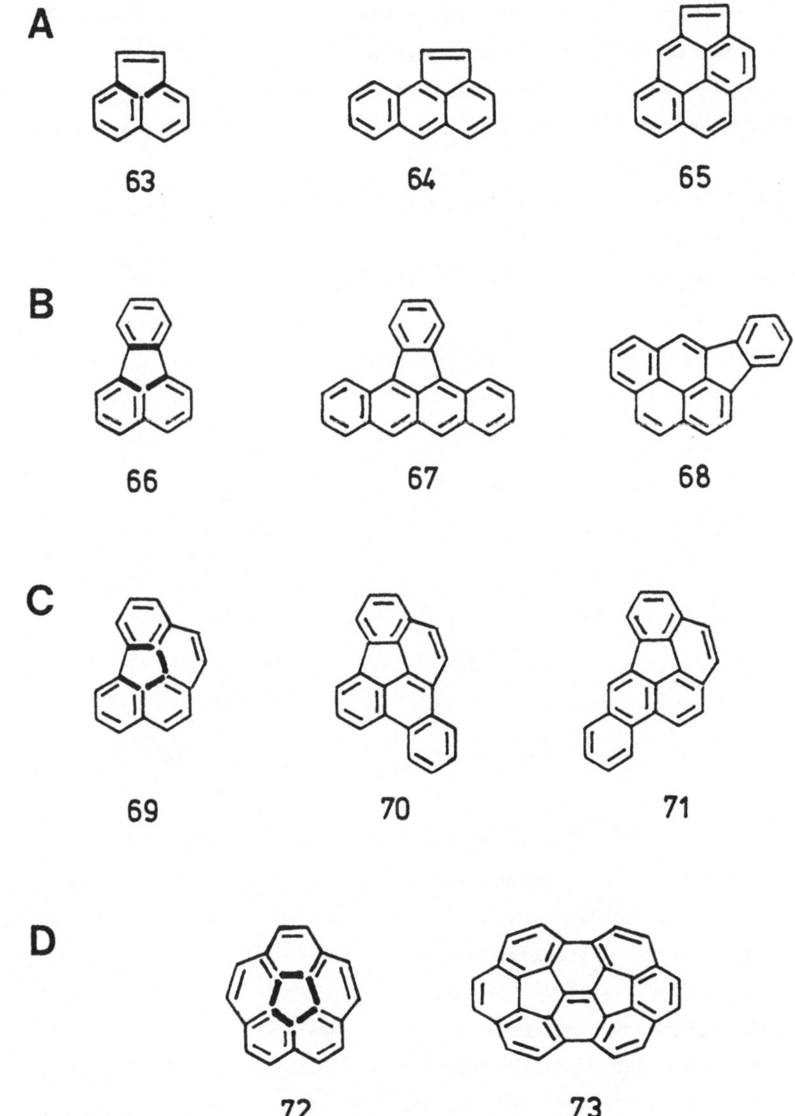

Formelübersicht 3.5. Nichtalternierende PAHs

Die externe Doppelbindung im 5-Ring von **63** und seinen Benzologen geht leicht Additionsreaktionen ein: **63** hat eine starke Neigung zur Polymerisation; die Kohlenwasserstoffe können als Dienophile in Diels-Alder-Reaktionen verwendet werden; photochemisch finden Dimerisierungen statt (2+2-Cycloadditionen).

Die meisten der heute bekannten nichtalternierenden PAHs leiten sich vom Fluoranthen (**66**) ab, gehören also zur <u>Gruppe B.</u> Mehrere Synthesen des Fluoranthens sind bekannt[23,66], doch wird der Kohlenwasserstoff für einige technische Verwendungen[67] und Forschungszwecke nahezu ausschließlich aus Steinkohlenteer gewonnen. Die Chemie des Fluoranthens ist gut untersucht[23]. Wie insbesondere durch Protodetritiierung gezeigt wurde[68], nimmt die Reaktivität der verschiedenen Positionen in der Reihenfolge 3 > 8 > 1 > 7 > 2 ab.

8   9
7   10
6   1
5   2
4   3
66

74

In einer für PAHs ungewöhnlichen Reaktion entsteht bei der Einwirkung von Natriumamid auf Fluoranthen in hoher Ausbeute Periflanthen (**74**). Der tief rote Kohlenwasserstoff (die längstwellige Absorptionsbande liegt bei 540 nm) ist chemisch nicht sehr reaktiv und besitzt damit eine bei PAHs seltene Kombination von Eigenschaften: langwellige Lichtabsorption bei relativ geringer chemischer Reaktivität. (Periflanthen ist wegen dieser Eigenschaftskombination als Pigmentfarbstoff für Polymere vorgeschlagen worden[69]). Bei alternierenden Kohlenwasserstoffen kann eine derartige Eigenschaftskombination nicht vorkommen; sie setzt das charakteristische MO-Muster nichtalternierender

PAHs voraus (siehe Abschnitt 2.2 und Bild 2.1).

Zahlreiche PAHs vom B-Typ mit mehr als einer Fluorantheneinheit sind hergestellt worden. Beispiele sind die Kohlenwasserstoffe **75 - 79**.

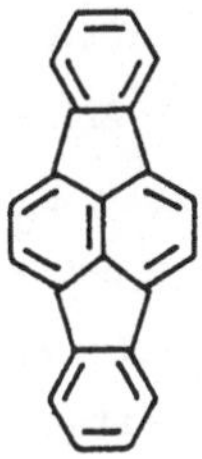

75 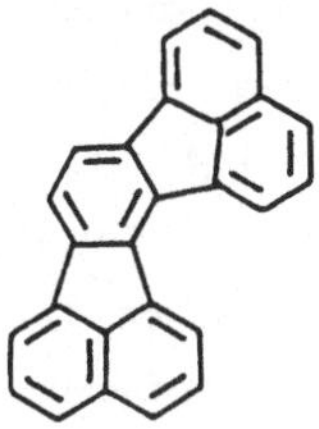   **76** 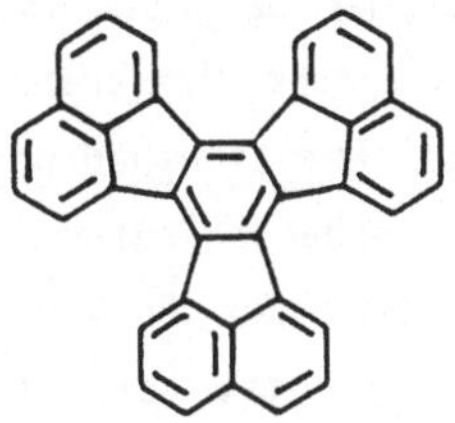   **77**

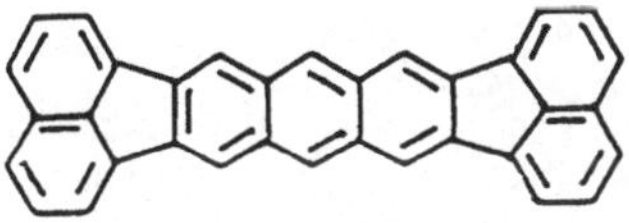

78

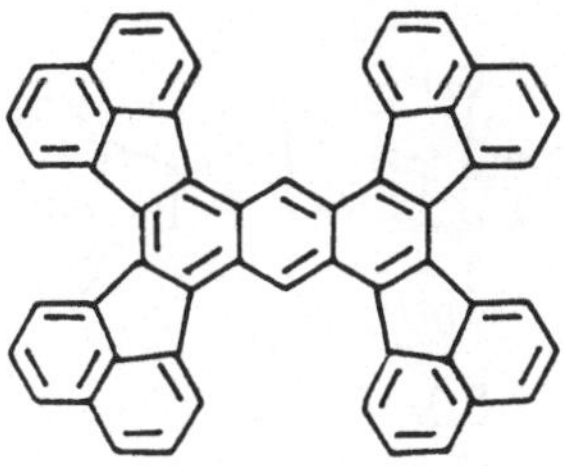

79

Decacyclen (der Kohlenwasserstoff besteht aus 10 Ringen) (**77**) besitzt, wie durch Röntgen-Kristallstrukturanalyse gezeigt wurde, eine Propeller-Struktur; die Winkel zwischen den Ebenen des zentralen Benzolrings und der Naphthalin-Einheiten betragen 9.3 resp. 7.7°[70]. Die Längen der C-C-Bindungen des zentralen Benzolkerns alternieren stark, und zwar sind die mit den 5-Ringen verknüpften Bindungen deutlich länger (144.4 pm) als die drei übrigen (138.4 pm). Damit liegen ganz analoge Verhältnisse wie beim C_{60}-Molekül vor, das, wie man leicht am Schlegel-Diagramm (Bild 1.4 in Abschnitt 1.5) erkennen kann, das Decacyclensystem als Substruktur enthält. Auch im C_{60} alternieren die Bindungslängen der sechsgliedrigen Ringe: die Bindungen, die mit 5-Ringen verknüpft sind, haben eine Länge von 144.8 pm, die übrigen Bindungen von 138 pm (Abschnitt 1.5). Es besteht also eine sowohl

qualitative wie quantitative Analogie zwischen den Bindungsverhält-
nissen im "freien" Decacyclen und den Decacycleneinheiten des C_{60}.
Ein interessantes Polymer, das **78** als Monomereinheit enthält, ist
kürzlich hergestellt worden[71]. Das in situ erzeugte Bisdien **80** wurde
mit dem Bisdienophil **81** umgesetzt, wobei in einer Diels–Alder–Reaktion
das Polymer **82** entsteht. Behandlung von **82** mit para-Toluolsulfonsäure
liefert unter Wasserabspaltung das Polymer **83** mit (in Abhängigkeit
von den Reaktionsbedingungen) n = 4 – 7. Die Alkylreste C_6H_{13} und
die Cyclophanschlaufen $(CH_2)_{12}$ wurden eingebaut, um eine ausreichende
Löslichkeit des Polymer in organischen Lösungsmitteln zu erzielen.
Seit langem ist bekannt, daß die Einführung von Alkylresten in PAHs
deren Löslichkeit stark erhöht (siehe zum Beispiel Lit.72).

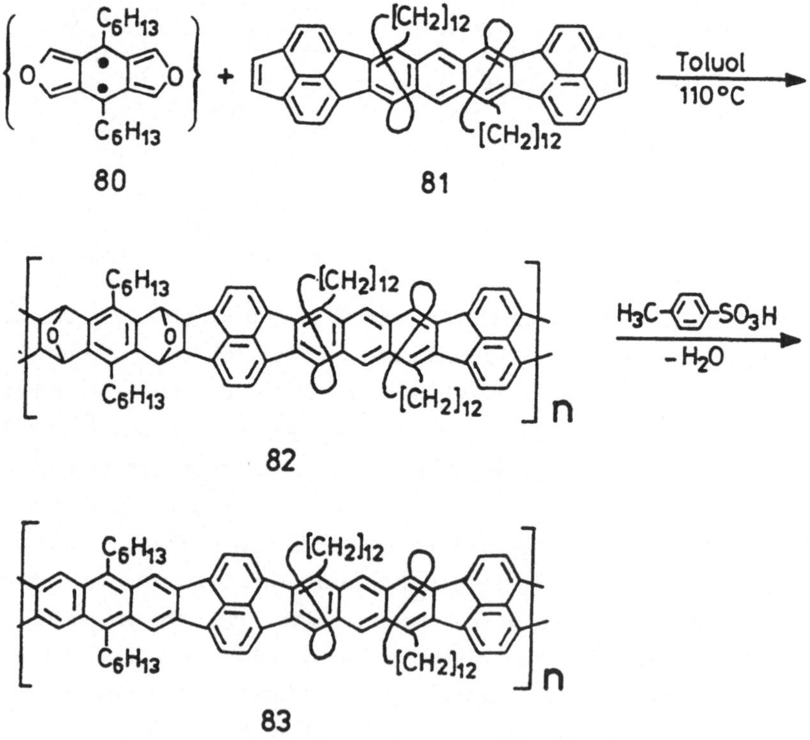

80   **81**

Toluol
110 °C

82

H_3C—⟨ ⟩—SO_3H
$-H_2O$

83

Vollständig ungesättigte doppelsträngige Polymere ("molekulare Bretter") sind potentiell interessant für Anwendungen auf Gebieten wie elektrisch leitende Polymere, nichtlineare Optik, Elektrolumineszenz oder Photovoltaik[73].

Benzo[ghi]fluoranthen (**69**) ist der einfachste PAH vom _Typ_ _C_. Man kann **69** formal nicht nur vom Fluoranthen (**66**) (durch Einfügen eines weiteren Benzolkerns) sondern auch vom [4]Helicen (**5**) (durch intraannularen Ringschluß) ableiten. Im Gegensatz zum [4]Helicen (siehe Abschnitt 2.5) ist **69** planar (Röntgen-Kristallstrukturanalyse); in **69** sind die H-Atome in den endständigen Ringen des [4]Helicens, die zur Nichtplanarität des Moleküls führen, durch die intraannulare Bindung ersetzt. Die Benzologen **70** und **71** von **69** sind synthetisiert worden.

Bisher sind nur wenige nichtalternierende PAHs vom _D-Typ_ bekannt. Von besonderem Interesse sind das in früheren Abschnitten (1.5 und 2.3) schon mehrfach erwähnte Corannulen (**72**) sowie der erst in jüngster Zeit hergestellte Kohlenwasserstoff **73**[74]. Die Anordnung der 5- und 6-Ringe in **73** entspricht einem Ausschnitt aus der C_{60}-Oberfläche; **73** ist mit 30 C-Atomen der bisher größte bekannte PAH mit C_{60}-Topologie. Wie **72** hat auch **73** die Gestalt einer Schüssel; die "Schüsseltiefe" beträgt (nach quantenchemischen ab initio Rechnungen) 270 pm (bei **72**: 89 pm). Die interessante Synthese von **73** geht von **84** aus, das über zwei Stufen in **85** überführt wird. Blitz-Vakuum-Pyrolyse von **85** bei 1000°C liefert **73** (Ausbeute der Pyrolysereaktion: ca 5%). (Das gleiche Syntheseprinzip wurde erfolgreich auch zur Herstellung von Corannulen verwendet[75]).

Cl — Cl — Cl — Cl $\xrightarrow[\text{-HCl}]{1000\,°C}$ 73

84   85

3.6 Die Fullerene

Das C_{60}-Molekül (über Bauprinzip und Elektronenstruktur siehe Abschnitt 1.5) wurde von seinen Entdeckern (H.W.Kroto, R.E.Smalley, J.R.Heath, S.C.O'Brien und R.F.Curl) "Buckminsterfulleren" genannt[76]: die Erinnerung von einem der Autoren (H.W.K.) an die geodätischen Bauten des amerikanischen Architekten Richard Buckminster Fuller (1895-1983), insbesondere an seinen aus Sechs- und Fünfecken bestehenden Kuppelbau auf der Weltaustellung 1967 in Montreal, hatte bei der Suche nach Ideen für die Struktur des Clusters eine wichtige Rolle gespielt (zur Entdeckungsgeschichte des C_{60} siehe Lit.77). Heute wird die gesamte Klasse der sphärischen Kohlenstoffcluster, die nach dem C_{60}-Prinzip aufgebaut sind, "Fullerene" genannt. Um Eindeutigkeit zu gewährleisten werden im Namen des jeweiligen Clusters die Kantenzahlen der vorkommenden Polygone, die Zahl der C-Atome, aus denen der Cluster besteht, und seine Symmetriegruppe angegeben, zum Beispiel: "[5,6]-Fulleren-78-D_3". Gibt es für eine bestimmte C-Zahl nur einen stabilen, aus Hexagonen und Pentagonen bestehenden Cluster, kann ein verkürzter Name verwendet werden; das ist zum Beispiel beim C_{60}-Molekül der Fall: "Fulleren-60".
Die Fullerene gehören zu den interessantesten Molekülen, die heute bekannt sind. Die Entdeckung und zutreffende Erkennung der Struktur des C_{60}-Moleküls (basierend auf wenigen damals verfügbaren experimentellen Fakten) durch Kroto, Smalley et al stand am Anfang der Entwicklung eines großen, neuen Arbeitsgebiets. Es hätte jedoch seine heutige Bedeutung nicht ohne ein zweites herausragendes Ereignis erlangt: die Auffindung eines einfachen Verfahrens zur präparativen Herstellung der Fullerene durch W.Krätschmer, D.R. Huffman, L.D.Lamb und K.Fostiropoulus[78]. Das Fullerengebiet hat viele faszinierende Facetten, schon die Herstellung der Fullerene gehört dazu. Kroto, Smalley et al[76] hatten massenspektroskopisch die Bildung von C_{60} bei der Laserbestrahlung von Graphit nachgewiesen; offenbar "verdampften" im Laserexperiment einzelne C-Atome oder aus mehreren C-Atomen bestehende Spezies von der Graphitoberfläche, aus denen sich anschließend (im Kroto-Smalley-Experiment: in einem gepulsten Überschallgeschwin-

digkeitsstrom von Helium) die C_{60}-Moleküle bildeten. Was ist die Essenz dieses Experiments, bei dem C_{60} entsteht ? Elementarer Kohlenstoff wird verdampft und die Dampfphase anschließend abgeschreckt. Genau das geschieht auch im Krätschmer-Huffman-Verfahren[78]: zwei (in Kontakt befindliche stabförmige) Graphitelektroden werden durch elektrische Widerstandsheizung auf etwa 2500–3000°C in einer Heliumatmosphäre erhitzt (Heliumdruck: ca 140 mbar) und der dabei entstehende Ruß in einer Kühlzone niedergeschlagen. Der der Apparatur entnommene Ruß wird dann mit einem organischen Lösungsmittel, zum Beispiel Benzol, extrahiert, unlöslicher Kohlenstoff abfiltriert und das Lösungsmittel verdampft; als Rückstand erhält man eine Mischung von ca 80–90% C_{60} und 10–20% C_{70}, aus der die beiden Kohlenstoffcluster in reiner Form gewonnen werden. Die Ausbeute an reinem C_{60}, bezogen auf die Menge des entstehenden Rußes, beträgt ca 10 Gew.-%. Inzwischen wird dieses Verfahren zur Herstellung der reinen Fullerene im Kilogramm-Maßstab angewandt[79]. Mehrere Varianten des Krätschmer-Huffman-Prinzips sind bekannt[80]. (Zur Entdeckungsgeschichte des Verfahrens von Krätschmer und Huffman siehe Lit.81).
Obwohl die Bildung von polycyclischen aromatischen Kohlenwasserstoffen bei der Hochtemperatur-Pyrolyse von Kohlenstoff- und Wasserstoff-haltigem Material (zum Beispiel Steinkohle oder Polymere) seit langem bekannt ist, war es außerordentlich überraschend, daß sich unter ähnlichen Bedingungen, ausgehend von reinem Kohlenstoff (Graphit), Fullerene bilden. Die Fullerene sind hochsymmetrische, d.h. entropiearme Moleküle; bei hohen Temperaturen ist aber (wegen des $T\Delta S$-Terms im Ausdruck für die freie Reaktionsenthalpie) die Bildung hochentropischer Moleküle begünstigt. Dieser Umstand deutet schon darauf hin, daß die Fullerenbildung nicht thermodynamisch kontrolliert sein kann. Die Fullerene sind thermodynamisch erheblich instabiler als Graphit (siehe hierzu Abschnitt 1.5); daß sie unter geeigneten Bedingungen (die Abschreckbedingungen sind hier wichtig !) dennoch aus Graphit entstehen, bedeutet, daß sie hohe kinetische Stabilität besitzen, d.h. sehr große Aktivierungsenergien sind erforderlich um C-C-Bindungen der einmal entstandenen Fulleren-Moleküle wieder zu lösen. Trotz dieser Einordnung der Beobachtungen in bekannte allgemeine

Kategorien bleibt die Entstehung der Fullerene aus Graphit bei hohen Temperaturen ein sehr ungewöhnliches Phänomen. Vor der Entdeckung der Fullerene hätten wahrscheinlich sowohl Chemiker wie Kohlenstoffwissenschaftler die Frage, ob sie sich die Existenz von hochsymmetrischen sphärischen Kohlenstoffclustern und ihre Bildung aus Graphit bei hohen Temperaturen vorstellen können, verneint. (Nicht alle: angeregt durch die erste Arbeit[82] über die Synthese des Corannulens im Jahre 1966 vermutete Osawa[83] in einer 1970 erschienenen Arbeit, also 15 Jahre vor der Entdeckung des C_{60}-Clusters, daß dieses Molekül existenzfähig sein könnte).

Aus experimentellen und theoretischen Untersuchungen ergibt sich für die Bildung der Fullerene unter den Bedingungen der Graphitverdampfung der in Bild 3.4 dargestellte Mechanismus[80,84].

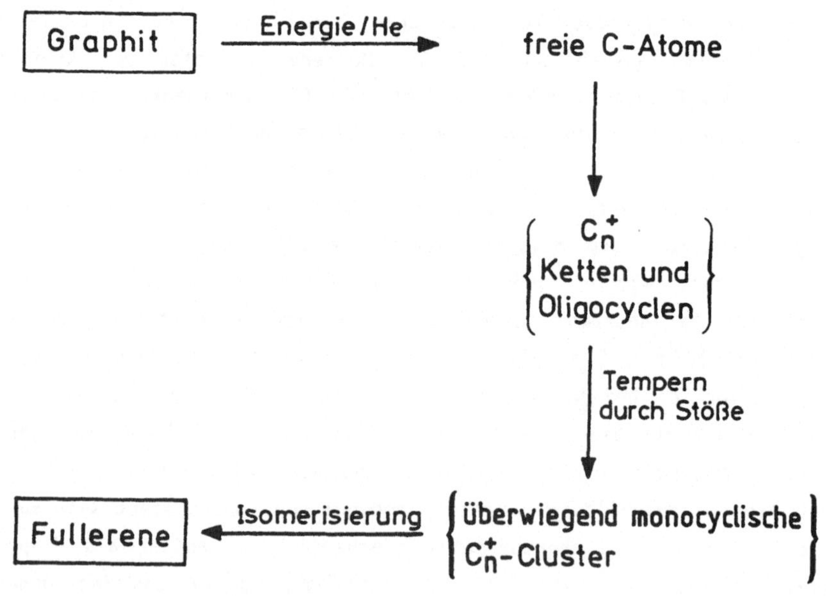

Bild 3.4. Mechanismus der Bildung von Fullerenen bei der Graphitver-
          verdampfung (schematisch)

Im ersten Schritt werden Kohlenstoffatome aus dem Graphitverbund abgespalten ("Graphitverdampfung"). In der Gasphase bilden sich aus den C-Atomen positiv geladene Cluster C_n^+ (n < 7 bis 28), die hauptsächlich in Form von Ketten und Oligocyclen vorliegen. Im folgenden Schritt wandeln sie sich überwiegend in große monocyclische Cluster um. Die thermisch hoch angeregten monocyclischen Cluster isomerisieren dann (durch intramolekulare Ringschlüsse und Umlagerungen) zu Fullerenen. Viele mechanistische Details sind bisher noch ungeklärt; das gilt insbesondere für die Isomerisierung der monocyclischen Cluster zu den Fullerenen.

In Ionen-Cyclotron-Resonanz(ICR)-Experimenten wurde beobachtet, daß große Cyclopolyine, zum Beispiel Cyclo-C_{30}, in der Gasphase leicht in Fullerene übergehen (Bild 3.5)[85].

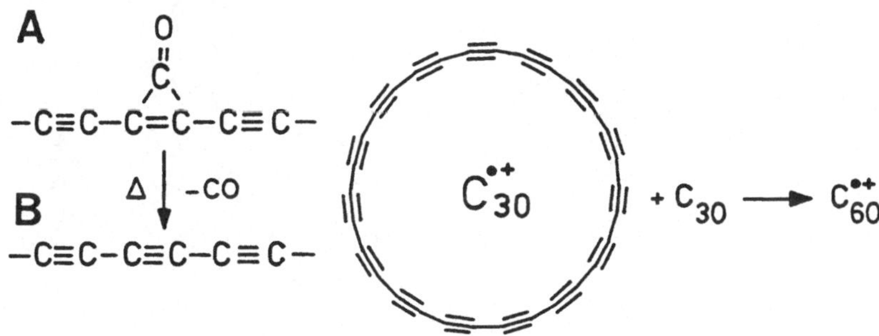

Bild 3.5. Bildung von Fullerenen aus Cyclopolyinen

Die Cyclopolyine werden in situ durch Decarbonylierung von cyclischen Kohlenstoffoxiden $C_n(CO)_{n/3}$ erzeugt (Bild 3.5; A ⟶ B). Die Fullerenbildung erfolgt durch Zusammenstöße von C_n^+-Ionen mit den neutralen Molekülen. Dieses Ergebnis unterstützt den postulierten Mechanismus der Fullerenbildung bei der Graphitverdampfung.

Fullerene entstehen nicht nur unter den Bedingungen der Graphitverdampfung sondern auch bei der unvollständigen Verbrennung von organischen Molekülen, zum Beispiel von Benzol[80]. Die Ausbeuten an Fullerenen hängen stark von den Verbrennungsbedingungen ab und überstreichen einen Bereich von ca 10^{-3} bis 10%, bezogen auf die Masse des entstehenden Rußes. Seit langem ist bekannt, daß sich bei der unvollständigen Verbrennung von organischen Materialien PAHs bilden. Kürzlich ist nun beobachtet worden, daß bei der Pyrolyse von reinem Naphthalin bei 1000°C im Argonstrom (in allerdings sehr geringen Mengen) C_{60} und C_{70} entstehen[86]. Massenspektroskopisch konnten Zwischenstufen detektiert werden, die auf einen Fullerenbildungsmechanismus deuten, bei dem aus Naphthalinmolekülen große PAHs als Vorstufen der Fullerene entstehen. Ein Molekül $C_{60}H_{28}$ wurde beobachtet, das die im Bild 3.6 gezeigte Konstitution haben könnte. Intramolekulare Ringschlußreaktionen zwischen den im Bild angegebenen C-Atomen würden zur Bildung von C_{60} führen.

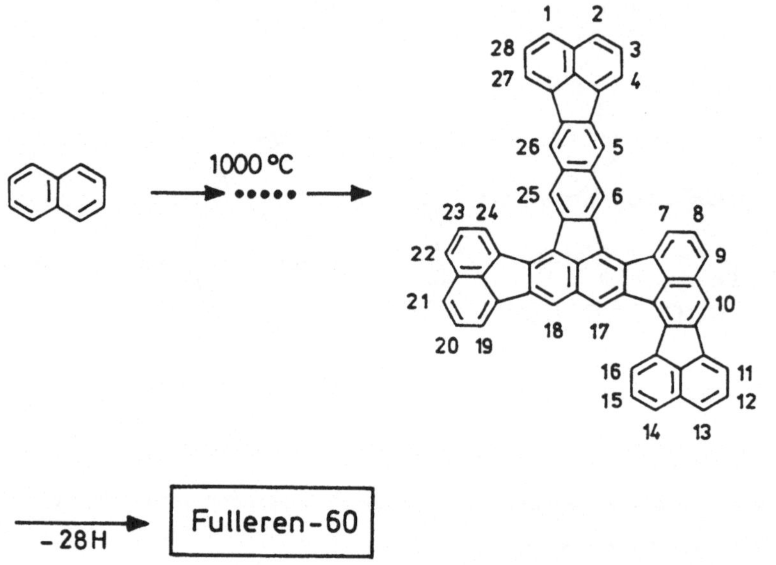

Verknüpfung von: $C_1 - C_{12}$; $C_2 - C_{11}$; $C_3 - C_{10}$; $C_4 - C_9$; $C_5 - C_8$; $C_6 - C_7$; $C_{20} - C_{13}$; $C_{19} - C_{14}$; $C_{18} - C_{15}$; $C_{17} - C_{16}$; $C_{28} - C_{21}$; $C_{27} - C_{22}$; $C_{26} - C_{23}$; $C_{25} - C_{24}$.

Bild 3.6. C_{60}-Bildung durch Hochtemperaturpyrolyse von Naphthalin

Es ist möglich, daß die Fullerenbildung in rußenden Flammen nach diesem oder analogen Mechanismen erfolgt.

C_{60} (und C_{70}) und ihre Derivate besitzen viele interessante physikalische Eigenschaften; nur ein Beispiel sei hier ausführlicher besprochen. Festes kristallines C_{60} ist ein elektrischer Isolator: da C_{60} eine abgeschlossene Elektronenkonfiguration hat (Abschnitt 1.5) ist auch das "Valenzband" des Festkörpers vollständig "besetzt" und das "Leitfähigkeitsband" "leer"; für eine elektrische Leitung bei Anlegen einer Spannung stehen keine beweglichen Ladungsträger zur Verfügung. C_{60} besitzt aber eine hohe Elektronenaffinität (Abschnitt 1.5), d.h. es kann leicht zu einem Anion reduziert werden indem es Elektronen in seinem niedrig liegenden, dreifach entarteten LUMO aufnimmt. Wird festes C_{60} mit Kalium (oder anderen Alkalimetallen) unter Luft- und Feuchtigkeitsausschluß bei ca $200^{\circ}C$ behandelt, findet Elektronenübertragung vom Kalium zum C_{60} statt, und es bilden sich Kalium-C_{60}-Salze ("Fulleride"):

$$C_{60} + n\,K \longrightarrow K_n C_{60}.$$

Je nach dem im Experiment angewandten stöchiometrischen Verhältnis der Reaktionspartner lassen sich Fulleride $K_n C_{60}$ mit n = 2-6 darstellen. Die Kaliumkationen befinden sich in den festen Salzen in regelmäßiger Anordnung zwischen den C_{60}-Anionen (Intercalationsverbindungen)[87,88]. Im $K_3 C_{60}$ ist das Leitfähigkeitsband des festen C_{60} (das aus der Überlappung der einfach besetzten LUMOs resultiert) halb mit Elektronen gefüllt, d.h. es sind jetzt elektrische Ladungsträger vorhanden. Eine außerordentlich interessante Beobachtung war nun, daß $K_3 C_{60}$ nicht nur ein elektrischer Leiter ist sondern unterhalb einer Temperatur von 19.6 K (der sog. Sprungtemperatur T_c) auch die charakteristischen Eigenschaften eines elektrischen Supraleiters aufweist, d.h. einen elektrischen Widerstand von Null sowie perfekten Diamagnetismus (nachgewiesen im sog. Meißner-Ochsenfeld-Experiment). Die bei Fulleriden bisher beobachtete höchste Sprungtemperatur (32.5 K) besitzt ein ternäres Fullerid $RbCs_2 C_{60}$. In binären und ternären Alkalimetallfulleriden $Me_3 C_{60}$ nimmt T_c mit größer werdendem Gitterabstand der C_{60}-Anionen zu, eine Beobachtung, die auf Basis des BCS-

Mechanismus (Bardeen, Cooper, Schreiffer) der Supraleitung erklärt werden kann. Doch steht eine gesicherte vollständige Theorie der Supraleitung von Fulleriden noch aus[88]. Die Alkalimetallfulleride sind außerordentlich feuchtigkeits- und luftempfindlich, was ihre praktische Anwendung als Supraleiter sehr erschweren wird.

Die Idee, daß es möglich sein sollte, Atome in das Innere der C_{60}-Hohlkugel einzubringen, wurde schon eine Woche nach der Entdeckung des C_{60} experimentell verifiziert[89]. Bei der Laserbestrahlung einer mit Lanthanchlorid imprägnierten Graphitscheibe beobachtete man im Massenspektrum neben C_{60} und C_{70} eine Spezies, deren Masse der Zusammensetzung LaC_{60} entsprach. Die 1:1-Stöchiometrie des Komplexes, das Fehlen von Lanthan-C_{60}-Komplexen mit anderer Stöchiometrie sowie die Beobachtung, daß erst nach weitgehender Fragmentierung des LaC_{60} im Massenspektrometer (stufenweise Eliminierung von C_2-Bruchstücken bis zu einer Masse LaC_{36}) das Lanthan freigegeben wird, waren nur mit der Annahme erklärbar, daß das Lanthanatom sich im Inneren der C_{60}-Hohlkugel befindet. In der Folge ist in analogen Experimenten die Existenz weiterer "endohedraler" Komplexe von C_{60} (und anderen Fullerenen) mit Natrium, Kalium, Rubidium, Cäsium, Nickel und Lanthaniden nachgewiesen worden. In modifizierten Krätschmer-Huffman-Experimenten gelang die präparative Herstellung von endohedralen Metall-Fullerenkomplexen, bisher allerdings nur in sehr geringen Ausbeuten[80]. Ebenso wurden endohedrale Fullerenkomplexe mit Helium in massenspektroskopischen Experimenten erzeugt[90] sowie durch Behandlung von C_{60}/C_{70}-Gemischen mit Helium bei hohen Temperaturen und Drücken präpariert (siehe auch Abschnitt 1.5). Für die endohedralen Fullerenkomplexe hat sich eine einfache Nomenklatur durchgesetzt: Die jeweilige Spezies wird durch ihre Zusammensetzung charakterisiert und durch das Symbol @ als endohedraler Komplex gekennzeichnet, zum Beispiel: $La@C_{60}$, $He@C_{60}$. Endohedrale Fullerenkomplexe mit mehr als einem Metallatom sind ebenfalls bekannt, unter anderem $La_2@C_{82}$ und $Sc_3@C_{82}$[91]. Von einigen endohedralen Komplexen liegen ESR- und röntgenphotoelektronenspektroskopische Untersuchungen vor. Mit diesen Methoden wurde zum Beispiel für $La@C_{82}$ gefunden, daß das La-Atom eine formale Ladung +3 trägt; zwei Elektronen werden an den

C_{82}-Käfig unter Bildung des besonders stabilen C_{82}-Dianions abgegeben, das dritte Elektron ist innerhalb des Hohlraums delokalisiert. Sobald Methoden zur Herstellung von endohedralen Fullerenkomplexen in reiner Form und größeren Mengen zur Verfügung stehen, wird die chemische und physikalische Charakterisierung dieser neuartigen Molekülstrukturen und die Suche nach möglichen praktischen Anwendungen ein Schwerpunkt der Fullerenforschung werden.

Die π-Elektronenchemie an Fullerenoberflächen hat sich als außerordentlich vielseitig erwiesen (siehe auch Abschnitt 1.5). Ein besonders interessanter (und in bezug auf mögliche praktische Fullerenanwendungen wichtiger) Aspekt der Fullerenchemie ist die hohe Regioselektivität der durchführbaren Reaktionen. Sie wird wesentlich durch zwei Prinzipien bestimmt: 1. Reaktionen laufen bevorzugt so ab, daß keine oder nur wenige Doppelbindungen zwischen miteinander verknüpften 5- und 6-Ringen entstehen und 2.sterische Hinderungen (ekliptische Wechselwirkungen) zwischen funktionellen Gruppen weitgehend vermieden werden. Sowohl die Ausbildung von 5-6-Doppelbindungen als auch ekliptische Wechselwirkungen destabilisieren das Fullerengerüst[80]. Bei Mehrfachadditionen am C_{60} treten die beiden Effekte häufig in Konkurrenz.

Bezogen auf die Position eines Erstangriffs am C_{60} (Bild 3.7) kann die Addition eines zweiten Reaktanten am Äquator (äq) oder an der oberen oder unteren Halbkugel erfolgen. Der äq-Angriff findet meist bevorzugt statt. Durch stufenweise Reaktion sind Hexa-Additionsprodukte (zum Beispiel Cyclopropanderivate, siehe Abschnitt 1.5) vom sehr interessanten Typ I (Bild 3.7) hergestellt worden[80].

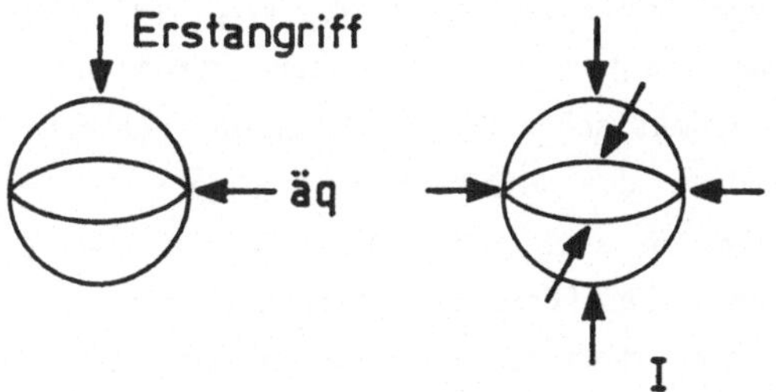

Bild 3.7. Mehrfachadditionen am C_{60} (Pfeile = Orte der Addition)

4   DIE THEORIE POLYCYCLISCHER AROMATEN

4.1 Semiempirische Quantenchemie der PAHs

Die Auffindung von quantitativen Beziehungen zwischen den Strukturen
und den physikalischen und chemischen Eigenschaften der Kohlenwasser-
stoffe ist seit vielen Dekaden ein Schwerpunkt der theoretischen
Forschung auf dem PAH-Gebiet. Hierbei sind vor allem die folgenden
Eigenschaften von Interesse: Geometrie der PAHs (Bindungslängen,
Bindungswinkel, Abweichungen von der molekularen Planarität), Bild-
ungsenthalpie, Resonanzenergie, Energien der besetzten π-Orbitale
(Photoelektronenspektren), UV-Absorptionsspektren und die chemische
Reaktivität. Gelegentlich werden zur Berechnung von PAH-Eigenschaften
(zum Beispiel PAH-Geometrien) quantenchemische ab initio Verfahren
angewandt[1,2], doch ist das PAH-Gebiet vor allem eine traditionelle
Domäne der <u>semiempirischen</u> Quantenchemie und seit etwa zwei Jahrzehn-
ten auch der chemischen Graphentheorie.

In der semiempirischen Quantenchemie von PAHs kommen sowohl Molecular Orbital(MO)- wie Valence Bond(VB)-Methoden zur Anwendung. Unter
den <u>MO-Methoden</u> sind die wichtigsten: das Hückel-Verfahren (HMO)[3,4],
das Ruedenbergsche Modell des verzweigten Elektronengases (FEMO)[5]
und Dewars Perturbational MO-Methode (PMO)[6]. Obwohl das HMO- und
FEMO-Verfahren mathematisch äquivalent sind[5], kommt das FEMO-Modell
einer absoluten Theorie näher als das HMO-Verfahren: im Gegensatz
zum HMO-Verfahren, das mit zwei empirischen Parametern arbeitet (Resonanzintegral β und Coulombintegral α) wird im FEMO-Modell nur ein
(auch eindeutiger als β und α definierter) Parameter benötigt, nämlich
die Länge einer aromatischen C-C-Bindung. Von den drei Methoden erfordert die Anwendung der PMO-Methode den geringsten Rechenaufwand;
PMO-Rechnungen lassen sich mit Minimalkenntnissen in Algebra unter
Zuhilfenahme eines Taschenrechners durchführen. Natürlich gibt es
heute für alle drei Methoden Rechenprogramme, die schon auf kleinen
Computern (PCs) angewendet werden können.
Das HMO-Verfahren hat sich als sehr geeignet zur Berechnung der Ener-

gien der besetzten π-Orbitale von PAHs erwiesen. Bei geeigneter Parametrisierung stimmen die berechneten Orbitalenergien sehr gut mit den experimentell (durch Photoelektronenspektroskopie[7]) ermittelten Ionisierungspotentialen überein[8]:

$$IP_n = - \epsilon_n \qquad \text{(Koopmans Theorem[9])} \qquad (4.1)$$

(IP_n = Die zur Entfernung eines Elektrons aus dem n-ten π-Orbital erforderliche (Ionisierungs)energie, ϵ_n = Energie dieses Orbitals)

$$\epsilon_n = x_n \beta + \alpha \qquad \text{(HMO)} \qquad (4.2)$$

(x_n = Hückel-Eigenwertkoeffizient des n-ten Orbitals, β = Resonanzintegral, α = Coulombintegral)

$$IP_n = - x_n \beta - \alpha \qquad (4.3)$$

Im Bild 4.1 sind die mittels Photoelektronenspektroskopie gemessenen gegen die berechneten Ionisierungspotentiale von kata-kondensierten PAHs ganz unterschiedlicher Struktur mit 2 bis 11 Benzolringen aufgetragen (Standardabweichung = 0.109 eV)[8].

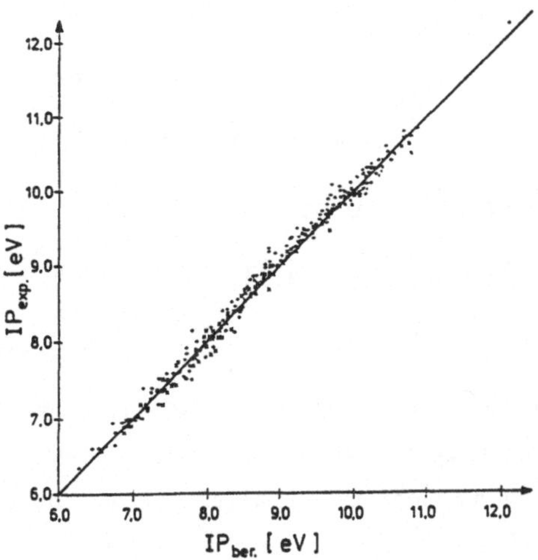

Bild 4.1. Zusammenhang zwischen gemessenen und berechneten (HMO) Ionisierungsenergien (eV) von kata-kondensierten PAHs

Zur Berechnung der in den UV-Absorptionsspektren von PAHs beobachteten Elektronenübergangsenergien ist die einfache Hückel-Näherung weniger geeignet, da sie die Coulomb-Wechselwirkung der Elektronen nicht berücksichtigt. Hier liefern SCF ("Self-Consistent-Field")-MO-Methoden, insbesondere die Pariser-Parr-Pople-Näherung, bei geeigneter Parametrisierung gut mit den experimentellen Daten übereinstimmende Ergebnisse (über SCF-Methoden siehe Lit.10).

Eine leicht zugängliche relative Maßzahl für das unterschiedliche Reaktionsvermögen der verschiedenen C-Atome eines PAH (ein Reaktivitätsindex[11]) ist die PMO-Lokalisierungsenergie ("Dewar-Zahl")[6]. Das "Rechenrezept" ist in Bild 4.2 dargestellt; die Dewar-Zahl N_1 für die 1-Position des Naphthalins wird ermittelt.

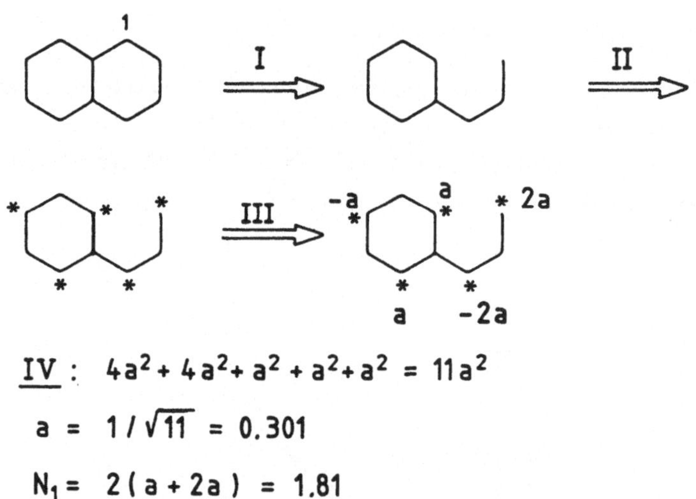

$$\underline{IV} : \quad 4a^2 + 4a^2 + a^2 + a^2 + a^2 = 11a^2$$

$$a = 1/\sqrt{11} = 0.301$$

$$N_1 = 2(a + 2a) = 1.81$$

Bild 4.2. Berechnung der Dewar-Zahl für die 1-Position des Naphthalins

Im Schritt I wird aus dem Graphen des PAH das C-Atom entfernt, dessen Dewar-Zahl berechnet werden soll. Das verbleibende ungerade-alternierende System wird im Schritt II alternierend "besternt" (siehe Abschnitt 2.2), und zwar so, daß der besternte Satz der größere ist. Im Schritt III werden die (nicht-normierten) NBMO (Non-Bonding-MO)-Koeffizienten der besternten C-Atome unter Anwendung der sog. "Null-Summen-Regel" (Longuet-Higgins[12]) ermittelt: Die Summe der NBMO-Koeffizienten (die positives oder negatives Vorzeichen haben können) der besternten C-Atome, die mit einem unbesternten C-Atom verbunden sind, muß Null sein; diese Forderung gilt für alle unbesternten C-Atome. Die NBMO-Koeffizienten werden so in Vielfachen einer zunächst unbestimmten Größe a erhalten. Zur Bestimmung des Betrages von a wird der Normierungschritt IV durchgeführt. Die Dewar-Zahl der 1-Position (C_1) des Naphthalins ist die mit dem Faktor 2 multiplizierte Summe der NBMO-Koeffizienten der C-Atome, die mit C_1 verbunden sind: N_1 = 2(1x0.301 + 2x3.01) = 1.81. Analog ergibt sich für die 2-Position des Naphthalins N_2 = 2.10. Generell gilt, daß ein C-Atom eines PAHs umso reaktiver je kleiner die entsprechende Dewar-Zahl ist. Auf die theoretischen Grundlagen und die leicht nachvollziehbare Herleitung des PMO-Modells und der Dewar-Zahl soll hier nicht eingegangen werden (siehe hierzu Lit.6).

Für einen gegebenen Reaktionstyp (zum Beispiel Bromierung, Protodetritiierung u.a.) bestehen zwischen den Dewar-Zahlen der reagierenden C-Atome der verschiedenen PAHs und den Logarithmen der experimentell bestimmten Geschwindigkeitskonstanten sehr gut erfüllte lineare Korrelationen (Lineare Freie-Energie-Beziehungen)[11,13]. Eine Kombination von PMO- und FEMO-Modell (PMO-F) liefert mit den experimentellen Daten noch besser übereinstimmende Ergebnisse[14].

Zwei semiempirische VB-Methoden zur Berechnung einiger Eigenschaften von PAHs wurden entwickelt: Randic' Modell der Conjugated Circuits (MCC)[15] und Herndons Structure-Resonance-Theorie (SRT)[16]. Beide Methoden, die sehr einfache mathematische (graphentheoretische) Grundlagen haben, sind ausführlich und leicht nachvollziehbar von Gutman und Cyvin beschrieben worden[17]. Mit einer naheliegenden Modifizierung der Randic-Methode werden das Randic- und Herndon-Verfahren mathematisch äquivalent[18]. Interessante Korrespondenzen bestehen auch zwischen der SRT und der PMO-Methode[19].

Das Randic-Verfahren hat sich für die Berechnung der Resonanzenergien von PAHs als sehr geeignet erwiesen. Mit Herndons Methode können Resonanzenergien und Bildungswärmen von PAHs berechnet werden. Ein im Rahmen der SRT definierter Reaktivitätsindex korreliert sehr gut mit den relativen Geschwindigkeitskonstanten unterschiedlicher Reaktionen von PAHs[20].

Ein einfacher Zusammenhang zwischen der Zahl K der Kekule-Strukturen und der Resonanzenergie RE von alternierenden PAHs wurde aus der SRT abgeleitet:

$$RE = 1.185 \ln K \quad [eV] \tag{4.4}$$

Die mit Gl.(4.4) erhaltenen Resonanzenergien stimmen ausgezeichnet mit den Werten aus einer hoch parametrisierten SCF–MO–Methode überein[21]. Für die Anwendung von Gl.(4.4) sowie die Methoden von Randic und Herndon werden die Zahlen der Kekule-Strukturen der PAHs benötigt. Für ihre Berechnung sind mehrere verläßliche Algorithmen entwickelt worden[22].

Die semiempirische Quantenchemie von PAHs ist durch einen merkwürdigen Widerspruch gekennzeichnet: einerseits können experimentelle Daten (insbesondere von alternierenden PAHs) sehr gut reproduziert werden, andererseits werden die Gründe für den offensichtlichen Erfolg der Methoden nicht wirklich verstanden. Die semiempirischen MO–Verfahren lassen sich aus den Postulaten der Quantenmechanik nur dann herleiten, wenn bestimmte sehr weitgehende Vereinfachungen als gerechtfertigt angesehen werden. Die erwähnten semiempirischen VB–Verfahren (Modell der Conjugated Circuits und Structure-Resonance-Theorie) haben mit der quantenmechanischen VB-Theorie von aromatischen Systemen gemeinsam, daß sie auf Resonanzstrukturen basieren (aber im Gegensatz zu einer vollständigen quantenmechanischen VB-Theorie nur auf Kekule-Strukturen, unter Vernachlässigung der Dewar- und ionischen Strukturen); die Mathematik (die Syntax) der Theorien unterscheidet sich von der der quantenmechanischen VB-Theorie vollständig (über die physikalischen und mathematischen Beziehungen zwischen verschiedenen semiempirischen VB-Theorien von aromatischen Kohlenwasserstoffen siehe Lit.23).

4.2 Molekulare Topologie und Eigenschaften von PAHs

Das Hückel-MO-Modell[3,4], der Prototyp der semiempirischen Verfahren zur Beschreibung von aromatischen Kohlenwasserstoffen, ist durch die folgenden Merkmale charakterisiert: 1. Die Wechselwirkung zwischen σ- und π-Elektronen wird als vernachlässigbar klein angesehen. Diese Annahme ist aufgrund der bei planaren Systemen bestehenden Orthogonalität der $\sigma(sp^2)$- und $\pi(p_z)$-Orbitale gerechtfertigt. $\underline{2}$. Alle Überlappungsintegrale, auch die zwischen den $2p_z$-Orbitalen verbundener C-Atome, werden gleich Null gesetzt. Das erscheint zunächst in anbetracht des Prinzips der maximalen Orbitalüberlappung als $\underline{Bindungsprinzip}$ problematisch, entspricht bei π-Elektronensystemen aber einer vertretbaren Näherung, da für $2p_z$-Atomorbitale an benachbarten C-Atomen die Überlappung relativ klein ist. $\underline{3}$. Es werden nur die (bindenden) Wechselwirkungen zwischen $\underline{direkt\ verknüpften}$ C-Atomen berücksichtigt. $\underline{4}$. Der Hamilton-Operator wird nicht explizit angesetzt; er ist definiert durch die Elemente einer die gegenseitige Verknüpfung der C-Atome wiedergebenden Matrix ("Hückel-Matrix"). $\underline{5}$. Die Elemente der Hückel-Matrix (α, β) werden als Parameter angesehen. Man setzt: für alle C-Atome $\alpha_j = \alpha$; $\beta_{jk} = \beta$, wenn die C-Atome j und k durch eine Bindung verknüpft sind, in allen anderen Fällen $\beta_{jk} = 0$. $\underline{6}$. Der Parameter α ("Coulombintegral") wird physikalisch als die Orbitalenergie des $2p_z$-Elektrons eines sp^2-hybridisierten C-Atoms, β ("Resonanzintegral") als Wechselwirkungsenergie zwischen $2p_z$-Atomorbitalen interpretiert. $\underline{7}$. Die $\underline{Hückel\text{-}Rechnung}$ besteht in der Ermittlung der Eigenwert-Koeffizienten (x_n) und der Eigenvektoren (c_{jr}) der Hückel-Matrix. $\underline{8}$. Die Quadrate der Eigenvektoren c_{jr} werden entsprechend Gl.(2.1) (Abschnitt 2.2) als Elektronendichten am C-Atom r im Orbital j interpretiert. $\underline{9}$. Die Energien der π-Orbitale (die Eigenwerte der Hückel-Matrix) ergeben sich aus den Eigenwert-Koeffizienten nach Gl.(4.2) (Abschnitt 4.1). $\underline{10}$. Die Beträge von β und α werden experimentell (oder durch Vergleich von Hückel-Daten mit den Ergebnissen aus SCF- oder ab initio-Rechnungen) bestimmt.

Merkmal 1 bezieht sich auf den Anwendungsbereich der Theorie, die Merkmale 2, 6, und 8 auf ihre "Semantik", die Merkmale 3, 4, 5, 7, 9 und 10 beschreiben die "Syntax" der Theorie. Nur die Syntax bestimmt die Art und die Qualität der mit der Theorie produzierbaren numerischen Ergebnisse.

Die Syntax der HMO-Theorie kann man auch durch eine Folge von "Anweisungen" beschreiben, die zur Veranschaulichung in Bild 4.3 am Beispiel des Benzols dargestellt sind. Anweisung 1: Reduziere die Strukturformel (I) des zu berechnenden Moleküls auf den topologischen Graph

(II): Die C-Atome der Strukturformel sind durch kleine Kreise (sog. "Knoten"), die C-C-Bindungen durch Striche zwischen den Knoten (sog. "Kanten") ersetzt.

	1	2	3	4	5	6
1	0	1	0	0	0	1
2	1	0	1	0	0	0
3	0	1	0	1	0	0
4	0	0	1	0	1	0
5	0	0	0	1	0	1
6	1	0	0	0	1	0

I   IIa   IIb

$\Longrightarrow$ **EIGENWERTE und EIGENVEKTOREN der Matrix**

Bild 4.3. Syntax der HMO-Theorie am Beispiel des Benzols

Der topologische Graph enthält als einzige Information das <u>Verknüpfungsmuster</u> (die "Nachbarschaftsbeziehungen") der das σ-Skelett bildenden Atome; er enthält keine Information über die Art der Atome und ihre elektronischen Eigenschaften, auch nicht über die Geometrie des Moleküls soweit dies die Bindungswinkel betrifft. Bezüglich der Bindungslängen spiegelt der topologische Graph die einheitliche Metrik der Hückel-Matrix (siehe Merkmal 5 der Theorie) wider: alle Kanten haben die gleiche Länge. (Die topologischen Graphen II und IIa sind "isomorph", d.h. sie enthalten die gleiche Information).

Anweisung 2: Stelle die dem topologischen Graphen entsprechende Knoten-Nachbarschaftsmatrix auf: Wenn 2 Knoten r und s durch eine Kante verknüpft sind, erscheint an der entsprechenden Stelle (r,s) der Matrix eine 1, an allen übrigen Stellen der Matrix steht 0.

Anweisung 3: Bestimme die Eigenwerte und Eigenvektoren der Matrix. (Hierfür stehen eine Reihe von mathematischen Methoden, natürlich auch Rechenprogramme für Computer zur Verfügung).

Der Satz der Eigenwerte repräsentiert die Knotenverknüpfung des topologischen Graphen in algebraischer Form und ist, wie aus dem Vorangegangenen folgt, von jeder physikalischen Interpretation der Knoten und Kanten des Graphen unabhängig. Die Ergebnisse der Hückel-

Rechnung basieren also ausschließlich auf der **Topologie** der Moleküle, ohne (explizite oder implizite) Berücksichtigung der spezifischen Eigenschaften der im Molekül vorkommenden Atome (mehr noch: ohne Berücksichtigung von irgendwelchen für Atome charakteristischen Eigenschaften). Ihre spezielle physikalische oder chemische Bedeutung (hier: Eigenschaften von PAHs) gewinnen die Ergebnisse der Rechnung allein durch die empirischen Parameter.

Was hier ausführlicher am Beispiel des HMO–Modells von aromatischen Kohlenwasserstoffen erläutert wurde, gilt analog auch für die anderen im Abschnitt 4.1 erwähnten semiempirischen Verfahren. In allen Fällen handelt es sich um rein topologische Methoden. Die Frage, worin der Erfolg der semiempirischen Methoden zur Berechnung von PAH–Eigenschaften begründet ist (siehe Abschnitt 4.1), kann jetzt so formuliert werden: Warum sind rein **topologische** theoretische Methoden auf dem PAH–Gebiet erfolgreich ?

Das "Analogieprinzip", eines der Basiskonzepte der Chemie (das schon in der Mitte des 19.Jahrhunderts klar erkannt wurde[24]), besagt (in der Formulierung von Hammett[25]), daß "ähnliche Substanzen ähnlich reagieren und daß ähnliche Änderungen in der Struktur ähnliche Änderungen in der Reaktivität (und wir können verallgemeinern: ähnliche Änderungen in den physikalischen und chemischen Eigenschaften) bewirken". Die Struktur einer Verbindung ist durch drei Merkmale charakterisiert: ihre molekulare Topologie, ihre Geometrie (Bindungslängen und Bindungswinkel) und die Atomsorten (chemischen Elemente), aus denen die Verbindung besteht. Bei den PAHs handelt es sich um eine Klasse von Verbindungen, die sämtlich aus den gleichen Elementen, Wasserstoff und (sp^2–hybridisierter) Kohlenstoff, bestehen; die planaren PAHs besitzen auch sehr ähnliche Geometrien. Doch unterscheiden sich alle PAHs in ihrer molekularen Topologie. Hieraus folgt, daß die Unterschiede in den Eigenschaften der verschiedenen PAHs vor allem in ihren unterschiedlichen Topologien begründet sind. Allerdings trifft dies nur zu, weil eine weitere Bedingung erfüllt ist: der Einfluß der nicht-topologischen Strukturmerkmale (Atomsorten und Geometrie) auf die Eigenschaften ist topologie-invariant. Oder anders ausgedrückt: die Einflüsse von nicht-topologischen und topologischen Faktoren auf die molekularen Eigenschaften sind unabhängig voneinander[11,26,27].

Ein Beispiel zur Veranschaulichung dieses Sachverhalts ist in Bild 4.4 gegeben[28].

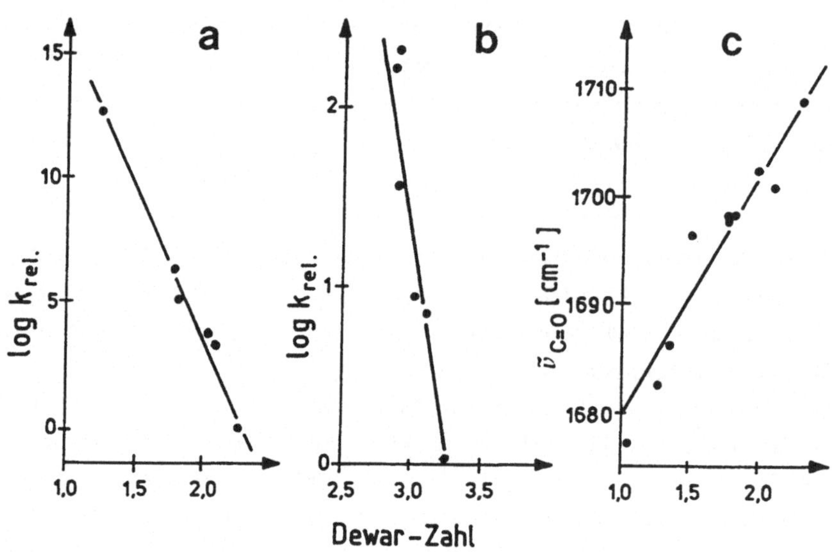

Bild 4.4. Korrelationen von PAH-Eigenschaften mit Dewar-Zahlen (N_t)

    a) log k der Bromierung (Daten nach Lit.29)
    b) log k der Diels-Alder-Reaktion (Daten nach Lit.30)
    c) Carbonylfrequenz von PAH-Aldehyden (Daten nach Lit.31)

Es handelt sich um Korrelationen von drei verschiedenen PAH-Eigenschaften mit Dewar-Zahlen (zur "Dewar-Zahl" siehe Abschnitt 4.1). Die Dewar-Zahl ist eine rein topologische Größe. Ihre Bedeutung wird zwar üblicherweise in physikalischen (quantentheoretischen) Kategorien interpretiert, man kann sie aber auch als eine topologische "Kennzahl" für die C-Atome von PAHs auffassen, der keinerlei physikalische Bedeutung zukommt[27].

In Bild 4.4a ist der Zusammenhang zwischen den Logarithmen der (relativen) Geschwindigkeitskonstanten der Bromierung von verschiedenen PAHs und den Dewar-Zahlen der reagierenden Zentren dargestellt und in Bild 4.4b der analoge Zusammenhang für die Diels-Alder-Addition von Maleinsäureanhydrid an PAHs der Perylen-Reihe; Bild 4.4c zeigt den Zusammenhang zwischen der IR-spektroskopisch bestimmten Lage (cm^{-1}) der C=O-Valenzschwingung von Monoaldehyden kata- und peri-kondensierter PAHs und den Dewar-Zahlen (berechnet für die unsubstituierten Kohlenwasserstoffe) der C-Atome, an die die Formyl-Gruppe gebunden ist[31].

Drei völlig verschiedene Typen von Eigenschaften – die Geschwindigkeitskonstanten einer elektrophilen Substitution und einer Cycloaddition sowie ein schwingungsspektroskopisches Datum – korrelieren mit der gleichen topologischen Größe. Eine Vielzahl analoger Beispiele ist bekannt. In allen diesen Fällen bestehen Relationen vom Typ

$$E_i = a\,T + b \tag{4.5}$$

(oder etwas kompliziertere Zusammenhänge) zwischen einer Eigenschaft E_i von PAHs und einer topologischen Variablen T; a und b sind für die jeweilige Eigenschaft charakteristische Konstanten. In den Konstanten a und b sind alle materiellen (physikalischen) Faktoren absorbiert, die für die gegebene Eigenschaft relevant sind.

Lineare Zusammenhänge (Lineare Freie-Energie-Beziehungen, siehe auch Abschnitt 4.1) von der in Bild 4.4a und b dargestellten Art haben (nach Dewar[6]) die Form:

$$\log f_t = -\frac{\beta}{2.3\;RT}\,(N_t - N_{ref}) \tag{4.6}$$

Der "partielle Geschwindigkeitsfaktor" $f_t = (k_f/k_{ref})$ ist der Quotient aus den Geschwindigkeitskonstanten k_f eines beliebigen PAHs (an der Position f) und k_{ref} einer Referenzsubstanz (meist Benzol) für einen gegebenen Reaktionstyp (zum Beispiel: Bromierung). Das "Resonanzintegral" β ist für jeden Reaktionstyp eine Konstante (zum Beispiel: elektrophile Bromierung, $\beta = -15$ kcal mol^{-1}; elektrophile Nitrierung, $\beta = -5$ kcal mol^{-1})[13]. (Der Ausdruck $\beta(N_t - N_{ref})$ entspricht der Differenz der Aktivierungsenergien der beiden verglichenen Reaktionen (der Reaktion mit dem jeweiligen PAH und der Referenzsubstanz), wie man leicht durch Anwendung der Arrhenius-Gleichung auf Reaktionen mit unterschiedlicher Aktivierungsenergie aber gleicher Aktivierungsentropie sehen kann)[11].

Das "Resonanzintegral" β hat in Relationen vom Typ der Gl.(4.6) resp. Gl.(4.2) (Abschnitt 4.1) nicht nur unterschiedliche Beträge sondern auch unterschiedliche physikalische Bedeutungen. Das gilt für die Verwendung von β in allen rein topologischen MO- oder VB-Verfahren. Diese "Varianz" von β (und auch des Coulombintegrals α) ist ein Charakteristikum der Modelle, das aus ihrer topologischen Natur resultiert. Die Varianz der Parameter bedeutet auch, daß sie je nach Anwendungsbereich der Modelle mit anderen Ausdrücken aus vollständigeren theoretischen Ansätzen zu identifizieren sind[32].

Aus den Postulaten des HMO-Modells folgt, daß es nur auf planare π-Elektronensysteme anwendbar sein sollte. In der Gesamtheit der PAHs stellen die planaren Systeme aber nur eine relativ kleine Gruppe dar (Abschnitt 2.5). Die Prüfung der Frage, wieweit Abweichungen von der Planarität die Anwendbarkeit der Hückel-Methode auf dem PAH-Gebiet einschränken, ist daher von großer Bedeutung. In einer interessanten Arbeit wurden photoelektronenspektroskopisch die Ionisierungspotentiale (IP) aller Helicene bestimmt ([5]- bis [14]Helicen; 8-13 IPs pro Verbindung) und aus Korrelationen der IPs mit den Hückel-Eigenwertkoeffizienten entsprechend Gl.(4.3) (Abschnitt 4.1) für jedes Helicen die Beträge von β und α ermittelt[33]. Die Ergebnisse sind in Tabelle 4.1 zusammengestellt. Für planare Aromaten wurden die Beträge von β und α auf gleiche Weise bestimmt.

Tab.4.1. Resonanz- (β) und Coulombintegral (α) der Helicene

Kohlenwasserstoff	β [eV]	α [eV]
Planare PAHs	− 2.89	− 5.93
[5]Helicen	− 2.82	− 5.94
[6]Helicen	− 2.90	− 5.82
[7]Helicen	− 2.82	− 5.78
[8]Helicen	− 2.90	− 5.61
[9]Helicen	− 2.93	− 5.72
[10]Helicen	− 3.01	− 5.60
[11]Helicen	− 3.05	− 5.57
[12]Helicen	− 3.14	− 5.46
[13]Helicen	− 2.96	− 5.56
[14]Helicen	− 3.24	− 5.38

Die Beträge der Parameter sind für planare PAHs und die Helicene relativ ähnlich; auch ändern sie sich wenig mit der Ringzahl der Helicene. Das gilt insbesondere für β. Es konnte auch gezeigt werden, daß Gl.(4.4) (Abschnitt 4.1) zur Berechnung der Resonanzenergien nicht nur von planaren sondern auch von ausgeprägt nichtplanaren PAHs geeignet ist[34]. Diese Ergebnisse werden verständlich, wenn man berücksichtigt, daß sich bei PAHs die Abweichungen von einer planaren Struktur relativ gleichmäßig über das gesamte Molekül verteilen. Auch in den Helicenen sind die einzelnen Ringe annähernd planar, d.h. die p-Orbital-Achsen benachbarter C-Atome nur wenig gegeneinander verkantet. Das gilt für alle nichtplanaren PAHs, wodurch sie sich charakteristisch von anderen Typen nichtplanarer aromatischer Verbindungen, zum Beispiel den Cyclophanen (siehe Abschnitt 1.2), unterscheiden. In "praktischer" Hinsicht folgt aus den Ergebnissen, daß man die topologischen Verfahren auch für die Berechnung von Eigenschaften nichtplanarer PAHs in vielen Fällen mit hinreichendem Erfolg anwenden kann.

4.3 S,T-Isomere

Die PAHs stellen eine homogene Klasse von Verbindungen dar: alle PAHs bestehen aus den gleichen Elementen, die Bindungen zwischen den Atomen sind vom gleichen Typ, und sie besitzen sehr ähnliche Geometrien. Einerseits folgt aus diesem Sachverhalt, daß Unterschiede in den Eigenschaften der verschiedenen PAHs in ihren unterschiedlichen Topologien begründet sein müssen (vide supra), andererseits aber auch, daß die Begriffe "Molekulare Struktur" und "Molekulare Topologie" von PAHs redundant sind; die Bedeutung der "Struktur" resp. der "Topologie" für die molekularen Eigenschaften ist daher aus einfachen logischen Gründen nicht unterscheidbar. Damit stellt sich die interessante (und wichtige) Frage, ob es Möglichkeiten gibt, die Rolle der Topologie für die Eigenschaften von Verbindungen explizit nachzuweisen, den Topologieeinfluß sozusagen "in reiner Form herauszupräparieren". Daß die Topologie von Verbindungen eine wichtige Rolle für die molekularen Eigenschaften spielt, ist dann nachgewiesen, wenn gezeigt werden kann, daß Moleküle, die aus unterschiedlichen

Elementen bestehen aber gleiche Topologien besitzen, auch gleiche
oder sehr ähnliche Eigenschaften haben. Bei einigen isotopologischen
Verbindungen mit gänzlich verschiedener chemischer Zusammensetzung
ist dieser Nachweis eindeutig gelungen[35,36,37].

Wenn auch nicht mit gleicher Strenge, dafür an einem erheblich größeren experimentellem Material, konnte der Einfluss der Topologie auf
die molekularen Eigenschaften an sog. "S,T-Isomeren" nachgewiesen
werden[26,38,39]. Das S,T-Isomeren-Konzept hat auch auf dem PAH-Gebiet
zu interessanten Ergebnissen geführt.

In Bild 4.5a sind die Strukturformeln von vier jeweils paarweise
isomeren Verbindungen angegeben. Den Isomeren ist gemeinsam, daß
man sie in zwei jeweils gleiche Untereinheiten (Partialstrukturen)
mit zwei nicht-äquivalenten Zentren a und b zerlegen kann. In den
mit S bezeichneten Isomeren ("S": $\underline{s}$imilar) sind die Untereinheiten
über gleiche Zentren (das heißt a mit a und b mit b) verknüpft, in
den mit T bezeichneten Isomeren ("T": auf S folgender Buchstabe)
über ungleiche Zentren (das heißt a mit b und b mit a).

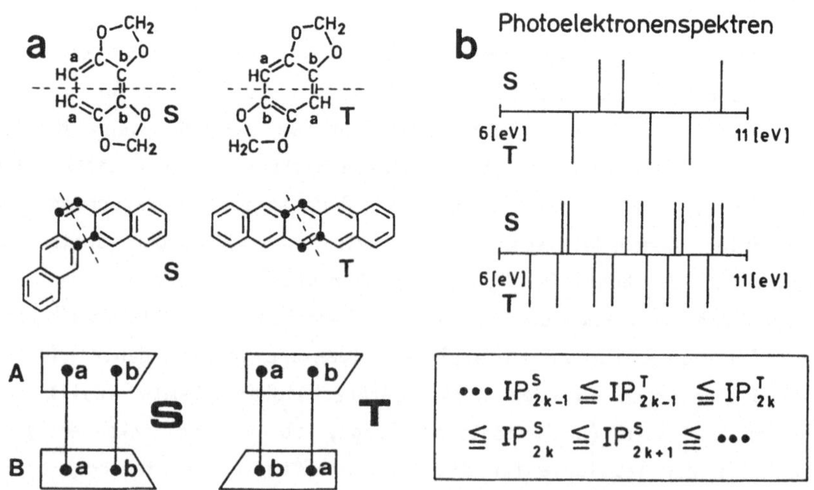

Bild 4.5. S,T-Isomere: Topologischer Effekt auf Molekülorbitale

Aus den Strukturformeln und der in Bild 4.5 gegebenen schematischen
Darstellung der S,T-Paar-Konstruktion aus isomorphen Untereinheiten

A und B ist leicht ersichtlich, daß die topologische Relation innerhalb der Isomeren-Paare identisch ist, im übrigen aber die beiden
Isomeren-Paare keine strukturellen Gemeinsamkeiten aufweisen, so
daß man - chemischer Intuition folgend - keine Korrespondenzen in
den Eigenschaften der Verbindungen erwarten würde.
In Bild 4.5b sind die Photoelektronenspektren der Verbindungen schematisch wiedergegeben. Sie zeigen eine bemerkenswerte Regelmäßigkeit:
In den Energieintervallen, die durch zwei aufeinanderfolgende Elektronenenergien eines S-Isomeren bestimmt sind, liegen abwechselnd zwei
bzw. keine Elektronenenergien des T-Isomeren[26,38,39]. In Bild 4.5
ist dieser als "Interlacing" der Elektronenenergien bezeichnete Effekt
auch mathematisch formuliert. In den Photoelektronenspektren von
bisher ca 230 S,T-Isomeren-Paaren aus ganz unterschiedlichen Verbindungsklassen der Organischen Chemie wurden nur sehr wenige Ausnahmen
von der Interlacing-Regel gefunden, wobei die Mehrzahl der Ausnahmen
theoretisch verstanden wird. Die isomorphen Untereinheiten A und
B der untersuchten S,T-Isomeren-Paare variieren in vielfältigster
Weise hinsichtlich Topologie, Art und Zahl der Atome, aus denen sie
aufgebaut sind, Art der Bindungen, durch die die Atome in den Untereinheiten verknüpft sind, und die Lage der Atome im dreidimensionalen
Raum. Das einzige gemeinsame strukturelle Merkmal der verschiedenen
S,T-Isomeren-Paare ist die einheitliche topologische Relation zwischen
S- und T-Isomeren, und diese Relation ist die Ursache der einheitlich-
en Beziehung zwischen den Photoelektronenspektren der Isomeren. Das
Interlacing der Elektronenenergien von S,T-Isomeren ist ein sehr
eindeutiges Beispiel für einen (kausalen) Zusammenhang zwischen molekularer Topologie und Eigenschaften von Verbindungen.
Das Interlacing der Elektronenenergien, das in den Photoelektronenspektren beobachtet wird, tritt auch in den Eigenwertspektren der
topologischen Graphen von S,T-Isomeren-Paaren auf: zwischen zwei
Eigenwerten des S-Isomeren liegen alternierend zwei oder keine Eigenwerte des T-Isomeren. Die Relation zwischen den Eigenwertspektren
von S- und T-Isomeren läßt sich analytisch herleiten, wobei man zugleich die topologischen Bedingungen erhält, die erfüllt sein müssen,
damit die Relation auftritt. Dabei zeigt sich, daß diese topologischen

Bedingungen auch bei anderen als dem bisher diskutierten, einfachsten Typ von S,T-Isomeren-Paaren (Bild 4.5a) erfüllt sind, so zum Beispiel (Bild 4.6) bei S,T-Paaren, die aus zwei isomorphen Untereinheiten A und B mit zwei nicht-äquivalenten Knoten a und b und einer weiteren von A = B verschiedenen Untereinheit C zusammengesetzt sind, wobei A und B über C verknüpft sind und C aus zwei äquivalenten, durch eine Kante verbundenen Knoten besteht.

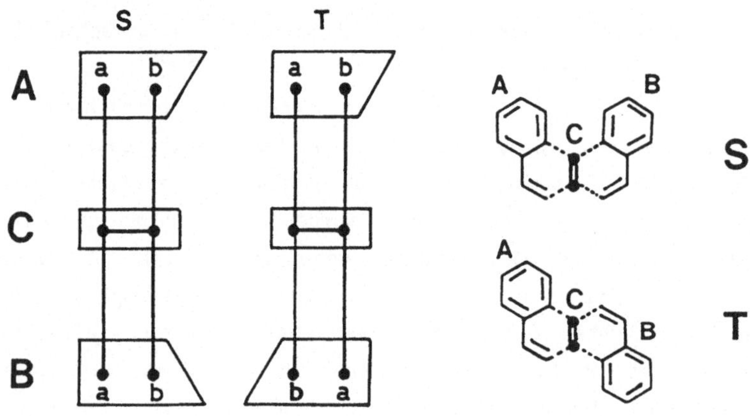

Bild 4.6. S,T-Isomeren-Paare, Konstruktion aus 3 Untereinheiten und
ein Beispiel aus der Reihe der PAHs

Drei weitere Beispiele für S,T-Isomeren-Paare von PAHs sind in Bild 4.7 angegeben.

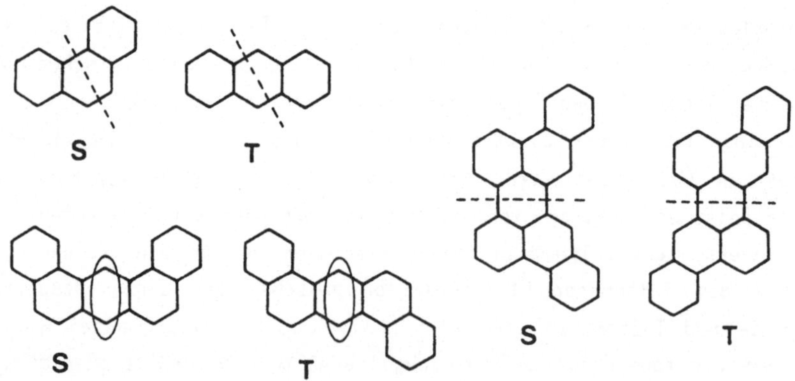

Bild 4.7. Beispiele für S,T-isomere PAHs

Mit der Relation zwischen den Eigenwertspektren (Ionisierungspotentialen) von S,T-Isomeren-Paaren stehen einheitliche Relationen zwischen
anderen Daten der Isomeren in unmittelbarem Zusammenhang. Dabei
muß man unterscheiden zwischen Paaren von Kohlenwasserstoffen mit
$m = (4n + 2)$ resp. $(4n)$ C-Atomen (π-Elektronen) (Bild 4.7). Die
theoretisch abgeleiteten Regeln werden durch das Experiment mit wenig-
en Ausnahmen bestätigt[38,40].

Für das 1.Ionisierungspotential IP_1 von PAHs gilt:

$$IP_1^S \gtrsim IP_1^T, \text{ wenn } m = 4n + 2$$
$$IP_1^S \lesssim IP_1^T, \text{ wenn } m = 4n$$

Für die Elektronenaffinität EA:

$$EA^S \lesssim EA^T, \text{ wenn } m = 4n + 2$$
$$EA^S \gtrsim EA^T, \text{ wenn } m = 4n$$

Für die HOMO-LUMO-Differenz $\Delta\epsilon$ wird gefunden:

$$\Delta\epsilon^S \gtrsim \Delta\epsilon^T, \text{ wenn } m = 4n + 2$$
$$\Delta\epsilon^S \lesssim \Delta\epsilon^T, \text{ wenn } m = 4n$$

Bei S,T-Paaren von (alternierenden) PAHs, die dem in Bild 4.5 dargestellten Modell entsprechen, ist die Gesamt-π-Elektronenenergie des
S-Isomeren nie kleiner als die des T-Isomeren.
Für S,T-Isomeren-Paare von kata-kondensierten PAHs wurde gefunden,
daß die jeweils niedrigste Dewar-Zahl N_{min} des S-Isomeren stets größer
ist als die des T-Isomeren[41]. N_{min} ist ein Maß für die chemische
Reaktivität eines PAH; die Reaktivität ist umso geringer je größer
N_{min} ist (siehe auch Abschnitt 4.1). Ein einfaches Beispiel bietet
das S,T-Isomeren-Paar Phenanthren/Anthracen: Phenanthren (S-Isomer),
$N_{min} = 1.796$; Anthracen (T-Isomer), $N_{min} = 1.265$.
Das Interlacing der Elektronenenergien von S,T-Paaren ist ebenso
wie die Zusammenhänge, die das 1.Ionisierungspotential, die Elektronenaffinität und die HOMO-LUMO-Differenz betreffen, nicht auf alternierende PAHs beschränkt; die gleichen Relationen gelten auch für nichtalternierende PAHs.
In einigen Fällen treten in den Energiespektren von S,T-Paaren sog.

"Inversionspunkte" auf, an denen das S- und T-Isomer ihre Rollen vertauschen, d.h. in der Reihenfolge der Molekülorbitale erscheint anstelle eines MO von S ein MO von T und umgekehrt. Bei S,T-isomeren PAHs, die aus isomorphen Untereinheiten entsprechend Bild 4.5a oder 4.6 aufgebaut sind, werden solche Inversionen selten beobachtet; von insgesamt 153 durch Photoelektronenspektroskopie bestimmten Ionisierungsenergien (13 S,T-Paare) waren nur 14 invertiert[40].

Die Möglichkeit, daß das Interlacing der Elektronenenergiespektren von S,T-Isomeren-Paaren durch die Symmetrie der Moleküle induziert wird, konnte durch theoretische Studien sowie den Vergleich mit experimentellen Daten ausgeschlossen werden[39].

Eine anschauliche Deutung (keine strenge physikalische Begründung) des Einflusses der molekularen Topologie auf die molekularen Eigenschaften von π-Elektronensystemen ergibt sich aus dem Freie-Elektronen-Modell (FEMO)[5,42]. Die Elektronen des FEMO haben die gleiche "mathematische Beschaffenheit" wie das de-Broglie-Elektron des Wasserstoffatoms: ihre Eigenwerte (Energien) und Eigenvektoren hängen nur von der Form und den Dimensionen ihrer Aufenthaltsbereiche ab. Im FEMO sind die Eigenwerte und Eigenvektoren der π-Elektronen (zwischen denen wie im Hückel-Modell keine Wechselwirkung angenommen wird) durch die Form und die Dimensionen des aus den Atomkernen (plus Rumpfelektronen) gebildeten (positiv geladenen) Potentialkastens gegeben, entlang dessen Rändern sie sich bewegen. Die "Bahn" der freien Elektronen und damit auch ihre Eigenwerte und Eigenvektoren sind also vollständig durch das σ-Gerüst festgelegt, d.h. aber durch die Topologie der Moleküle, wenn man sich auf Verbindungen bezieht, die sich hinsichtlich Art der Atome, Bindungswinkel und Bindungslängen nicht (oder nur unwesentlich) unterscheiden.

4.4 Clars π-Sextett-Modell der PAHs

Clars qualitatives Modell zur Beschreibung von polycyclischen aromatischen Kohlenwasserstoffen ist in Bild 4.8 an Beispielen dargestellt. In den Formeln **a** und **c** von Pyren und Benzo[ghi]perylen bedeuten die Punkte $2p_z$-Elektronen der C-Atome. Die Grundidee des Modells besteht darin, 1. die Menge der Kohlenstoff-$2p_z$-Elektronen in Untermengen aufzuteilen, die 2. als π-Elektronen einzelnen bestimmten Ringen zugeordnet werden, wobei 3. dies derart geschieht, daß die maximal mögliche Zahl an aus 6 π-Elektronen bestehenden Untermengen, d.h. π-Elektronen-Sextetten, erreicht wird. So entstehen aus den Ausgangs-formeln **a** und **c** die <u>Clar-Formeln</u> **b** und **d**. Ein wesentliches Merkmal der Clar-Formeln besteht darin, daß von zwei miteinander verknüpften Ringen nur jeweils ein Ring ein π-Sextett enthalten kann, d.h. das in den Clar-Formeln verwendete Kreis-Symbol hat die ursprüngliche von Robinson eingeführte Bedeutung. Da alle PAHs mit abgeschlossener Elektronenkonfiguration aus einer geraden Zahl von C-Atomen bestehen, ist auch die Zahl der nicht zu π-Sextetten gehörenden Elektronen immer gerade; sie liegen in formalen Doppelbindungen vor.

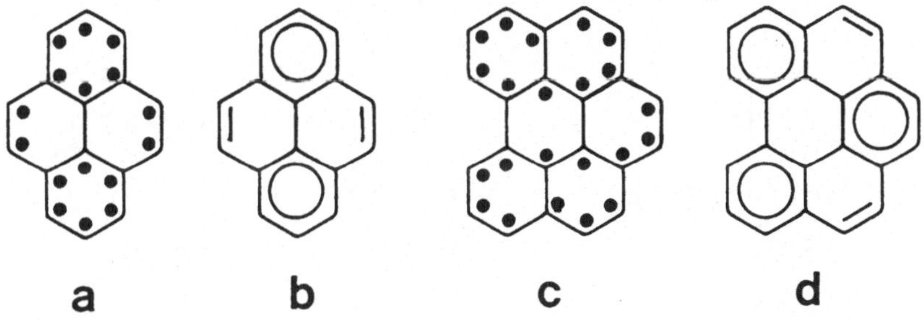

a   **b**   **c**   **d**

Bild 4.8. Clar-Formeln von Pyren (**b**) und Benzo[ghi]perylen (**d**)

Clars Idee wurde (1958) am Beispiel der all-benzoiden PAHs (siehe Abschnitt 3.1) eingeführt[43] und in der Folge zu einer umfassenden qualitativen Theorie der alternierenden und nichtalternierenden PAHs ausgebaut[44]. Die Clar-Formeln können als näherungsweise Beschreibungen der Elektronenstruktur von PAHs (im elektronischen Grundzustand) aufgefaßt werden, doch ist wie bei allen topologischen Beschreibungen von π-Elektronensystemen die physikalische Bedeutung der Formeln nicht völlig geklärt. (Clar selbst hat sein Modell als ein neues, in der Tradition von Kekule stehendes, strukturchemisches Prinzip verstanden, und vor allem stets dessen heuristischen Wert betont). In zahlreichen quantenchemischen und graphentheoretischen Arbeiten ist Clars Modell bestätigt, angewandt und ausgebaut worden (für einen Überblick siehe Lit.17).

Von vielen PAHs läßt sich jeweils nur eine Clar-Formel schreiben; dazu gehören alle all-benzoiden PAHs und die Beispiele in Bild 4.8. Andererseits gibt es aber auch zahlreiche PAHs mit mehreren "entarteten" Clar-Formeln, d.h. mit jeweils der gleichen Zahl an π-Sextetten und formalen C-C-Doppelbindungen. Ein Beispiel ist in Bild 4.9 gegeben.

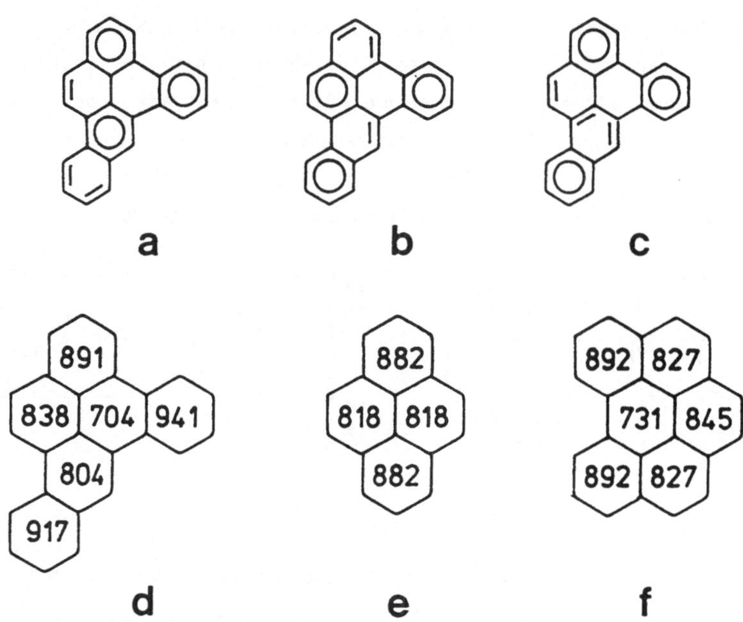

Bild 4.9. Clar-Formeln und benzoide Charakterordnungen von PAHs

Die drei möglichen Clar-Formeln (**a-c**) des Dibenzo[a,e]pyrens (Bild 4.9) enthalten je 3 π-Sextette und 3 formale C-C-Doppelbindungen. Im Rahmen der Pars-Orbital-Methode[45], einer quantenchemischen Version des Clar-Modells, werden "benzoide Charakterordnungen" ρ berechnet, die ein Maß für den relativen Benzolcharakter (bezogen auf ρ(Benzol) = 1000) der einzelnen Ringe eines PAH sind (siehe auch Abschnitt 1.3). Sie sind für Dibenzo[a,e]pyren in Formel **d** angegeben. Danach beschreibt von den 3 möglichen Clar-Formeln des Dibenzopyrens Formel **c** die Elektronenstruktur des PAH am besten. Bei PAHs, von denen sich jeweils nur eine Clar-Formel schreiben läßt, haben die Ringe mit lokalisierten π-Sextetten die höchsten benzoiden Charakterordnungen (siehe Formeln **e** und **f** in Bild 4.9). Andere quantenchemische Verfahren führen zu dem gleichen Ergebnis.

Die Leistungsfähigkeit des Clarschen Modells zur einheitlichen Beschreibung und Voraussage von PAH-Eigenschaften wird im Folgenden an einigen Beispielen demonstriert.

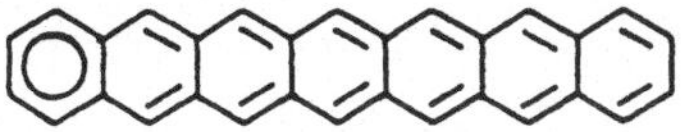

1

RE: 0.783
dunkelgrün (840 nm)

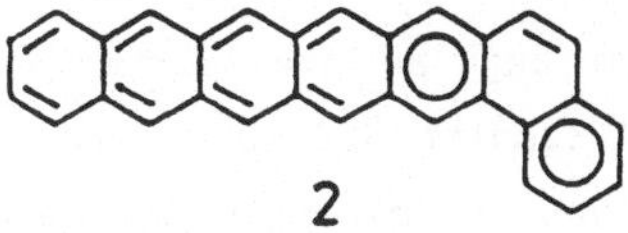

2

0.879
blaugrün (651 nm)

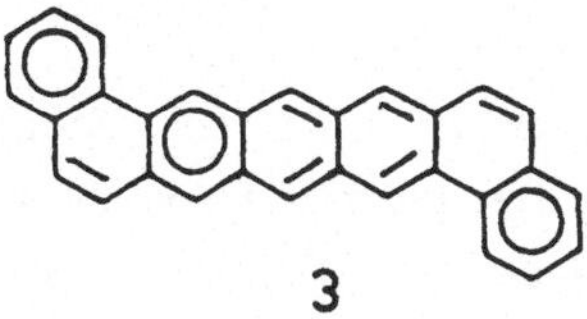

3

0.974
rot   (523 nm)

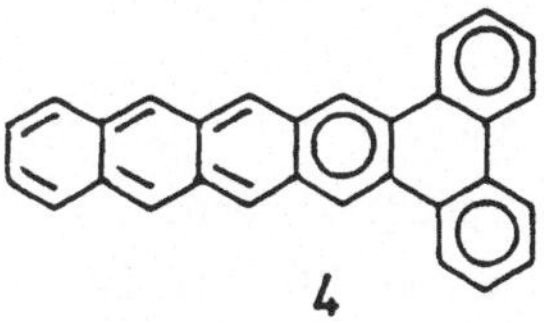

4

1.006
violett-rot (538,5 nm)

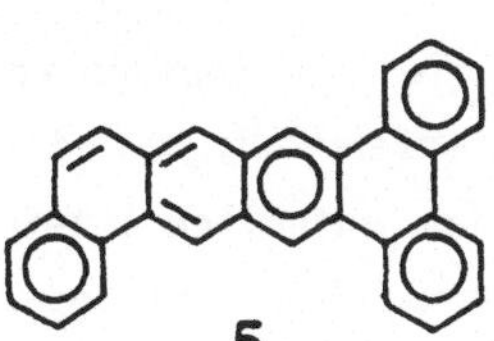

5

1.097
gelb (425 nm)

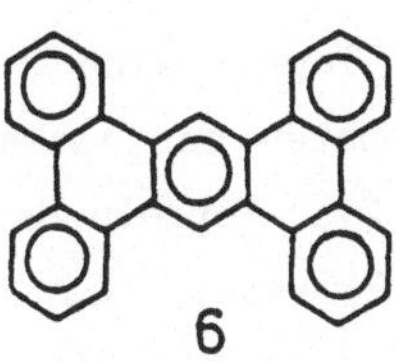

6

1.200
farblos   (382 nm)

Bild 4.10. Clar-Formeln, Resonanzenergien (in β-Einheiten)[46], Farbe der kristallinen Verbindungen und Lage (nm) der längstwelligen Absorptionsbande von kata-kondensierten PAHs

In Bild 4.10 sind Clar-Formeln von kata-kondensierten PAHs mit 7 Ringen angegeben. Mit Ausnahme von **6**, einem all-benzoiden PAH, gibt es für die Kohlenwasserstoffe jeweils mehrere "entartete" Clar-Formeln (zum Beispiel für **1**: 7 Clar-Formeln).

Mit zunehmender Zahl der π-Sextette nimmt die Resonanzenergie der PAHs zu (RE-Werte unter den Formeln), und damit auch ihre thermodynamische Stabilität. Die Clar-Formeln des Heptacens (**1**) enthalten (wie die aller Acene) nur 1 π-Sextett. Der Kohlenwasserstoff **2** mit einem angular anellierten Ring ist deutlich stabiler als **1**. Schon in Abschnitt 3.3 wurde darauf hingewiesen, daß die angulare Anellierung von Benzolringen an Acene zu einer Erhöhung der Stabilität führt; die Stabilitätserhöhung ist umso ausgeprägter je größer die Zahl der angular anellierten Ringe ist. Dieses generelle Phänomen findet im Clar-Modell eine einheitliche Erklärung: angulare Anellierungen sind (aus rein topologischen Gründen) immer "Sextett-erzeugend" (Bild 4.10).

Mit zunehmender Zahl der Sextette wird auch die kinetische Stabilität der PAHs größer. Ebenso verschiebt sich die längstwellige UV-Absorptionsbande der PAHs zu kürzeren Wellenlängen (Angaben unter den Formeln in Bild 4.10). Sowohl die Reaktivität wie auch die Elektronenübergangsenergien von alternierenden PAHs hängen stark von der Energie des HOMO ab, das mit zunehmender Zahl der π-Sextette stabilisiert wird.

Ganz analog lassen sich jetzt die in Tabelle 3.1 (Abschnitt 3.1) angegebenen Daten der isomeren kata-kondensierten PAHs mit 4 Ringen deuten. Die Clar-Formeln der Kohlenwasserstoffe enthalten 1 π-Sextett (Verbindung **2**) resp. 2 Sextette (Verbindungen **3**, **4** und **5**) und 3 Sextette (Verbindung **1**). Die in Tabelle 3.1 aufgeführten Resonanzenergien, 1.Ionisierungspotentiale, UV-Absorptionsenergien und Dewar-Zahlen ändern sich mit der Zahl der Sextette und zwar im voranstehend diskutierten Sinne. Die Eigenschaften von isomeren kata-kondensierten PAHs mit gleicher Sextett-Zahl (siehe die Beispiele in Bild 4.10 und Tabelle 3.1) sind zwar nicht identisch aber sehr ähnlich. Bei Isomeren mit gleicher Sextett-Zahl ermöglicht manchmal die Anwendung eines anderen, ebenfalls qualitativen Modells, nämlich das der S,T-

Isomerie von PAHs (Abschnitt 4.3) weitere Differenzierungen. Zum Beispiel bilden die PAHs **3** und **4** (Tabelle 3.1) ein S,T-Paar. Entsprechend den in Abschnitt 4.3 erwähnten Regeln sollte die dem HOMO-LUMO-Übergang entsprechende Absorptionsbande beim S-Isomeren (Kohlenwasserstoff **4**) kürzerwellig liegen als beim T-Isomeren (Kohlenwasserstoff **3**), was auch experimentell beobachtet wird (Tabelle 3.1).

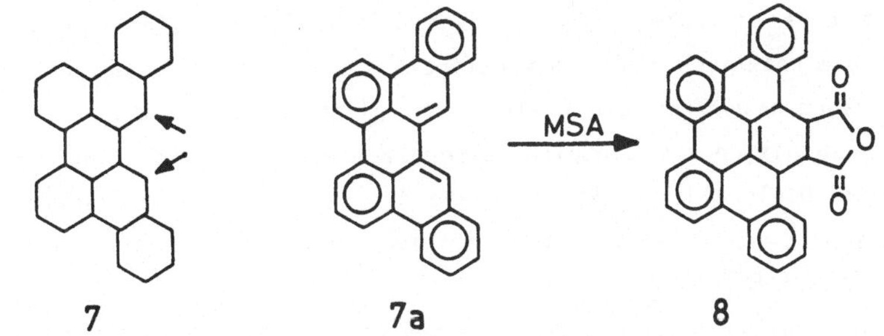

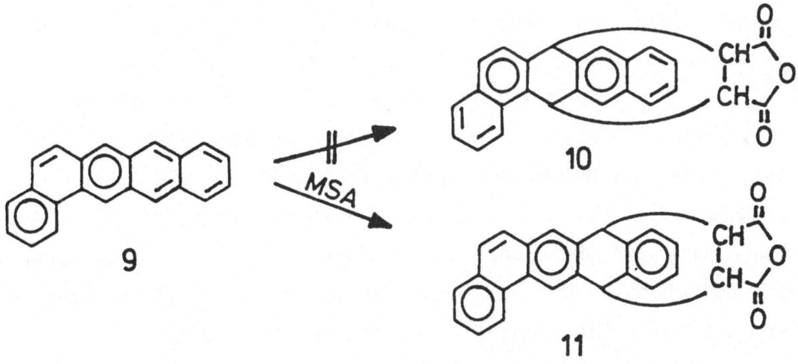

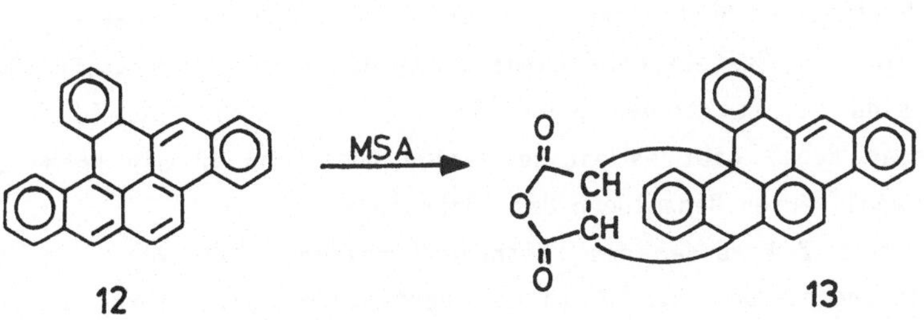

Bild 4.11. Diels-Alder-Addition von Maleinsäureanhydrid (MSA) an PAHs: Regioselektivität und Clar-Formeln

Viele kata- oder peri-kondensierte PAHs gehen leicht Diels-Alder-Reaktionen mit unterschiedlichen Dienophilen ein, zum Beispiel Maleinsäureanhydrid (siehe auch Abschnitte 1.3 und 3.2). Die Reaktionen verlaufen mit hoher Regioselektivität.

Einige Beispiele sind in Bild 4.11 zusammengestellt. Der Kohlenwasserstoff **7** addiert Maleinsäureanhydrid (**MSA**) und andere Dienophile ausschließlich an den mit Pfeilen markierten C-Atomen. Das Clar-Modell bietet eine einfache Erklärung: Von **7** gibt es nur eine Clar-Formel (**7a**); die reaktiven Positionen befinden sich in einem Butadien-Subsystem, dagegen gehören die C-Atome von allen übrigen cisoiden C_4-Einheiten zu Ringen mit Benzolcharakter. Während 1,3-Butadien der Prototyp der Diels-Alder-reaktiven Diene ist, sind Diels-Alder-Reaktionen mit Biphenyl nicht bekannt. Die Addition von **MSA** an **7** führt zum Diels-Alder-Addukt **8**[43].

Für die Regioselektivität der Diels-Alder-Addition von **MSA** an kata-kondensierte PAHs (die Umsetzung von Anthracen mit **MSA** ist das bekannte Lehrbuch-Beispiel dieses Reaktionstyps) gilt eine einfache Regel[47,48]: Von den möglichen isomeren Diels-Alder-Addukten bildet sich das Addukt, dessen Clar-Formel die größere Zahl an Sextetten aufweist. So entsteht bei der Umsetzung von **9** mit **MSA** ausschließlich **11** (3 Sextette); **10** (2 Sextette) wird nicht gebildet (Bild 4.11). Die Regel kann auf den schon besprochenen Zusammenhang zwischen der thermodynamischen Stabilität von aromatischen Kohlenwasserstoffen und der Zahl ihrer Clar-Sextette zurückgeführt werden.

Nur solche PAHs geben (unter üblichen Reaktionsbedingungen) endocyclische Diels-Alder-Reaktionen (Typ: **9** ⟶ **11**), bei denen das mögliche Addukt ein Clar-Sextett mehr enthält als der Kohlenwasserstoff. Beispiele sind die Reaktionen **9** ⟶ **11** und **12** ⟶ **13**[49] (Bild 4.11). Von dieser Regel gibt es einige wenige Ausnahmen in der Reihe der angular anellierten Benzologen des Anthracens.

In Abschnitt 2.4 wurden die "Zethrene" erwähnt, PAHs mit fixierten Doppelbindungen. Das aus 7 Ringen bestehende Heptazethren besitzt eine für PAHs ungewöhnlich große Basizität: es bildet mit konzentrierter wässeriger Salzsäure ein stabiles, isolierbares Salz. Clars Theorie liefert eine einfache Erklärung. **14** ist die Clar-Formel des Heptazethrens, **15** die seines Salzes. Das Carbeniumion **15** enthält ein π-Sextett mehr als der Kohlenwasserstoff. Es muß also angenommen werden, daß **15** thermodynamisch stabiler ist als **14**, was die ausgeprägte Bildungstendenz von **15** erklärt[44].

Clars Theorie erlaubt auch eine einheitliche Deutung der topologieabhängigen Verteilungen von kürzeren und längeren C–C–Bindungen in PAHs, wie sie durch Röntgen–Kristallstrukturanalysen gefunden werden. Aufgrund theoretischer Erwägungen wurde vermutet, daß Kekulen (Abschnitt 3.3) die in Formel **16a** wiedergegebene annulenartige Elektronenstruktur besitzen könnte. Doch zeigte sich, daß das Ergebnis der Röntgen–Kristallstrukturanalyse von Kekulen am besten durch die Clar-Formel **16b** wiedergegeben wird[50]. Die Clar-Formel mit 6 π-Sextetten erklärt auch die große thermodynamische Stabilität des Kohlenwasserstoffs.

4.5 Theoretische Chemie der Fullerene

Die erste Arbeit über HMO-Rechnungen am C_{60}-Molekül[51] erschien 1973, d.h. 12 Jahre vor seiner Entdeckung[52]. Weitere HMO-Arbeiten, in denen unter anderem das MO-Eigenwert-Schema (Energieniveau-Diagramm) des C_{60} vorgelegt wurde[53,54], folgten 1981 und 1985. Nach der Entdeckung des C_{60}-Moleküls wuchs die Zahl der theoretischen Untersuchungen über Fullerene lawinenartig (oder mit einem hierfür neueren Terminus technicus: "epidemisch"[55]). Einen Eindruck von der Vielfalt der theoretischen Arbeiten auf dem Fullerengebiet vermitteln Übersichtsartikel[56,57] aus den Jahren 1989 und 1991.

Viele der frühen theoretischen Arbeiten waren für die Entwicklung des Fullerensgebiets auch von großer praktischer Bedeutung. So lagen zu dem Zeitpunkt als Krätschmer, Huffman und Fostiropoulos[58] die Struktur des von ihnen in präparativen Mengen erhaltenen Kohlenstoffclusters (siehe Abschnitte 1.5 und 3.6) mit Hilfe der IR-Spektroskopie prüfen wollten, bereits die von vier verschiedenen Arbeitsgruppen für ein Molekül mit Fulleren-60-Struktur berechneten IR-Spektren vor[59,60,61,62]. Wie sich aus Tabelle 4.2 ergibt, stimmen die berechneten Spektren untereinander und mit dem beobachteten Spektrum recht gut überein.

Tab.4.2. IR-Spektrum von C_{60} (Festkörper)

IR-Banden (cm^{-1}), exp.   ber.[a]

exp.	ber.[a]
1429	1600 ± 200
1183	1300 ± 200
577	630 ± 100
528	500 ± 50

[a] Mittelwerte der Ergebnisse aus den 4 Arbeitsgruppen und die Abweichungen vom Mittelwert sind angegeben.

In den fünf Jahren zwischen der Entdeckung der Fullerene und ihrer ersten präparativen Herstellung war die Frage nach der Stabilität der Kohlenstoffcluster ein Schwerpunkt der theoretischen Forschung. Berechnungen der Resonanzenergie von C_{60} mit verschiedenen quantenchemischen Verfahren, bei vollständiger Vernachlässigung oder näherungsweiser Berücksichtigung seiner sphärischen Geometrie und unter Zugrundelegung unterschiedlicher Referenzsubstanzen, führten zu stark divergierenden Ergebnissen. Während in einigen Arbeiten[54] der Schluß gezogen wurde, daß das C_{60}-Molekül thermodynamisch stabiler als Benzol sein sollte, wurde in anderen[63] eine sehr geringe, für die Isolierung der Substanz möglicherweise nicht ausreichende Stabilität prognostiziert. Inzwischen sind erhebliche methodische Fortschritte bei der Berechnung der thermodynamischen und kinetischen Stabilität von sphärischen Kohlenstoffclustern gemacht worden (Abschnitt 1.5), doch kann das Problem noch nicht als in allen Einzelheiten gelöst angesehen werden.

Neben C_{60} und C_{70} sind zahlreiche höhere Fullerene massenspektroskopisch nachgewiesen (zum Zeitpunkt der Abfassung dieses Kapitels bis C_{466}[64]) und zum Teil isoliert worden (C_{76}, zwei isomere C_{78}[65]). Im Zusammenhang mit den höheren Fullerenen besteht ein großes Interesse an theoretischen Methoden, die Voraussagen darüber erlauben, für welche Kohlenstoffzahlen (relativ) stabile Fullerene zu erwarten sind. Nach allem, was bisher bekannt ist, müssen stabile Fullerene die "Isolated Pentagon Rule" (siehe Abschnitt 1.5) erfüllen und abgeschlossene Elektronenkonfigurationen besitzen. Ein einfaches graphentheoretisches Verfahren (der sog. "leapfrog"-Algorithmus) wurde gefunden, mit dem vorausgesagt werden kann für welche C-Zahlen diese Bedingungen erfüllt sind[66,67]. Mit einigen Ausnahmen gehören die stabilen Fullerene zu jeweils einer der drei folgenden Reihen (v = Zahl der C-Atome):

$$v = 60 + 6\,k \quad (k = 0, 2, 3 \ldots, \text{ alle } k \text{ außer } 1)$$

$$v = 70 + 30\,k \quad (k = 0, 1, 2 \ldots, \text{ alle } k)$$

$$v = 84 + 36\,k \quad (k = 0, 1, 2 \ldots, \text{ alle } k)$$

Eine Ausnahme ist das stabile C_{76}, das zu keiner dieser Reihen gehört.

5 POLYCYCLISCHE AROMATEN IN ELEKTRONISCHEN ANREGUNGSZUSTÄNDEN

Durch Wechselwirkung mit Photonen (Lichtabsorption) gelangen Moleküle vom elektronischen Grundzustand in elektronische Anregungszustände. Die elektronisch angeregten Moleküle unterscheiden sich von den Grundzustands-Molekülen in der Elektronenkonfiguration, der aus dieser resultierenden Energie, in der Geometrie und Elektronendichteverteilung. Wegen ihrer relativ zum Grundzustand höheren Energie sind die elektronisch angeregten Moleküle nicht stabil und kehren durch Abgabe der überschüssigen Energie (in Form von Licht und/oder Wärme) rasch in den Grundzustand zurück. Für die Desaktivierung stehen den angeregten Molekülen während ihrer kurzen Lebensdauer (von einigen Nanosekunden bis zu mehreren Sekunden) verschiedene (in der Regel konkurrierende) Mechanismen zur Verfügung. Das experimentelle und theoretische Studium der elektronischen Anregung und Desaktivierung von Molekülen (und Atomen) ist der Gegenstand der <u>Photophysik</u>. Speziell die Photophysik von polycyclischen Aromaten ist ein seit mehreren Dekaden intensiv bearbeitetes Forschungsgebiet[1]; viele der hier beobachteten Phänomene und theoretischen Zusammenhänge sind von genereller Bedeutung für die Photophysik und Photochemie von π-Elektronensystemen.

5.1 UV-Absorptionsspektren der PAHs

In den UV-Absorptionsspektren von PAHs beobachtet man drei Bandengruppen, die sich durch ihre Intensität (molaren Absorptionskoeffizienten) voneinander unterscheiden. Nach der von Clar eingeführten Terminologie[2] bezeichnet man sie in der Reihenfolge zunehmender Intensität als die α-, para- und β-Bandengruppe. In Bild 5.1 sind als Beispiele die UV-Spektren von zwei kata-kondensierten und zwei peri-kondensierten PAHs (mit den entsprechenden Bandenzuordnungen) wiedergegeben. Außer der Clarschen wird häufig eine von Platt[3] eingeführte Terminologie zur Bandenklassifizierung verwendet. Clars α-Banden heißen in der Platt-Terminologie ^1L_b-Banden, die para-Banden ^1L_a-Banden und die β-Banden ^1B_b-Banden. (Clars vielleicht etwas ungewöhnlich

erscheinende Terminologie (1936) ergab sich aus empirisch festge-
stellten Zusammenhängen zwischen der chemischen Reaktivität (der
sog. "para"- und "ortho"-Reaktivität) und den UV-Spektren von PAHs.
Platt (1949) hat seine Terminologie im Rahmen eines quantenchemischen
Modells (einer Freie-Elektronen-Näherung) der Lichtabsorption von
PAHs definiert. Zwischen den beiden Terminologien besteht ein formaler
Unterschied: Clars Notationen beziehen sich auf Elektronenübergänge
(Termdifferenzen), Platts auf Anregungszustände; zum Beispiel resul-
tiert die "para-Bande" aus dem durch Lichtabsorption induzierten
Übergang vom Grundzustand in den "^1L_a"-Anregungszustand.)

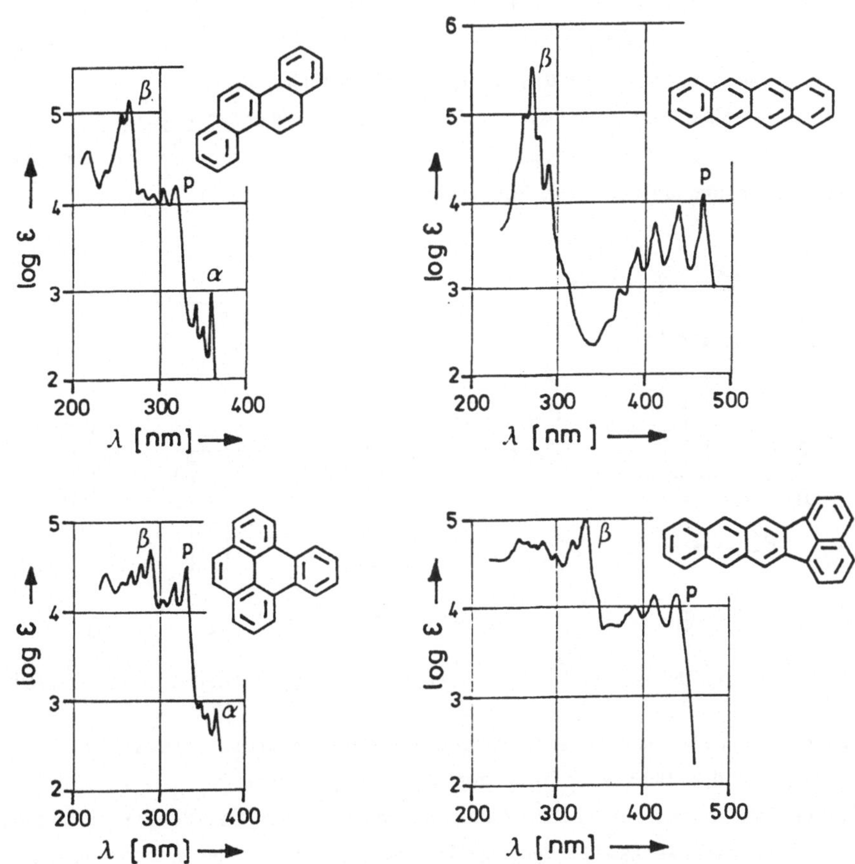

Bild 5.1. UV-Absorptionsspektren (Ethanol,Raumtemperatur) von PAHs

Die Energien der einzelnen Banden in den Absorptionsspektren von Molekülen sind gegeben durch:

$$\Delta E = (E_a - E_g) + n'E_{\tilde{v}} \quad [cm^{-1}] \qquad (5.1)$$

ΔE ist die Energie der jeweiligen Bande, E_a, E_g die Elektronenenergien des Anregungs- resp. Grundzustandes, $E_{\tilde{v}}$ die Energie der mit dem Elektronenübergang gekoppelten Kernschwingung (wobei näherungsweise angenommen wird, daß $E_{\tilde{v}}$ für den Anregungs- und Grundzustand den gleichen Betrag hat) und n' die Schwingungsquantenzahl (n'= 0, 1, 2 ...)[1,4]. Für die jeweils längstwellige Bande einer Bandengruppe (0,0-Bande) ist n'= 0; sie entspricht dem "reinen Elektronenübergang". Die folgende Diskussion bezieht sich ausschließlich auf die reinen Elektronenübergänge der α-, para- und β-Absorption.

In Bild 5.2a ist ein Ausschnitt aus dem <u>MO-Energie-Diagramm</u> eines alternierenden PAH dargestellt, der die Lage der beiden obersten besetzten und unbesetzten MOs wiedergibt.

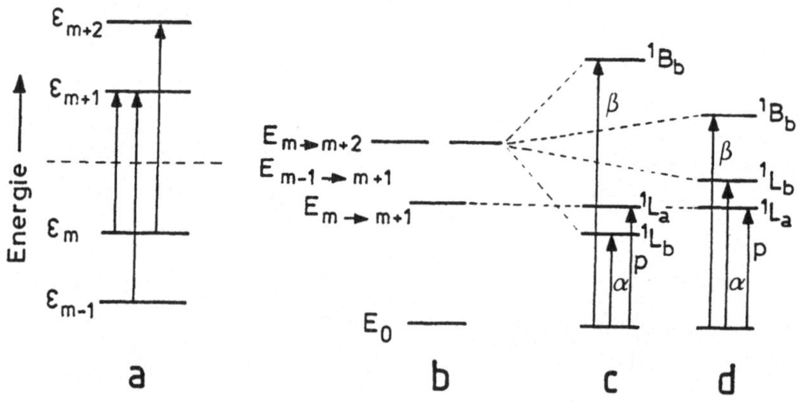

Bild 5.2. a) Orbitale, b) Konfigurationen, c,d) Zustände (nach Lit.5)

Wegen des für alternierende PAHs geltenden Paarungstheorems (Abschnitt 2.2) sind die Orbitaldifferenzen ($\epsilon_m - \epsilon_{m+2}$) und ($\epsilon_{m-1} - \epsilon_{m+1}$) identisch (was nicht nur in HMO-Näherung sondern auch bei Berücksichtigung der Elektronenwechselwirkung gilt). Bild 5.2b ist das Energiediagramm der <u>Elektronenkonfigurationen</u> (Energien relativ zur Energie E_o des elektronischen Grundzustandes), die sich nach Ausführung der Ein-Elektronen-Promotionen (m) $\rightarrow$ (m+2), (m-1) $\rightarrow$ (m+1) und (m) $\rightarrow$ (m+1) ergeben. Die aus den beiden ersten Ein-Elektronen-Promotionen resultierenden Elektronenkonfigurationen besitzen die gleiche Energie, d.h. sie sind entartet. Konfigurationswechselwirkung (erster Ordnung) führt jedoch zur Aufhebung der Entartung und man erhält bei starker Wechselwirkung das <u>Energiezustandsdiagramm</u> 5.2c und bei schwächerer Wechselwirkung das Diagramm 5.2d. In den Diagrammen c und d sind die so erhaltenen Zustände den Anregungszuständen ^1L_a, ^1L_b und ^1B_b der para-, α- und β-Absorption zugeordnet. Wie ersichtlich entspricht die para-Bande dem HOMO-LUMO-Übergang.

Die Energiezustandsdiagramme (Termschemata) 5.2c und d geben die in den UV-Spektren beobachteten Reihenfolgen der Übergänge richtig wieder (siehe zum Beispiel Bild 5.1): Die 0,0-Bande der β-Absorption liegt immer bei kürzeren Wellenlängen als die der α- und para-Absorption; abhängig von der Topologie der Kohlenwasserstoffe tritt die α-Absorption bei kürzeren oder längeren Wellenlängen als die para-Absorption auf.

Die <u>molaren Absorptionskoeffizienten</u> der α-Absorption liegen bei $10^2 - 10^3$ (L mol^{-1} cm^{-1}), die der para-Absorption bei $10^4 - 10^5$ und die der β-Absorption bei ca 10^5.

Beim Übergang von der Lösung zur <u>Gasphase</u> wird die para- und β-Absorption um ca 900 cm^{-1} hypsochrom verschoben, die α-Absorption um ca 250 cm^{-1}.

Mit abnehmender <u>Temperatur</u> erfährt die para- und β-Absorption eine bathochrome Verschiebung (von ca 1-2 cm^{-1} pro Kelvin), dagegen wird die α-Absorption hypsochrom verschoben (um ca 0.2 cm^{-1} K^{-1}).

Zwischen den Energien (cm^{-1}) der 0,0-Banden von β- und α-Absorption besteht eine einfache empirisch gefundene Beziehung[6]: $v_\beta : v_\alpha \approx 1.35$. (Dieses Verhältnis schwankt von Verbindung zu Verbindung zwischen etwa 1.25 und 1.45).

Im sehr kurzwelligen Spektralbereich (bei manchen PAHs im Vakuum-Ultraviolett) treten weitere Übergänge auf. Sie spielen jedoch für die Identifizierung oder Konstitutionsaufklärung sowie in der Photophysik von mehrkernigen Aromaten keine Rolle.

5.2 Fluoreszenz und Phosphoreszenz

Dem Pauli-Prinzip entsprechend, wonach alle Elektronen eines Atoms oder Moleküls sich in der Kombination ihrer Quantenzahlen unterscheiden, besitzen die Elektronen in den zweifach besetzten MOs von π-Elektronensystemen antiparallele Spins. Für abgeschlossene Elektronenkonfigurationen (alle bindenden MOs sind zweifach besetzt, alle anti-bindenden MOs unbesetzt, und es treten keine nichtbindenden MOs auf) ist das Gesamtspinmoment $S = 0$, und der entsprechende Zustand des Systems ist ein Singlett-Zustand. Die elektronischen Grundzustände der PAHs (mit Ausnahme der "Non-Kekulians", siehe Abschnitt 2.4) sind Singlett-Zustände.

In den Elektronenkonfigurationen der <u>Anregungszustände</u> von PAHs sind immer ein bindendes und ein anti-bindendes MO nur mit je einem Elektron besetzt, die entgegengerichtete oder gleiche Spins haben können. Im ersten Fall liegt ein Singlett-Anregungszustand vor, im zweiten Fall ein Triplett-Zustand mit dem Gesamtspinmoment $S = 1$ (Summe von zwei Spins mit gleichem Vorzeichen) und der Multiplizität $M = 2\,S + 1\ (= 3)$.

Wie sich aus dem gesamten zu dieser Frage vorliegenden experimentellen Material ergibt und in Übereinstimmung mit der Hundschen Regel[5] ist der energetisch tiefste elektronische Anregungszustand von PAHs immer ein Triplett-Zustand. Er besitzt in allen Fällen die Elektronenkonfiguration eines L_a-Zustands (vide supra) d.h. es handelt sich um den ^3L_a-Zustand[7]. Die Energiedifferenz zwischen dem ^1L_a- und ^3L_a-Zustand (das "Singlett-Triplett-Splitting") nimmt in der Reihenfolge Benzol (ca 19000 cm^{-1}), Naphthalin (ca 14000 cm^{-1}), Anthracen/ Phenanthren (ca 12000 cm^{-1}), d.h. mit zunehmender Molekülgröße ab und konvergiert zu einem Grenzwert von ca 10000 cm^{-1}, der schon bei PAHs mit mehr als drei Ringen annähernd erreicht wird[7]. (Dieser Zusammenhang zwischen Molekülgröße und Singlett-Triplett-Splitting wird auch theoretisch gut verstanden[8]). Für die L_b-Konfiguration beträgt das Singlett-Triplett-Splitting[9] von PAHs mit mehr als drei Ringen ca 2000 cm^{-1}. Mit diesen Befunden ergeben sich die in Bild 5.3 dargestellten (gegenüber Bild 5.2 erweiterten) Termschemata von PAHs. (Der ^3B_b-Zustand liegt energetisch sehr hoch; er spielt für die Photophysik und Photochemie von PAHs keine wesentliche Rolle).

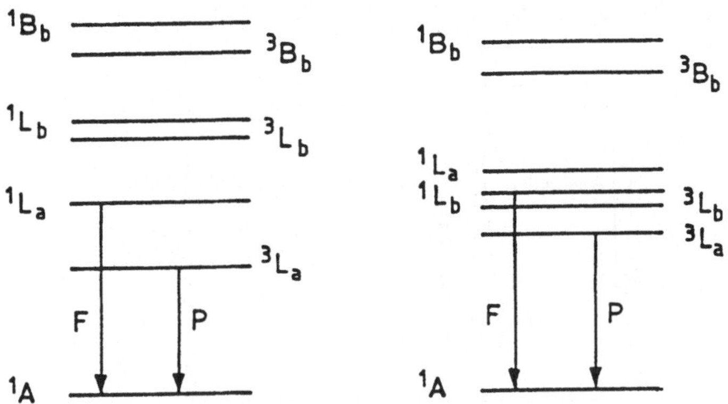

Bild 5.3. Termschemata von PAHs (F = Fluoreszenz, P = Phosphoreszenz)

Die Desaktivierung des niedrigsten Singlett- und Triplett-Anregungszu-
standes von PAHs kann durch Emission von Licht erfolgen, d.h. beide
Zustände sind "emissionsfähig". Der Elektronenübergang vom niedrigsten
Singlett-Anregungszustand in den Grundzustand ist mit dem Auftreten
von Fluoreszenz verbunden, während der entsprechende vom Triplett-
Anregungszustand ausgehende Übergang zu einer Phosphoreszenz führt.
Aufgrund des Termschemas von PAHs (Bild 5.3) tritt die 0,0-Bande
des Fluoreszenzspektrums immer bei kürzeren Wellenlängen als die
des Phosphoreszenzspektrums auf.
Das Fluoreszenzspektrum liegt (in unpolaren Lösungsmitteln) spiegel-
bildlich zur langwelligen Bandengruppe des Absorptionsspektrums.
Diese Beziehung zwischen Emissions- und Absorptionsspektrum und das
sie erklärende Term- und Übergangsschema ist schematisch in Bild
5.4 dargestellt. Die waagerechten Linien im Termschema bezeichnen
"vibronische Terme"[1,4]. Für die Energien der einzelnen Banden des
Fluoreszenzspektrums gilt eine zu Gl.(5.1) analoge Beziehung (lediglich mit dem Unterschied, daß der Schwingungsbeitrag mit negativem
Vorzeichen erscheint und die Schwingungsquantenzahlen sich jetzt
auf den Grundzustand beziehen). Die Gleichungen vom Typ (5.1) und
das Übergangsschema in Bild 5.4 beschreiben die bei Raumtemperatur

(oder tieferen Temperaturen) vorliegenden Verhältnisse, bei denen nur der jeweils tiefste vibronische Term ($n = n' = 0$) des Ausgangszustandes der Absorption resp. Fluoreszenz besetzt ist.

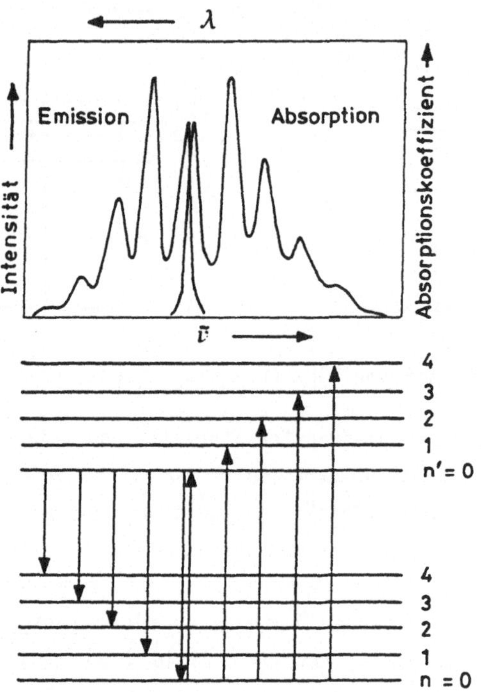

Bild 5.4. Schematische Darstellung des Zusammenhangs zwischen Absorption und Fluoreszenz: Spektren sowie Term- und Übergangsschema. (n und n' sind die Schwingungsquantenzahlen der beteiligten vibronischen Terme)

Die Desaktivierung der elektronisch angeregten Moleküle durch Fluoreszenz- oder Phosphoreszenz-Emission erfolgt nach einem exponentiellen Zeitgesetz erster Ordnung. Die Zeit, in der sich die Zahl (bezogen auf die Volumeneinheit) der am Beginn des Emissionsprozesses im Anregungszustand vorliegenden Moleküle auf 1/e verringert (e = Basis des natürlichen Logarithmus) ist die "mittlere Lebensdauer" τ der Fluoreszenz resp. Phosphoreszenz. Die mittlere Lebensdauer der Fluoreszenz von PAHs liegt im Nanosekundenbereich (10^{-9} bis 10^{-7} sec), die der Phosphoreszenz im Bereich von einigen Millisekunden bis zu mehreren

Sekunden[1,4,7].

Dieser charakteristische Unterschied zwischen der Fluoreszenz und Phosphoreszenz von PAHs ist darin begründet, daß es sich bei der Fluoreszenz um einen Strahlungsübergang zwischen Zuständen gleicher Multiplizität handelt (Singlett-Anregungszustand $\longrightarrow$ Singlett-Grundzustand), während die Phosphoreszenz durch einen Strahlungsübergang zwischen Zuständen verschiedener Multiplizität zustande kommt (Triplett-Anregungszustand $\longrightarrow$ Singlett-Grundzustand). Strahlungsübergänge zwischen Zuständen gleicher Multiplizität sind "spin-erlaubt"; sie besitzen große Übergangswahrscheinlichkeiten, was zu Absorptionen mit großen molaren Absorptionskoeffizienten und zu Emissionen mit kurzen Lebensdauern führt. Dagegen sind Strahlungsübergänge zwischen Zuständen verschiedener Multiplizität (sog. "Interkombinationsübergänge") "spin-verboten".

Das "Spin-Verbot" ("Interkombinationsverbot") folgt unmittelbar aus dem Erhaltungssatz für den Drehimpuls: In einem abgeschlossenen physikalischen System bleibt der Gesamtdrehimpuls (die Vektorsumme aller Bahn- und Eigendrehimpulse) erhalten. Ein Übergang zwischen Zuständen verschiedener Multiplizität führt aber zu einem Überschuß an Gesamtspinmoment, der weder durch das mit dem Molekül wechselwirkende Strahlungsfeld noch durch andere Typen von Drehimpulsen kompensiert werden kann.
Das Interkombinationsverbot gilt streng jedoch nur für "reine Spin-Zustände", die hinsichtlich ihrer Multiplizität strikt definiert sind. In realen Molekülen kommen "reine Spin-Zustände" aber nicht vor, sondern nur "nominale Spin-Zustände". Ein "nominaler Triplett-Zustand" ist die Superposition eines reinen Triplett- und eines reinen Singlett-Zustandes, oder "anschaulicher": ein nominaler Triplett-Zustand enthält eine (meist nur geringe) "Beimischung" eines reinen Singlett-Zustandes. Entsprechend enthält ein "nominaler Singlett-Zustand" eine geringe Beimischung eines reinen Triplett-Zustandes. Strahlungsübergänge zwischen nominalen Triplett- und Singlett-Zuständen, die als Phosphoreszenz und bei anderen Phänomenen beobachtet werden, kommen durch spin-erlaubte Übergänge zwischen ihren Singlett-Anteilen (Singlett-Singlett-Übergang) sowie ihren Triplett-Anteilen (Triplett-Triplett-Übergang) zustande. Das "Mischen" der reinen zu nominalen Spin-Zuständen erfolgt durch die sog. Spin-Bahn-Kopplung (Lit.8). Der Umstand, daß in realen Molekülen keine reinen sondern nominale Spin-Zustände vorliegen, führt nicht zu einer Aufhebung sondern nur zu einer Lockerung des Interkombinationsverbots, d.h. es finden zwar in Molekülen spin-verbotene Übergänge statt aber sie erfolgen mit geringen Übergangswahrscheinlichkeiten. So zeigen PAHs zwar das spin-verbotene Phänomen der Phosphoreszenz, aber die Übergangswahrscheinlichkeiten sind klein, und entsprechend haben die Phosphoreszenzen von PAHs lange Lebensdauern.

Da der niedrigste Triplett-Zustand der PAHs eine relativ lange Lebensdauer besitzt, kann die (strahlungslose) Desaktivierung der angeregten Moleküle durch bestimmte Fremdmoleküle (sog. "Löscher") sehr effektiv mit der Desaktivierung durch Phosphoreszenz-Emission konkurrieren, vorausgesetzt, daß Bedingungen vorliegen, die Diffusion ermöglichen und damit Zusammenstöße der angeregten Moleküle mit den Löschermolekülen. Das ist in fluiden Lösungen bei Raumtemperatur der Fall. Diffusionsprozesse sind aber sehr weitgehend eingeschränkt, wenn sich die Moleküle in festen (kristallinen oder glasartigen) Matrizes befinden oder an feste Adsorbentien gebunden vorliegen. Die Phosphoreszenzmessungen werden daher meist an festen Lösungen der PAHs (bei Raum- oder tiefer Temperatur) oder an den adsorbierten Substanzen durchgeführt (übliche Adsorbentien: Filterpapier, Kieselgel). Für die Mehrzahl der in der Literatur beschriebenen Phosphoreszenz-Messungen an PAHs wurden Lösungsmittel (zum Beispiel: Ethanol) oder Lösungsmittelgemische (zum Beispiel: Ethanol-Isopentan-Diethylether, Mischungs-Volumenverhältnis: 2:5:5) verwendet, die die Eigenschaft besitzen bei der Meßtemperatur von 77 K (Siedepunkt des als Kühlmittel verwendeten Stickstoffs) glasartig zu erstarren[7].

Als Beispiele sind in Bild 5.5 die Fluoreszenz- und Phosphoreszenzspektren von Phenanthren und Coronen wiedergegeben.

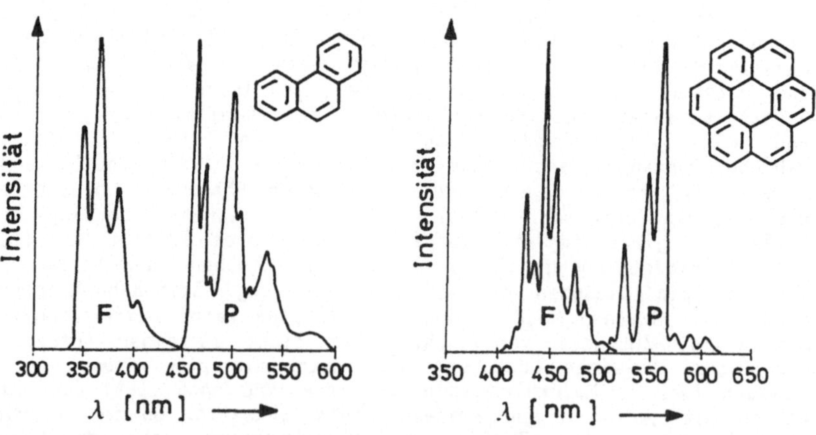

Bild 5.5. Fluoreszenzspektren (F) (293 K) und Phosphoreszenzspektren (P) (77 K) von Phenanthren und Coronen

In Tabelle 5.1 sind einige Fluoreszenz- und Phosphoreszenzdaten von PAHs zusammengestellt (Anregungszustand und 0,0-Bande der Fluoreszenz; 0,0-Bande und mittlere Lebensdauer der Phosphoreszenz).

Tab.5.1. Fluoreszenz und Phosphoreszenz von PAHs

PAH		Fluoreszenz		Phosphoreszenz	
	Typ	$\tilde{\nu}_F$ (/cm)		$\tilde{\nu}_P$ (/cm)	τ_P (sec)
Naphthalin (1)	L_b	32050		21250	2.4
Phenanthren (2)	L_b	29410		21600	3.5
Chrysen (3)	L_b	27660		20040	2.5
Picen (4)	L_b	26600		20080	2.5
Triphenylen (5)	L_b	28820		23250	15.9
Anthracen (6)	L_a	26455		14927	0.05
Tetracen (7)	L_a	21150		10250	0.008
Pyren (8)	L_a	27320		16850	0.2
Coronen (9)	L_b	23840		19410	9.4
Fluoranthen (10)	L_b	23015		18510	0.85

$\tilde{\nu}_F$ = 0,0-Bande der Fluoreszenz, $\tilde{\nu}_P$ = 0,0-Bande der Phosphoreszenz
τ_P = Mittlere Phosphoreszenzlebensdauer

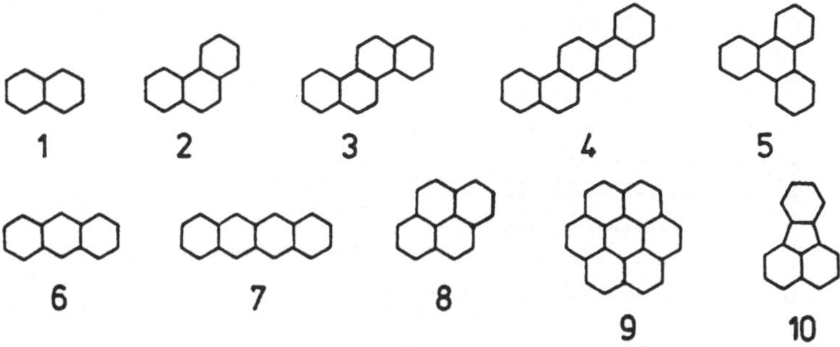

5.3 Strahlungslose Übergänge

Alle bisherigen Ausführungen bezogen sich auf Elektronenübergänge, die mit der Absorption oder Emission von elektromagnetischer Strahlung (Licht) verbunden sind. Bei der Beschränkung auf derartige Strahlungsübergänge bleiben jedoch viele Phänomene unerklärt. Warum zum Beispiel geht die Fluoreszenz (mit sehr wenigen Ausnahmen) immer vom niedrigsten Singlett-Anregungszustand aus, unabhängig davon ob dieser oder ein höherer Singlett-Anregungszustand durch Lichtabsorption besetzt wurde ? - Das Interkombinationsverbot betrifft nicht nur die Phosphoreszenz sondern natürlich auch den umgekehrten Prozeß des Elektronenübergangs vom Singlett-Grundzustand in den Triplett-Zustand durch Lichtabsorption. Warum tritt dennoch bei vielen PAHs Phosphoreszenz mit hoher Intensität (hoher Quantenausbeute) auf ? - Einige PAHs zeigen sehr intensive Fluoreszenz aber praktisch keine Phosphoreszenz; bei anderen PAHs liegen die Verhältnisse genau umgekehrt. Worin ist das begründet ? Diese und ähnliche Fragen lassen sich beantworten, wenn man das Phänomen der Desaktivierung elektronisch angeregter Zustände durch <u>strahlungslose Übergänge</u> berücksichtigt.

Bei einem strahlungslosen Übergang zwischen zwei elektronischen Zuständen (zum Beispiel dem tiefsten angeregten Singlett-Zustand und dem Grundzustand) wird Elektronenenergie in kinetische Energie der Kernschwingungen des Moleküls, d.h. in Wärme, umgewandelt. (Mit der Methode der "photo-akustischen Spektroskopie"[10]) kann man die durch einen innermolekularen strahlungslosen Übergang im Umgebungsmedium erzeugte Wärme direkt nachweisen). Die Vorgänge, die bei einem strahlungslosen Übergang zwischen zwei Elektronenzuständen ablaufen, sind schematisch in Bild 5.6 dargestellt.

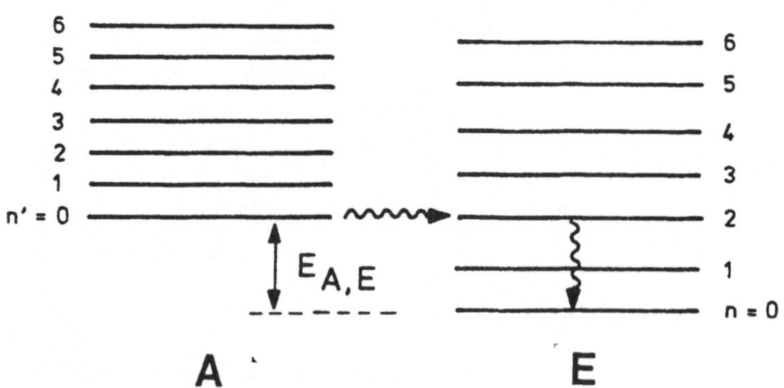

Bild 5.6. Strahlungsloser Übergang zwischen zwei Elektronenzuständen (schematisch)

Wie in Bild 5.4 (Abschnitt 5.2) bedeuten die waagerechten Linien vibronische Zustände mit der Energie $E = E_e + (n + 1/2)E_{\tilde{v}}$ (E_e = Elektronenenergie, $E_{\tilde{v}}$ = Schwingungsenergie, n = Schwingungsquantenzahl;

siehe auch Abschnitt 5.1). Wir betrachten einen strahlungslosen Übergang vom elektronischen Ausgangszustand **A** (mit der Elektronenenergie $E_{e(A)}$) in den elektronischen Endzustand **E** (mit der Elektronenenergie $E_{e(E)} < E_{e(A)}$). Ein derartiger Übergang geht immer vom niedrigsten vibronischen Zustand (n' = 0) von **A** aus und führt in einen vibroschen Zustand von **E** mit gleicher (oder annähernd gleicher) Energie. Es schließt sich eine sehr schnell ablaufende vibronische Relaxation an, die zur Besetzung des tiefsten vibronischen Zustandes (n = 0) von **E** führt.

Die Übergangswahrscheinlichkeit eines derartigen (monomolekularen) strahlungslosen Prozesses kann durch eine Gechwindigkeitskonstante k_{nr} (Dimension: sec^{-1}) ausgedrückt werden (sie hat formal die gleiche Bedeutung wie die Geschwindigkeitskonstante einer monomolekularen Reaktion erster Ordnung in der chemischen Kinetik). Aus der Theorie strahlungsloser Prozesse (auf die hier nicht näher eingegangen werden soll, siehe zum Beispiel Lit.1 und 11) folgt, daß k_{nr} in sehr einfacher Weise von der Energiedifferenz $\Delta E_{A,E}$ der niedrigsten vibronischen Zustände (n = n' = 0, siehe auch Bild 5.6) von **A** und **E** abhängt; in Näherung gilt:

$$k_{nr} = a \, \exp(-\Delta E_{A,E}/b) \quad [sec^{-1}] \qquad (5.2)$$

Für strukturell verwandte Verbindungen, zum Beispiel für die Klasse der PAHs, sind a und b Konstanten. b ist proportional der Frequenz der Kernschwingung im Endzustand **E** während mit a der Einfluß von elektronischen Eigenschaften der Zustände **A** und **E** auf k_{nr} berücksichtigt wird. Zum Beispiel ist a für strahlungslose Übergänge zwischen Elektronenzuständen gleicher Multiplizität (Singlett-Singlett- und Triplett-Triplett-Übergänge) um einen Faktor ca $10^5 - 10^6$ größer als für strahlungslose Übergänge zwischen Zuständen verschiedener Multiplizität (Singlett-Triplett-Übergänge). Gl.(5.2) ist als "Siebrands Energy-gap-Regel" bekannt; sie hat sich zum Verständnis der photophysikalischen Eigenschaften von π-Elektronensystemen, insbesondere von PAHs, als außerordentlich nützlich erwiesen. In Bild 5.7 ist ein Anwendungsbeispiel für die Siebrand-Regel gegeben[12]: der Zusammenhang zwischen dem Logarithmus der Geschwindigkeitskonstanten des strahlungslosen Übergangs vom niedrigsten Triplett-Zustand in den Grundzustand von PAHs und der Energiedifferenz $\Delta E_{A,E}$ der Zustände.

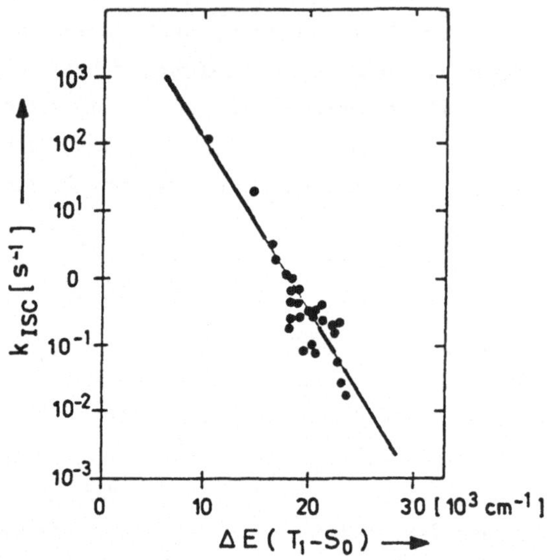

Bild 5.7. Abhängigkeit der Geschwindigkeitskonstante des strahlungslosen Übergangs vom niedrigsten Triplett-Zustand in den
Grundzustand von PAHs (nach Lit.12)

5.4 Termschema und photophysikalische Eigenschaften von PAHs

In dem in Bild 5.8 wiedergegebenen Termschema von PAHs sind die mit Lichtemission verbundenen sowie die strahlungslosen Übergänge einge-tragen, die nach Besetzung (durch Lichtabsorption) des ^1L_a-Zustandes (2.Singlett-Anregungszustand S_2) erfolgen können. Strahlungsübergänge sind durch gerade, strahlungslose Übergänge durch geschlängelte Pfeile markiert (Pfeil-Anfang und Ende bezeichnen jeweils den Ausgangs- und Endzustand des Übergangs). Die verschiedenen Übergänge sind durch Zahlen 1 bis 9 gekennzeichnet.

Strahlungslose Übergänge zwischen Zuständen (Termen) gleicher Multi-plizität (Singlett-Singlett- und Triplett-Triplett-Übergänge) bezeich-net man als "Internal Conversion" (IC) (im deutschen Schrifttum auch gelegentlich als "Innere Umwandlung"), strahlungslose Übergänge zwi-schen Zuständen unterschiedlicher Multiplizität (Singlett-Triplett-

Übergänge) als "_Intersystem Crossing_" (ISC) (Interkombination). Rechts neben dem Term- und Übergangsschema ist noch einmal angegeben, von welchem Typ die einzelnen Übergänge sind (Lichtabsorption, Fluoreszenz, Phosphoreszenz, IC, ISC).

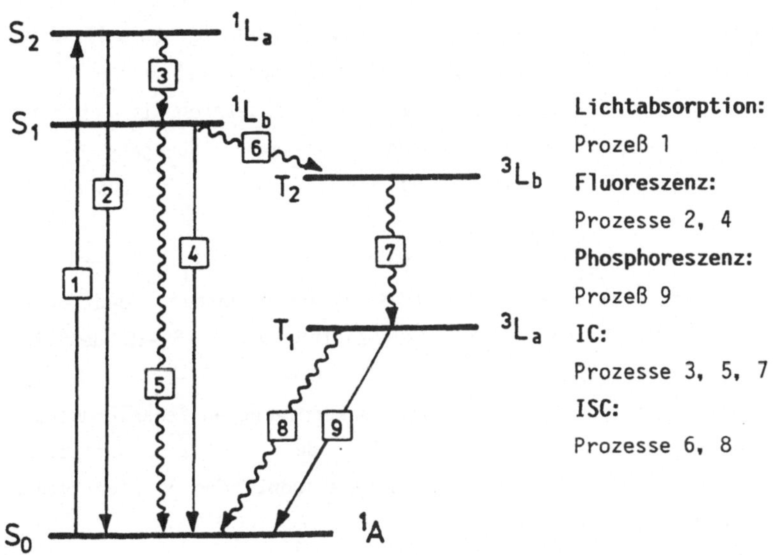

Bild 5.8. Term- und Übergangsschema (für Einzelheiten siehe Text)

Die Desaktivierung des durch Lichtabsorption (Übergang 1) besetzten ^1L_a-Zustandes (2.Singlett-Anregungszustand S_2) könnte durch Lichtemission (Fluoreszenz, Übergang 2) oder strahlungslose Übergänge in tiefer liegende Anregungszustände erfolgen. Die "_Quantenausbeute_" einer S_2-Fluoreszenz, d.h. das Verhältnis der Zahl der Moleküle (bezogen auf die Volumeneinheit), die durch Fluoreszenz desaktiviert werden, zur Zahl der durch Lichtabsorption in den S_2-Zustand angeregten Moleküle (oder gleich bedeutend: der Quotient aus der Zahl der emittierten zur Zahl der absorbierten Photonen) ist gegeben durch:

$$\text{Quantenausbeute } Y_f(S_2) = \frac{k_2}{k_2 + k_3} \qquad (5.3)$$

wobei k_2 die Geschwindigkeitskonstante (sec^{-1}) des Fluoreszenz-Übergangs und k_3 die des IC vom ^1L_a-Zustand (S_2) in den ^1L_b-Zustand (S_1) ist. Da die Energiedifferenzen zwischen den elektronischen Anregungszuständen ($\Delta E_{A,E}$ in Gl.5.2) von PAHs in der Regel klein sind, ist nach Gl.(5.2) k_3 groß, und zwar deutlich größer als k_2; somit wird $Y_f(S_2)$ (Gl.5.3) sehr klein. Mit wenigen Ausnahmen gilt für PAHs, daß Fluoreszenzen aus höheren Anregungszuständen S_n ($n > 1$) wegen ihrer extrem niedrigen Quantenausbeuten nicht beobachtet werden[1,4].

Die Desaktivierung des durch IC (Übergang 3) besetzten ^1L_b-Zustandes kann auf drei Wegen erfolgen: durch Fluoreszenz (Übergang 4), IC in den Grundzustand S_o (Übergang 5) und ISC in den ^3L_b-Zustand T_2 (Übergang 6).

Bei den meisten PAHs ist die Energiedifferenz $\Delta E(S_1-S_o)$ erheblich größer als die zwischen Singlett-Anregungszuständen, und daher (Gl.5.2) sind die Geschwindigkeitskonstanten des S_1-S_o-IC deutlich kleiner (um mehrere Größenordnungen) als die des S_n-S_1-IC ($n > 1$). Von den beiden mit der S_1-Fluoreszenz konkurrierenden strahlungslosen Desaktivierungsprozessen spielt das ISC in der Regel eine wesentlich größere Rolle als das IC. Für die Quantenausbeute der S_1-Fluoreszenz ergibt sich analog zu Gl.(5.3):

$$Y_f(S_1) = \frac{k_4}{k_4 + k_5 + k_6} \qquad (5.4)$$

mit den Geschwindigkeitskonstanten für die Fluoreszenz (k_4), das IC (k_5) und ISC (k_6) (siehe auch Bild 5.8).

In Tabelle 5.2 sind Geschwindigkeitskonstanten (10^6 sec^{-1}), Fluoreszenzausbeuten, S_1-S_o- und S_1-T_2-Intervalle (cm^{-1}) von PAHs angegeben.

Tab.5.2. Geschwindigkeitskonstanten und Fluoreszenzausbeuten[1,9]

PAH	k_4	k_5	k_6	Fluoreszenzausbeute	$\Delta(S_1-S_o)$	$\Delta(S_1-T_2)$
Phenanthren	3.0	0.3	12.4	0.17	29410	2100
Chrysen	2.6	0.3	14	0.14	27660	1900
Triphenylen	1.8	0.07	>10	0.08	28820	2100
Tetraphen	4.3	0.8	11.2	0.20	25970	2100
Pyren	1.5	~1	0.5	0.72	27320	4300
Coronen	0.84	0.4	2.1	0.23	23840	4900

Es gibt zahlreiche PAHs, bei denen der niedrigste Singlett-Anregungszustand (S_1) der ^1L_a-Zustand ist (siehe auch Bild 5.1, 5.2d und 5.3). Bei den meisten der PAHs mit $S_1 = {}^1L_a$ liegt zwischen dem S_1- und dem niedrigsten Triplett-Zustand (^3L_a) der ^3L_b-Zustand. Doch sind einige PAHs bekannt, bei denen sich sowohl der ^1L_b- wie der ^3L_b-Zustand oberhalb des ^1L_a-Zustandes befinden (Bild 5.3, links). In diesen Fällen liegt zwischen dem S_1- und dem T_1-Zustand kein höherer Triplett-Zustand (T_2), und die Energiedifferenz S_1-T_1 (^1L_a-^3L_a) beträgt ca 10000 cm^{-1} (siehe auch Abschnitt 5.2), d.h. das ISC muß ein großes Energieintervall überbrücken und entsprechend der Siebrandschen Energy-gap-Regel (Abschnitt 5.3) sind die Geschwindigkeitskeitskonstanten des ISC klein[9,13]. PAHs mit der Term-Reihenfolge ^1L_b > ^3L_b > ^1L_a > ^3L_a haben daher sehr hohe Fluoreszenz-Quantenausbeuten (nahe dem maximal möglichen Wert von 1). Einige Beispiele sind in Tabelle 5.3 aufgeführt (Notation und Dimension der angegebenen Größen sind die gleichen wie in Tabelle 5.2).

Tab. 5.3. Geschwindigkeitskonstanten und Fluoreszenzausbeuten[1,9]

PAH		k_4	k_5	k_6	Fluoreszenzausbeute	$\Delta(S_1$-$S_0)$	$\Delta(S_1$-$T_1)$
DPA	(1)	124	~3[a]	~2[a]	0.95	24900	10400
Rubren	(2)	61	<1[a]	~1[a]	1.00	18000	10900
Perylen	(3)	180	2.4	~1[a]	0.98	22200	10400

Alle Geschwindigkeitskonstanten in 10^6 sec^{-1}.

[a] Aus Quantenausbeuten rechnerisch abgeschätzte Werte (Ausbeute der Triplett-Besetzung von 1 = 0.02) (Lit 14).

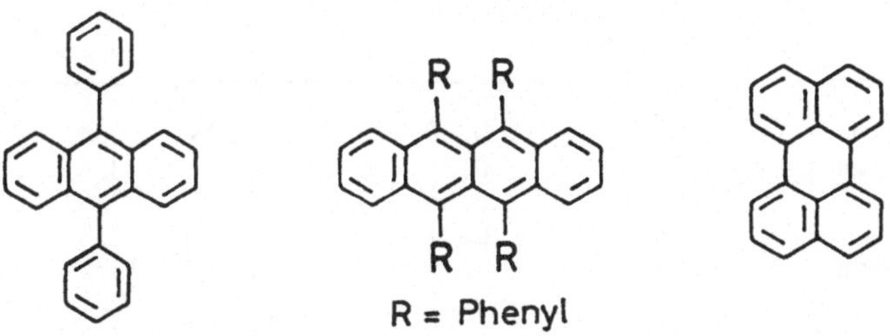

R   R
R   R
R = Phenyl
1   2   3

Die Desaktivierung des niedrigsten Triplett-Zustandes kann durch Lichtemission (Phosphoreszenz) (Übergang 9, Bild 5.8) und ISC (Übergang 8) erfolgen. (Aus den gleichen Gründen, wie sie für die Fluoreszenz diskutiert wurden, wird eine Phosphoreszenz aus höheren Triplett-Zuständen nicht beobachtet; von dieser Regel gibt es nur wenige Ausnahmen[1]).

Die Quantenausbeute der Phosphoreszenz ist umso größer je größer die Geschwindigkeitskonstante des zur Besetzung des T_1-Zustandes führenden ISC und je kleiner die des mit der Phosphoreszenz konkurrierenden ISC in den Grundzustand ist:

$$Y_p = \frac{k_6}{k_6 + k_4 + k_5} \times \frac{k_9}{k_9 + k_8} \qquad (5.5)$$

(siehe hierzu Bild 5.8). Die Ausbeute der Besetzung des tiefsten Triplett-Zustandes durch IC aus höheren Triplettzuständen tritt in Gl.(5.5) nicht auf, da sie immer vollständig sein wird (spin-erlaubter strahlungsloser Übergang zwischen Zuständen, deren Energiedifferenz klein ist).

Tabelle 5.4 gibt für einige PAHs Ausbeuten der strahlungslosen Besetzung des T_1-Zustandes (Triplettausbeuten, erster Term in Gl.(5.5)), Geschwindigkeitskonstanten k_8 und k_9 (sec^{-1}), Effektivitäten der strahlenden Desaktivierung des T_1-Zustandes (Quanteneffektivitäten q_p, zweiter Term in Gl.(5.5)), mittlere Lebensdauern τ_p der Phosphoreszenz (sec) und T_1-S_0-Intervalle (cm^{-1}) (alle Daten für feste Lösungen der PAHs bei 77 K, siehe hierzu Abschnitt 5.2).

Tab.5.4.   Phosphoreszenzdaten[1,7]

PAH	Triplettausbeute	k_8	k_9	q_p	τ_p	$\Delta(T_1-S_0)$
Naphthalin	0.80	0.39	0.02	0.05	2.4	21250
Phenanthren	0.85	0.25	0.03	0.11	3.5	21600
Chrysen	0.82	0.36	0.04	0.10	2.5	20040
Picen	0.36	0.37	0.03	0.07_5	2.5	20080
Triphenylen	0.89	0.03	0.03_4	0.54^5	15.9	23250
Tetraphen	0.67	3.30	0.03^4	0.01	0.3	16520
Pyren	0.31	2.00	3.00	0.60	0.2	16850
Coronen	0.63	0.08	0.03	0.27	9.4	19410

Bei der bisherigen Diskussion der strahlungslosen Prozesse wurden ausschließlich Übergänge betrachtet, die von einem Elektronenzustand höherer Energie in einen Elektronenzustand niedrigerer Energie führen. In bestimmten Fällen und bei höheren Temperaturen findet jedoch auch der umgekehrte Prozeß eines (thermisch aktivierten) strahlungslosen Übergangs von einem energetisch tiefer in einen energetisch höher liegenden Elektronenzustand statt; zur Veranschaulichung kann Bild 5.6 (Abschnitt 5.3) dienen: der Übergang führt jetzt von E nach **A** und die Pfeile müssen in umgekehrter Richtung gelesen werden. Die Aktivierungsenergie eines derartigen Prozesses ist gleich der Energiedifferenz $\Delta E_{A,E}$ (n = n' = 0). Die beiden Zustände stehen im thermischen Gleichgewicht, und wenn sie emissionsfähig sind, besitzen die von ihnen ausgehenden Lumineszenzen die gleiche mittlere Lebensdauer. Das bekannteste Beispiel ist die sog. "<u>E-Typ-verzögerte Fluoreszenz</u>" (E steht für Eosin, an dem dieses Phänomen besonders eingehend untersucht worden ist): bei höherer Temperatur findet thermisch aktiviertes ISC vom T_1- in den S_1-Zustand statt, und es tritt neben der <u>Phosphoreszenz</u> des T_1-Zustandes die "verzögerte" <u>Fluoreszenz</u> des S_1-Zustandes auf; spektral unterscheidet sich diese Fluoreszenz nicht von der "normalen" (der sog. prompten) Fluoreszenz, sie besitzt jedoch eine wesentlich längere mittlere Lebensdauer, nämlich die der gleichzeitig auftretenden Phosphoreszenz[1,7]. Die Erscheinung ist zuerst an Triphenylmethan-Farbstoffen beobachtet worden; da sie zur Aufstellung des berühmten "Jablonskischen Termschemas"[15] führte, hat sie für die Entwicklung der Photophysik von π-Elektronensystemen eine wichtige Rolle gespielt.

Eine notwendige und meist hinreichende Voraussetzung für E-Typ-verzögerte Fluoreszenz ist ein relativ kleines S_1-T_1-Energieintervall ($\leq$ ca 4000 cm^{-1}). Lange Zeit bestand die Auffassung, daß diese Voraussetzung bei PAHs prinzipiell nicht erfüllt ist, und daher das Phänomen der E-Typ-verzögerten Fluoreszenz bei PAHs nicht auftreten kann[16]. Doch besitzen Coronen und einige mit dem Coronen strukturell verwandte PAHs ein hinreichend kleines S_1-T_1-Intervall, und bei diesen Kohlenwasserstoffen ist E-Typ-verzögerte Fluoreszenz beobachtet und eingehend untersucht worden[17,18,19].

5.5 Excimere

Außer den monomolekularen Prozessen wie Fluoreszenz, Phosphoreszenz, Internal Conversion und Intersystem Crossing kommen in der Photophysik von PAHs bimolekulare Phänomene vor, zum Beispiel intermolekulare Energie- oder Elektronenübertragungen, Fluoreszenzlöschung und andere[1] (zu den bimolekularen Prozessen gehören natürlich auch die photochemischen Reaktionen von PAHs, siehe Abschnitt 6). Hier soll nur ein wichtiges bimolekulares Phänomen besprochen werden, nämlich die Bildung und die Lumineszenzeigenschaften von Excimeren[1].

Ein "Excimer" (excited dimer) besteht aus zwei identischen Molekülen, von denen sich eines im elektronischen Grundzustand, das andere im ersten Singlett-Anregungszustand befindet. Es bildet sich bei der Belichtung von ausreichend konzentrierten Lösungen bestimmter PAHs; Pyren ist das klassische Beispiel[20]. Das Excimer ist ein instabiler "Begegnungskomplex", der sehr rasch nach seiner Bildung wieder zerfällt (unter Lichtemission oder strahlungslos). Die Bindungsverhältnisse im Excimer lassen sich in Näherung wie die in Charge-Transfer-Grundzustands-Komplexen beschreiben, nämlich mit einem Resonanzhybrid zwischen einer "no-bond-Struktur" und einer "charge-transfer-Struktur", wobei die im Excimer vorliegenden Moleküle energetisch ununterscheidbar sind (die Energie gleichmäßig auf beide Moleküle verteilt ist):

$$(M \quad M)^* \longleftrightarrow (M^+ - M^-)^*$$

In Bild 5.9 ist das Potentialkurven-Schema (das "Reaktionsprofil") der Excimer-Bildung eines (hypothetischen zwei-atomigen) Moleküls wiedergegeben. Die Energie des ersten Singlett-Anregungszustandes S_1 und des Grundzustandes S_0 in Abhängigkeit vom Abstand r zwischen den Molekülen (der "Reaktionskoordinate") ist dargestellt. In verdünnter Lösung ist r groß, und es findet keine Wechselwirkung zwischen elektronisch angeregten und Grundzustands-Molekülen statt; man beobachtet ausschließlich die Fluoreszenz des "Monomeren". Mit zunehmender Konzentration verringert sich r, und beim Gleichgewichtsabstand bildet sich das Excimer; relativ zu den Zuständen des Monomer ist sein Grundzustand S_0 destabilisiert und sein Anregungszustand S_1

stabilisiert. Aus dem Potentialkurvenschema ergibt sich, daß das Excimer nur im angeregten Zustand existieren kann (hier stabiler als das Monomer ist). In Fällen, in denen der strahlungslose Zerfall des Excimer langsamer als dessen strahlende Desaktivierung erfolgt, tritt die charakteristische unstrukturierte Fluoreszenz des Excimer auf, die bei längeren Wellenlängen als die des Monomer liegt (Bild 5.9).

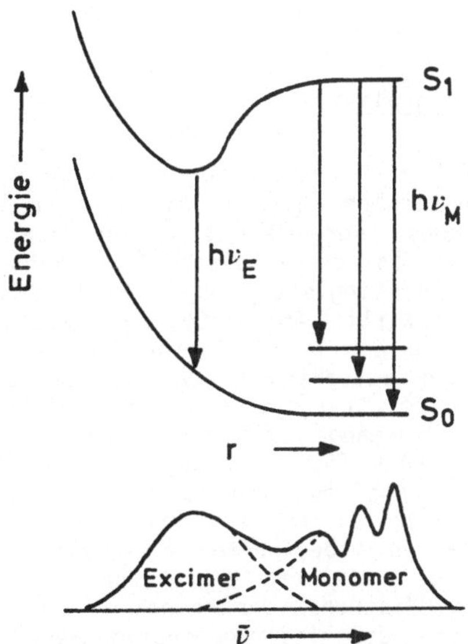

Bild 5.9. Excimere: Bildung und Desaktivierung durch Fluoreszenz

5.6 Photophysikalische Eigenschaften von Fullerenen

In den UV-Absorptionsspektren von C_{60} und C_{70} treten intensive Banden zwischen 190 und 430 nm und schwache Banden im langwelligen Bereich auf. Die längstwellige Bande von C_{60} liegt bei 620 nm (16130 cm^{-1})[21]. Fluoreszenz konnte beim C_{60} nicht beobachtet werden[22]. Aus der geringen Intensität der längstwelligen Absorptionsbande muß geschlossen werden, daß der entsprechende Fluoreszenzübergang eine relativ kleine Geschwindigkeitskonstante aufweist und daher mit der strahlungslosen Desaktivierung des Anregungszustandes nicht konkurrieren kann. Die strahlungslose Desaktivierung des S_1-Zustandes erfolgt nahezu ausschließlich durch ISC in den niedrigsten Triplett-Zustand T_1; die Triplettausbeute liegt nahe bei 1.

Ähnliche Ergebnisse wurden für C_{70} erhalten[23]. Der S_1-Zustand liegt bei 15430 cm^{-1}. Im Gegensatz zum C_{60} weist C_{70} schwache Fluoreszenz aus dem S_1-Zustand auf; die Quantenausbeute der Fluoreszenz (in Hexan) beträgt ca 8.5 x 10^{-3}. Doch ist auch beim C_{70} ISC in den T_1-Zustand der dominierende Desaktivierungskanal für den S_1-Zustand (Triplettausbeute: ca 0.9).

Die hohen S_1-T_1-ISC-Raten, die beim C_{60} und C_{70} beobachtet werden, sind charakteristisch für <u>nichtplanare</u> π-Elektronensysteme[24].

Das ist darin begründet, daß in nichtplanaren Molekülen die Wechselwirkung zwischen den magnetischen Feldern, die mit der Spin- resp. Bahn-Bewegung eines Elektrons verbunden sind, stärker ausgeprägt ist als in planaren Molekülen. Es ist diese sog. "Spin-Bahn-Kopplung", die das Mischen der "reinen" Singlett- resp. Triplett-Zustände zu "nominalen" Spin-Zuständen bewirkt (Abschnitt 5.2). Mit zunehmender Spin-Bahn-Kopplung wird der partielle Singlett-Charakter eines nominalen Triplett-Zustandes und entsprechend der partielle Triplett-Charakter eines nominalen Singlett-Zustandes größer, und damit auch die Wahrscheinlichkeit für Übergänge zwischen diesen Zuständen, was sowohl für Strahlungs- als auch für strahlungslose Übergänge gilt. (Das Phänomen der Spin-Bahn-Kopplung wird im Rahmen der relativistischen Spin-Theorie behandelt; es ist ein nichtklassisches Phänomen, das sich einer einfachen modellhaften Beschreibung entzieht; doch sind mehrere didaktisch nützliche Vorschläge zum Verständnis der Spin-Bahn-Kopplung, des "Mischens" der reinen zu nominalen Spin-Zuständen und der Lockerung des Interkombinationsverbots gemacht worden, siehe Lit.8,25,26).

Während sich beim C_{60} keine Phosphoreszenz nachweisen ließ[22], wurde beim C_{70} eine schwache Phosphoreszenz (in fester Matrix bei 77 K) beobachtet[27]. Der phosphoreszierende, niedrigste Triplett-Zustand liegt bei ca 13000 cm^{-1}; seine mittlere Lebensdauer beträgt ca 130 μsec. Dass trotz hoher Triplett-Ausbeute bei C_{60} und C_{70} keine resp. nur eine sehr schwache Phosphoreszenz beobachtet wird, ist auf das kleine "T_1-S_0-Energy gap" und die daraus resultierende große Übergangsrate des ISC vom T_1- in den S_0-Zustand zurückzuführen (Gl.(5.2), Abschnitt 5.3; Gl.(5.5), Abschnitt 5.4).

6 DIE CHEMISCHE REAKTIVITÄT POLYCYCLISCHER AROMATEN

6.1 Substitutionsreaktionen

<u>Elektrophile</u> Substitutionsreaktionen verlaufen bei PAHs mit erheblich größeren Geschwindigkeiten als beim Benzol und lassen sich unter milderen Reaktionsbedingungen durchführen. Das gilt auch für die Mehrfachsubstitution, und ist in der verglichen mit Benzol stärkeren Nucleophilie der PAHs begründet[1,2].

Der Prototyp der aromatischen elektrophilen Substitution eines Wasserstoffatoms durch ein Elektrophil E^+ ist mechanistisch durch folgende Merkmale charakterisiert: a) Die Reaktion verläuft über einen σ-Komplex (nach dem Begründer der Theorie auch "Wheland-Zwischenstufe" genannt), b) die Bildung des Komplexes ist der geschwindigkeitsbestimmende Teilschritt (also $k_1 < k_2$) und c) die Bildung des Substitutionsprodukts ist irreversibel (d.h. kinetisch und nicht thermodynamisch kontrolliert).

$$\text{Naphthalin} \xrightarrow[k_1]{E^+} \sigma\text{-Komplex} \xrightarrow[k_2]{-H^+} \text{Produkt}$$

$$\sigma\text{-Komplex}$$

Mit semiempirischen quantenchemischen oder rein graphentheoretischen Methoden lassen sich Kennzahlen berechnen, die ein quantitatives Maß für die Reaktivität der einzelnen Kohlenstoffatome der verschiedenen PAHs darstellen (Abschnitt 4.2.). Korrelationen der "Reaktivitätsindices"[3,4] mit experimentellen Daten (Positionen des elektrophilen Angriffs, Geschwindigkeitskonstanten) können natürlich nur in solchen Fällen erwartet werden, in denen wie beim Prototyp der aromatischen elektrophilen Substitution der erste Teilschritt zeitbestimmend ist. Ein Beispiel für Korrelationen von experimentellen mit theoretischen Daten ist in Bild 4.4a (Abschnitt 4.2) gegeben.

Auf elektrophile Substitutionsreaktionen von PAHs kann man auch die <u>Hammett-Beziehung</u>[3,4] anwenden (ursprünglich für Seitenkettenreaktionen an Aromaten konzipiert):

$$\log f_t = \sigma \rho \qquad (6.1)$$

wobei f_t der partiellle Geschwindigkeitsfaktor (zur Definition siehe Abschnitt 4.2), σ die eduktspezifische "Reaktivitätskonstante" und ρ die reaktionsspezifische "Reaktionskonstante" ist. Setzt man ρ(Protodetritiierung) = 1, dann erhalten die Geschwindigkeitskonstanten der Protodetritiierung (siehe Abschnitt 3.3) die Bedeutung von experimentell bestimmten Reaktivitätsindices ($"\sigma_r^+$-Konstanten"; r bezeichnet die Position des PAH, auf die sich die σ^+-Konstante bezieht). Sie korrelieren einerseits entsprechend Gl.(6.1) mit den $\log f_t$ von elektrophilen Substitutionsreaktionen (wobei ρ für die verschiedenen Typen von Substitutionsreaktionen (Bromierung, Nitrierung etc.) unterschiedliche Werte annimmt), andererseits linear mit den theoretischen Reaktivitätsindices.

Es gibt auch Reaktionen von PAHs, die formal elektrophile Substitutionen sind aber mechanistisch nicht dem Prototyp entsprechen. Zum Beispiel erfolgt die Nitrierung von PAHs mit HNO_3 in Schwefelsäure oder Acetanhydrid nach dem Prototyp-Mechanismus, wobei das angreifende Elektrophil das Nitroniumion NO_2^+ ist. Die Nitrierung von PAHs mit NO_2 in Dichlormethan (Raumtemperatur) führt zwar zu den gleichen Produkten, aber der erste und zeitbestimmende Reaktionsschritt ist eine Ein-Elektronenübertragung vom PAH zum NO_2-Radikal unter Bildung des PAH-Radikalkations und des NO_2-Anions, die als Ionenpaar vorliegen[5]:

$$\text{Anthracen} + \bullet NO_2 \longrightarrow \left[\text{Anthracen}^{\bullet +} \quad :NO_2^- \right]$$

$$\longrightarrow \text{(H, NO}_2\text{-Addukt)} \xrightarrow{-H^\bullet} \text{(1-Nitroanthracen)}$$

Die Logarithmen der Geschwindigkeitskonstanten korrelieren in diesem Fall sehr gut mit Parametern, die ein direktes Maß für die Elektronendonorfähigkeit der PAHs sind (Energie des HOMO, erstes Ionisierungs-

potential), aber die Qualität der Korrelationen mit Reaktivitätsindices, die wie zum Beispiel die Dewar-Zahl (Abschnitt 4) optimal
für den Prototyp elektrophiler Reaktionen geeignet sind, ist nicht
wesentlich schlechter. Das ist darin begründet, daß die Beträge der
Reaktivitätsindices, die HOMO-Energien und die Ionisierungspotentiale
gleichermaßen durch die Topologie der PAHs bestimmt sind (siehe hierzu
Abschnitt 4.2).

Natürlich werden mit den Reaktivitätsindices nur die <u>elektronischen</u>
Einflüsse auf die Reaktivität der einzelnen Positionen der PAHs er-
faßt. Andererseits kann sich sterische Hinderung an bestimmten Positionen auf die Energien der möglichen Übergangszustände und/oder
die Energien der Produkte und damit auf das Reaktionsverhalten auswir-
ken.

Zum Beispiel entsteht bei der Chlorierung von Benzo[e]pyren (1) das
Tetrachlorderivat 2, bei der Bromierung aber ausschließlich das Di-
bromderivat 3, obwohl die reaktive 1- und 3-Position von 1 sich nur
um 0.05 Einheiten in der Dewar-Zahl unterscheiden[6].

Im Dibenzo[a,e]pyren (4) ist die reaktivste die 8-Position (Dewar-
Zahl N_8 = 1.32), die nächst schwächer reaktive ist die 1-Position
(N_1 = 1.53). Jedoch führt nur die Nitrierung (HNO_3/Acetanhydrid)
zum 8-Derivat 5, während die Bromierung ausschließlich das 1-Derivat
6 liefert[7,8].

Die durch elektrophile Substitutionsreaktionen zugänglichen PAH-Derivate, zum Beispiel Ketone und Carbonsäuren, spielen beim Aufbau von PAHs eine wichtige Rolle (Abschnitt 7). Die in der Krebsforschung auf dem PAH-Gebiet interessierenden Methyl-Derivate lassen sich vorteilhaft durch Formylierung nach Vilsmeier (N-Methyl-formanilid/$POCl_3$) oder Rieche (1,1-Dichlormethyl-n-butylether/$TiCl_4$) und anschließende Huang-Minlon-Reduktion (Hydrazinhydrat/KOH/Ethylenglykol) der Formyl- zur Methyl-Gruppe darstellen (für ein Beispiel siehe Lit.9).

Während über elektrophile Substitutionsreaktionen von PAHs eine umfangreiche Literatur vorliegt, ist über nucleophile und radikalische Substitutionsreaktionen von PAHs sehr viel weniger bekannt. Die Umsetzung von Anthracen mit Dimethylsulfoxid in Gegenwart von Natriumhydrid liefert in 96-proz.Ausbeute das 9,10-Dimethylanthracen[10]. Das angreifende Nucleophil ist hierbei das aus DMSO entstehende Methyl-sulfinyl-carbanion H_3C-SO-CH_2^-. Diese nucleophile Methylierungsreaktion sollte sich auf andere PAHs mit niedrig liegendem LUMO (d.h. großer Elektronenaffinität) übertragen lassen.

6.2 Additionsreaktionen

PAHs und Fullerene gehen zahlreiche Cycloadditionsreaktionen ein. Sie erfolgen immer an C-C-Bindungen mit hoher Bindungsordnung, bei den Fullerenen an den gemeinsamen C-C-Bindungen miteinander verknüpfter sechsgliedriger Ringe (6-6-Bindungen) (Abschnitt 1.5).

Beispiele für 4+2-Cycloadditionen sind die Diels-Alder-Reaktionen der PAHs (Abschnitte 1.3, 3.2 und 4.4) und des Fulleren-60 (Abschnitt 1.5). C_{60} fungiert in Diels-Alder-Reaktionen immer als Dienophil, dagegen ist der PAH in der Mehrzahl der bisher untersuchten Diels-Alder-Reaktionen die Dien-Komponente. Doch sind Beispiele für Diels-Alder-Reaktionen mit inversem Elektronenbedarf bekannt, in denen der PAH als Dienophil fungiert. So entsteht bei der Umsetzung von Pyren (7) mit Hexachlorcyclopentadien das Addukt 8[11].

8 enthält das konjugierte System des Phenanthrens und zeigt daher dessen Substitutionsverhalten. Die Chlorierung und Bromierung von 8 führt zu den Halogen-Derivaten 9; durch Erhitzen auf 200°C findet Zerfall (Retro-Diels-Alder-Reaktion) der Addukte unter Bildung der

Halogenpyrene **10** statt[11], die durch direkte Halogenierung von Pyren nicht zugänglich sind; elektrophile Substitutionsreaktionen am Pyren erfolgen immer in den Stellungen 1, 3, 6 und 8[1] (siehe Formel 7).

Auch einige Beispiele für __photochemisch__ induzierte Diels–Alder–Reaktionen von PAHs sind bekannt. Durch Lichtabsorption elektronisch angeregtes Chrysen (**11**) reagiert aus dem ersten Singlett–Anregungszustand mit Maleinsäureanhydrid bei Raumtemperatur zum Diels–Alder–Addukt **12**, aus dem durch H–Eliminierung (das Lösungsmittel CH_2Cl_2 wirkt als Wasserstoff–Akzeptor) **13** entsteht[12].

Mit Diazoessigester reagieren sowohl bestimmte PAHs[13] als auch C_{60} im Sinne 1,3-dipolarer Additionen (__3+2-Cycloadditionen__).

C_{60} gibt mit Diazomethan das Pyrazolin-Derivat **14**, aus dem photochemisch das Fulleren **15** sowie unter Ringöffnung (analog zur Norcaradien-Cycloheptatrien-Isomerisierung) das "Fulleroid" **16** entsteht[14]. Dagegen wird bei der Thermolyse von **14** praktisch ausschließlich **16** gebildet. Andere Diazo-Verbindungen, zum Beispiel Diphenyl-diazomethan und Diazo-essigester, geben analoge Produkte. Von den beiden Produkttypen **15** und **16** sind die Fulleroide **16** die thermodynamisch weniger stabilen[15].

Ein Beispiel für <u>2+2-Cycloadditionen</u> bei PAHs ist die photochemisch induzierte Umsetzung von Phenanthren mit Maleinsäure-dimethylester, die zu einem Cyclobutan-Derivat führt (Gemisch der beiden möglichen Stereoisomeren)[16]. Die Reaktion erfolgt aus dem ersten Singlett-Anregungszustand des Phenanthrens.

Die photochemische Addition von Enonen an C_{60} verläuft (über einen Enon-Triplettzustand, also nicht konzertiert) unter Bildung von Cyclobutan-Derivaten **17**[17].

17

Umsetzungen von C_{60}[15] oder PAHs mit Carbenen sind Beispiele für <u>2+1-Cycloadditionen</u>. Die Addition von Dichlorcarben an Anthracen führt zunächst zum Cyclopropanderivat **18**, aus dem unter Ringerweiterung das Dibenzotropyliumsalz **19** entsteht[18].

18   **19**

Sowohl C_{60} wie auch bestimmte PAHs, zum Beispiel Anthracen, reagieren mit Lithium-alkylen unter <u>nucleophiler Addition</u>; die metall-haltigen

Zwischenprodukte geben bei der Hydrolyse mit verdünnten Säuren die entsprechenden Monoalkyl-dihydroaromaten[15,19]:

Eine präparativ wichtige Reaktion von PAHs ist auch die Addition von Osmium-tetroxid an reaktive C-C-Bindungen[1,20]; die entstehenden Osmium-haltigen Addukte geben bei der Hydrolyse cis-1,2-Dihydro-diole.

6.3 Hydrierung und Oxidation

Die partielle Hydrierung von PAHs mit molekularem Wasserstoff gelingt unter milden Bedingungen in Gegenwart von Elementen der Platin-Gruppe. Durch geeignete Wahl des Katalysators sind regiospezifische Hydrierungen möglich. So katalysiert **Pt**/Kohle bevorzugt die Hydrierung von terminalen Ringen, **Pd**/C dagegen die von mittleren Ringen in angular anellierten PAHs, zum Beispiel[21]:

Die Hydrierung von PAHs mit Alkalimetallen in flüssigem Ammoniak erfolgt ebenfalls mit hoher Regioselektivität, die von der durch Metalle der Platin-Gruppe katalysierten verschieden ist.

Die Reaktion verläuft über Radikal-Anionen und Dianionen als Zwischenstufen, die durch den flüssigen Ammoniak selbst oder durch Zugabe
(am Ende des Versuchs) von Ethanol oder Ammoniumchlorid protoniert
werden[22].

Die konjugierten Teilsysteme in den partiell hydrierten PAHs lassen
sich elektrophil substituieren. Durch Dehydrierung der Substitutions-
produkte erhält man PAH-Derivate, die durch elektrophile Substitutionsreaktionen an den PAHs selbst nicht zugänglich sind[23]. (Dieses
Verfahren besitzt eine größere Anwendungsbreite als das in Abschnitt
6.2 erwähnte der Änderung des Substitutionsmusters von PAHs durch
vorangehende Diels-Alder-Addition von Hexachlorcyclopentadien).

Die Hydrierung von C_{60} ist eingehend untersucht worden[15]. Durch
Hydroborierung mit B_2H_6 erhält man Dihydro-Fullerene:

Vom $C_{60}H_2$ gibt es theoretisch 23 Regioisomere. Quantenchemische Untersuchungen haben ergeben, daß die thermodynamische Stabilität der
Regioisomeren mit zunehmender Zahl an Doppelbindungen zwischen fünf-
und sechsgliedrigen Ringen (5-6-Bindungen) abnimmt. Bei gleicher
Zahl an 5-6-Bindungen ist das Regioisomere mit der geringeren eklipti-
schen Wechselwirkung zwischen den H-Atomen das stabilere (siehe auch
Abschnitt 3.6).

Polyhydrofullerene lassen sich durch Birch-Hückel-Reduktion von C_{60}

und C_{70} erhalten. (Bei der Birch-Hückel-Reduktion mit Alkalimetall in flüssigem Ammoniak und einem Alkohol ist der Alkohol von Beginn der Reaktion im Reaktionsmedium anwesend. Hierdurch unterscheidet sich die Birch-Hückel-Reduktion von dem voranstehend beschriebenen Verfahren der selektiven Hydrierung von PAHs mit Alkalimetall in flüssigem Ammoniak, bei dem der Alkohol erst am Ende der Reaktion zugegeben wird. Die unterschiedliche Verfahrensweise hat Auswirkungen auf den Mechanismus der Hydrierungen[22]). Bei der Birch-Hückel-Reduktion von C_{60} und C_{70} bilden sich komplexe Gemische von Polyhydrofullerenen. Die relativ stabilen Verbindungen $C_{60}H_{18}$ und $C_{60}H_{36}$ wurden auch in Substanz isoliert.

Die <u>Oxidation</u> von PAHs mit Chromsäure (CrO_3/Essigsäure) führt zu 1,4- oder 1,2-Chinonen:

Hierbei werden von den möglichen isomeren Chinonen immer die thermodynamisch stabilsten gebildet (bei denen die intakten aromatischen Untereinheiten die größtmögliche Summe der Resonanzenergien pro Elektron aufweisen, siehe auch Abschnitt 3.2). Die thermodynamisch weniger stabilen Chinone lassen sich in manchen Fällen durch Dehydrierung der entsprechenden Dihydroxy-Verbindungen herstellen[24], zum Beispiel[25]:

Ausreichend reaktive PAHs bilden bei Belichtung ihrer Lösungen in Gegenwart von Sauerstoff Endoperoxide[26]. Der durch Lichtabsorption in einen Singlett-Zustand angeregte PAH geht durch Intersystem Crossing in den niedrigsten Triplettzustand $^3M^*$ über (Abschnitt 5.4);

es schließt sich eine intermolekulare Triplett-Triplett-Energieüber-
tragung unter Bildung von Singlett-Sauerstoff $^1(O_2)^*$ an, mit dem
der PAH aus dem elektronischen Grundzustand zum Endoperoxid reagiert:

$$^3M^*\,(\text{Anthracen}) + {}^3O_2 \;\dashrightarrow\; {}^1M\,(\text{Anthracen}) + {}^1O_2^*$$

Analog reagiert C_{60} mit Singlett-Sauerstoff zum Dioxetan-Derivat
20, das unter Ringöffnung das Diketon 21 bildet[27]:

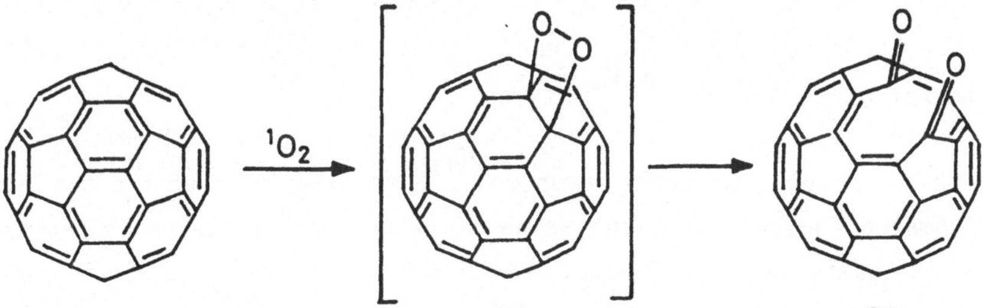

20   **21**

Die erste Teilreaktion des oxidativen _mikrobiellen_ Abbaus von (wasser-
löslichen) PAHs ist die Bildung eines Dioxetans; der weitere Abbau
bis zu CO_2 und Wasser erfolgt über zahlreiche Zwischenstufen[28]:

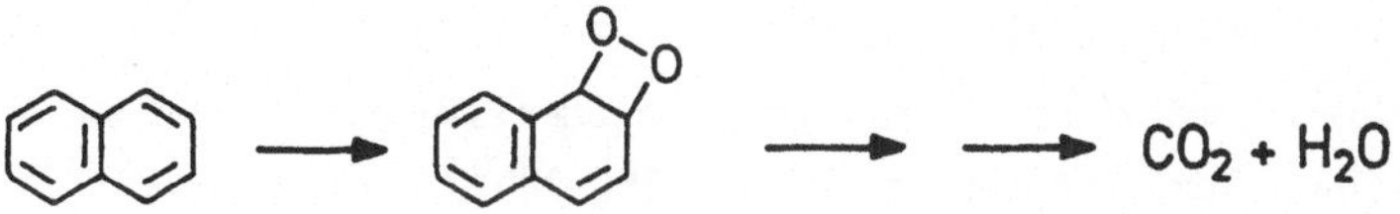

$$\longrightarrow \quad \longrightarrow \quad \longrightarrow \quad CO_2 + H_2O$$

6.4 Umlagerungen

Picen (22) reagiert mit Benzol (bei Siedetemperatur) in Gegenwart
von Aluminiumchlorid zum Dibenzo[h,rst]pentaphen (23)[29]. Der Kohlenwasserstoff bildet sich unter gleichen Bedingungen (in 54-proz. Aus-

beute) auch aus Dibenz[a,h]anthracen (24), d.h. 24 lagert sich unter diesen Bedingungen intermediär zu 22 um[30].

22   23   24

In der Folge sind zahlreiche weitere $AlCl_3$-katalysierte Skelettumlagerungen von PAHs gefunden worden; einige Beispiele sind in Bild 6.1 zusammengestellt. Analoge Umlagerungen sind auch von mehrkernigen Heteroaromaten (Benzologen des Carbazols, Dibenzothiophens und Dibenzofurans) bekannt[36,37,38].

Ein interessanter Typ von Umlagerungen aromatischer Kohlenwasserstoffe sind die sog. "Automerisierungen"[39]. Bei der Automerisierung eines Aromaten ändert sich nicht seine Struktur, aber einzelne Kohlenstoffatome wechseln ihre Plätze, ein Effekt, den man natürlich nur an Kohlenwasserstoffen beobachten kann, bei denen einige C-Atome "markiert" worden sind. Eine geeignete Methode besteht in der Verwendung von Verbindungen, die in bekannten Positionen ^{13}C-Atome enthalten. Änderungen ihrer Position durch Automerisierung des Moleküls lassen sich dann leicht durch ^{13}C-NMR-spektroskopische Untersuchung der Reaktionsprodukte nachweisen.

Eine Aluminiumchlorid-katalysierte Automerisierung wurde am Phenanthren (bei Temperaturen zwischen 160–220°C) beobachtet[40]. Durch Synthese erhaltenes 1-^{13}C- und 3-^{13}C-Phenanthren automerisierten wie in den Formeln angegeben:

Aluminiumchlorid-katalysierte Skelettumlagerungen und Automerisierung-
en von PAHs erfolgen über komplexe Mechanismen, die im Einzelnen
noch nicht endgültig geklärt sind[40,41,42]. Thermische Automerisierungen bei Temperaturen > 1000°C wurden beim Naphthalin, Pyren und
Benz[a]anthracen beobachtet[43].

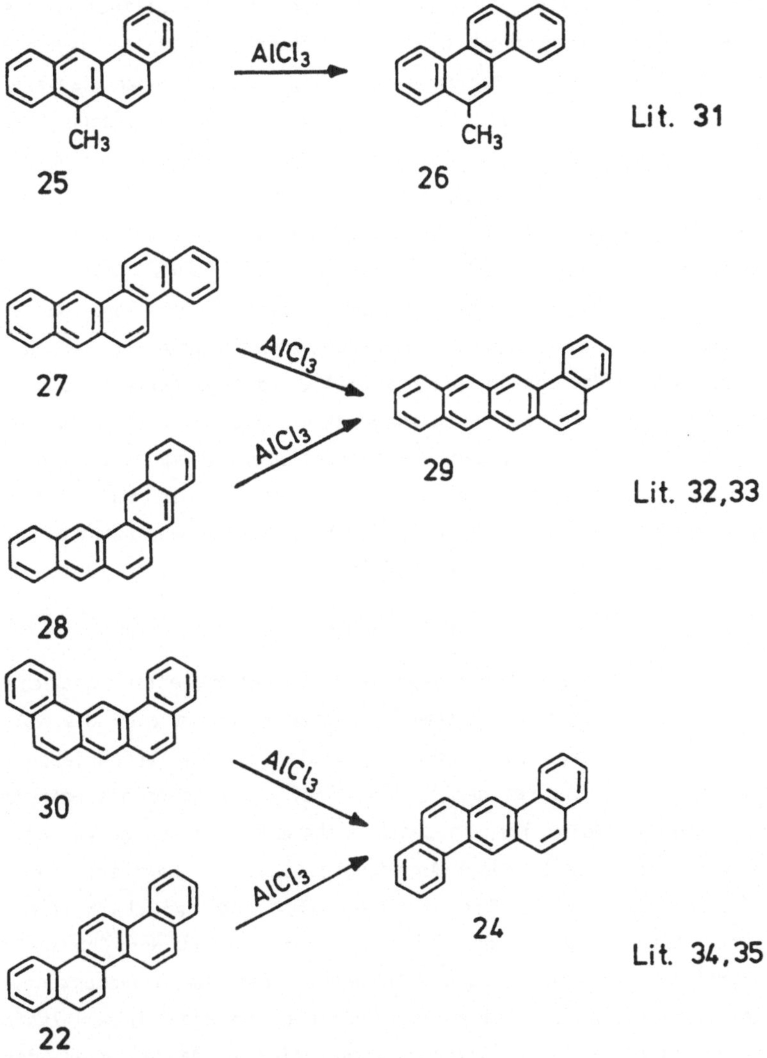

Bild 6.1. AlCl$_3$-katalysierte Skelettumlagerungen von PAHs

6.5. Molekülverbindungen

PAHs bilden mit bestimmten Partnern, zum Beispiel Iod, Pikrinsäure
oder 1,3,5-Trinitrobenzol stöchiometrisch wohl definierte Molekülverbindungen. Da sie in unpolaren (oder nur schwach polaren) Lösungsmitteln schwerer löslich als die Ausgangskomponenten sind, können
sie aus (genügend konzentrierten) Lösungen in kristalliner Form erhalten werden. Man bezeichnet diese Molekülverbindungen als Donor-Akzep-
tor- oder Charge-Transfer-Komplexe. Die Bezeichnungen basieren auf
der Vorstellung, daß der Aromat als Elektronen-Donor (hoch liegendes
HOMO, niedriges erstes Ionisierungspotential) und der Komplex-Partner
als Elektronen-Akzeptor fungiert (niedrig liegendes LUMO, hohe Elektronenaffinität). Innerhalb des Komplexes gibt es eine gewiße Überlappung zwischen Donor-HOMO und Akzeptor-LUMO, woraus eine Verschiebung der Elektronendichte (ein "charge-transfer") vom Donor zum Akzeptor resultiert. Das Ausmaß der Ladungsübertragung ist jedoch meist
gering. Neben der durch die partielle Ladungsübertragung zustande
kommende Coulomb-Anziehung zwischen Donor und Akzeptor sind van-der-
Waals-Kräfte und häufig auch Wasserstoffbrücken am Zusammenhalt der
Komplexpartner beteiligt. Den elektronischen Grundzustand von (wasser-
stoffbrückenfreien) Donor-Akzeptor-Komplexen kann man durch ein Hybrid
aus zwei Resonanzstrukturen beschreiben[44,45,46]:

$$D: A \longleftrightarrow \overset{+}{D} \cdot \overset{-}{A} \cdot$$

Der zweiten Struktur (Charge-Transfer-Struktur) entspricht ein Anteil von ca 10 % an der Gesamtbindungsenergie. Da auch die van-der-
Waals-Wechselwirkung, die durch die erste Struktur beschrieben wird,
nur einen geringen bindenden Beitrag liefert, beträgt die Gesamtbindungsenergie der Molekülverbindungen nicht mehr als wenige kJ mol^{-1}.
Auch der niedrigste Singlett-Anregungszustand der Komplexe kann durch
ein Resonanzhybrid aus der van-der-Waals- und der Charge-Transfer-
Struktur beschrieben werden, doch ist der Anteil der Charge-Transfer-Struktur im Anregungszustand größer als im Grundzustand. Der
durch Lichtabsorption induzierte Übergang zwischen diesen Zuständen
führt zu einer breiten, meist unstrukturierten Bande im UV-Spektrum
der Komplexe. Diese sog. "Charge-Transfer-Bande" ist (mit wenigen

Ausnahmen) die längstwellige UV-Bande der Komplexe. Außer der Charge-Transfer-Bande erscheinen im Spektrum die charakteristischen Absorptionen des jeweiligen PAHs, die durch die Komplexierung fast nicht verändert werden. Die Lage (Energie) der Charge-Transfer-Bande hängt von der Elektronenaffinität E_A des Akzeptors und dem ersten Ionisierungspotential I_D des Donors ab; mit zunehmenden E_A und abnehmenden I_D verschiebt sie sich zu längeren Wellenlängen (im gleichen Sinne nimmt auch die thermodynamische Stabilität der Komplexe zu). Für einen gegebenen Akzeptor (d.h. E_A = konst.) besteht ein linearer Zusammenhang zwischen der Energie der Charge-Transfer-Bande und I_D des jeweiligen PAH.

Die Charge-Transfer-Komplexe der PAHs sind elektrische Halbleiter, d.h. ihre spezifische elektrische Leitfähigkeit nimmt mit steigender Temperatur zu und liegt immer unterhalb der Leitfähigkeit von Metallen.

Metallische Leitfähigkeit zeigen nur solche Charge-Transfer-Komplexe, die durch bestimmte strukturelle Merkmale ausgezeichnet sind: 1. Die Donor-Moleküle und die Akzeptor-Moleküle bilden im Kristall getrennte Molekülstapel; 2. im Donor-Stapel liegen nebeneinander neutrale und positiv geladene Moleküle vor, entsprechend im Akzeptor-Stapel neutrale und negativ geladene Moleküle; beide Stapel existieren also in einem gemischt-wertigen Zustand[47]. Es sind nur wenige Elektronen-Donoren bekannt, die bei Kristallisation aus der Lösung in Gegenwart von Akzeptoren Charge-Transfer-Komplexe mit diesen Strukturmerkmalen bilden[47,48]; die PAHs gehören nicht dazu.

Charge-Transfer-Komplexe mit den voranstehend angegebenen Strukturmerkmalen und entsprechend metallischer Leitfähigkeitscharakteristik können aber aus PAHs durch anodische Oxidation in Gegenwart geeigneter Elektrolyte erhalten werden: auf der Anode scheiden sich Radikalkation-Salze vom Typ $(PAH)_2^{+\cdot} X^-$ (X^- = BF_4 , AsF_6) in Form schwarzglänzender Kristalle ab, die metallische Leitfähigkeitscharakteristik besitzen[49]. Die spezifischen elektrischen Leitfähigkeiten von Radikalkation-Salzen dieses Typs liegen bei 1 bis $10^3 \, \Omega^{-1} \, cm^{-1}$ (300 K) (zum Vergleich Kupfer: $6.5 \cdot 10^5 \, \Omega^{-1} \, cm^{-1}$).

7 DIE HERSTELLUNG VON POLYCYCLISCHEN AROMATEN

7.1 Allgemeines

Häufig können polycyclische Aromaten außer durch gezielte Synthese auch durch Isolierung aus komplexen aromatischen Gemischen, zum Beispiel Steinkohlenteer[1,2] oder Nebenprodukten des katalytischen Hydrocrackens von Erdölfraktionen[3] erhalten werden. Gelegentlich sind neue PAHs zuerst aus derartigen technischen Gemischen gewonnen und erst später auch durch Synthese hergestellt worden. Zum Beispiel wurde Benzo[a]pyren (1) aufgrund seiner charakteristischen Fluoreszenz zuerst im Steinkohlenteer entdeckt und daraus in Gramm-Mengen isoliert[4]; zur Absicherung der Konstitution wurde wenig später die Synthese durchgeführt[5]. Eine effiziente Synthese des in theoretischer Hinsicht interessanten Benzo[c]picen (2) fand man erst 27 Jahre nach der ersten Isolierung des Kohlenwasserstoffs aus Steinkohlenteer[6,7].

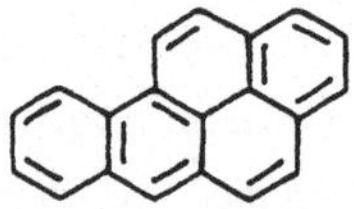

1 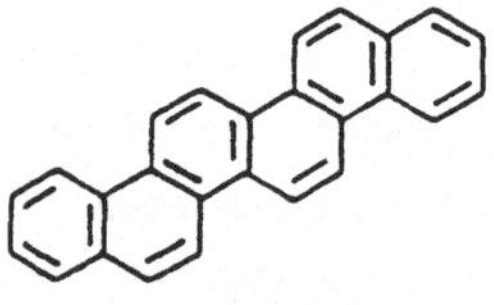   2

Die Fullerene C_{60} und C_{70} sind Beispiele für polycyclische Aromaten, die bisher nur durch Isolierung aus einem komplexen Gemisch (dem bei der Graphitverdampfung entstehenden Ruß) hergestellt werden[8], und deren selektive Synthese noch aussteht[9] (zumindest nach dem traditionellen Verständnis des organischen Chemikers; es könnte sich aber herausstellen, daß das Krätschmer-Huffman-Verfahren zur Herstellung der Fullerene jeder mehrstufigen organischen Synthese der Moleküle nicht nur hinsichtlich der Einfachheit, sondern auch der Selektivität und Ausbeute des Verfahrens überlegen ist. Dafür, daß die Hochtemperatur-Pyrolyse einfacher Ausgangsmaterialien eine äußerst leistungsfähige Synthesemethode sein kann, gibt es weitere Beispiele[10,11]).

Während bei der gezielten Synthese von PAHs (und generell von polycyclischen Aromaten) die Synthesestrategie und die optimale Anwendung bekannter (oder neuer) Synthesereaktionen die wesentlichen Erfolgsfaktoren sind, spielen bei der Isolierung von PAHs aus komplexen Gemischen präparative Trenn- und Reinigungsmethoden (Abschnitt 7.3) sowie Methoden zur Konstitutionsbestimmung (Abschnitt 7.4) die entscheidende Rolle. (Die Konstitutionsbestätigung mit physikalischen oder chemischen Methoden ist auch bei PAHs, die durch Synthese erhalten wurden, von Bedeutung, da die Synthesen häufig nicht eindeutig verlaufen). Ein Vorteil der Herstellung von PAHs durch Isolierung aus komplexen Gemischen liegt darin, daß das erforderliche Ausgangsmaterial meist in großen Mengen zur Verfügung steht. Daher sind häufig selbst in niedrigen Konzentrationen im Ausgangsmaterial vorhandene Verbindungen im 10 - 100 Gramm-Maßstab zugänglich[12].

Der entscheidende Vorteil der Herstellung von PAHs durch Synthese besteht in der viel größeren Anwendungsbreite. Grundsätzlich kann man bei den Syntheseverfahren zwischen hoch-selektiven, die nur eine Zielverbindung liefern, und solchen Methoden unterscheiden, bei denen mehrere (meist isomere) PAHs gebildet werden. Natürlich entstehen bei der Anwendung von Verfahren der zweiten Art wieder Trenn- und Reinigungsprobleme und auch die verläßliche Konstitutionsbestimmung der in reiner Form isolierten Verbindungen ist oft schwieriger. Andererseits können bei bestimmten Problemstellungen (zum Beispiel Herstellung von Referenzsubstanzen für analytische Zwecke) Verfahren, bei denen in einem Arbeitsgang mehrere PAHs gebildet werden, von Nutzen sein. Zwei Beispiele für die Darstellung mehrerer PAHs in einem Syntheseschritt sind in Bild 7.1 gegeben. Aus dem bei der Gasphasenpyrolyse (700-750°C) von Fluoren (3) entstehenden Substanzgemisch lassen sich Dibenzo[g,p]chrysen (4) (Hauptprodukt), Rubicen (5) und der Kohlenwasserstoff 6 (Benz[g]indeno[1,2,3,4-mnop]chrysen) in reiner Form erhalten[10,11]. Die Umsetzung eines Gemischs der Ketone 7 und 8 in einer Zinkstaub/Zinkchlorid/Natriumchlorid-Schmelze bei 330-350°C führt unter Wasserabspaltung zu Kondensationsprodukten, von denen die Kohlenwasserstoffe 9, 10, 11 und 12 in präparativen Mengen isoliert wurden[13].

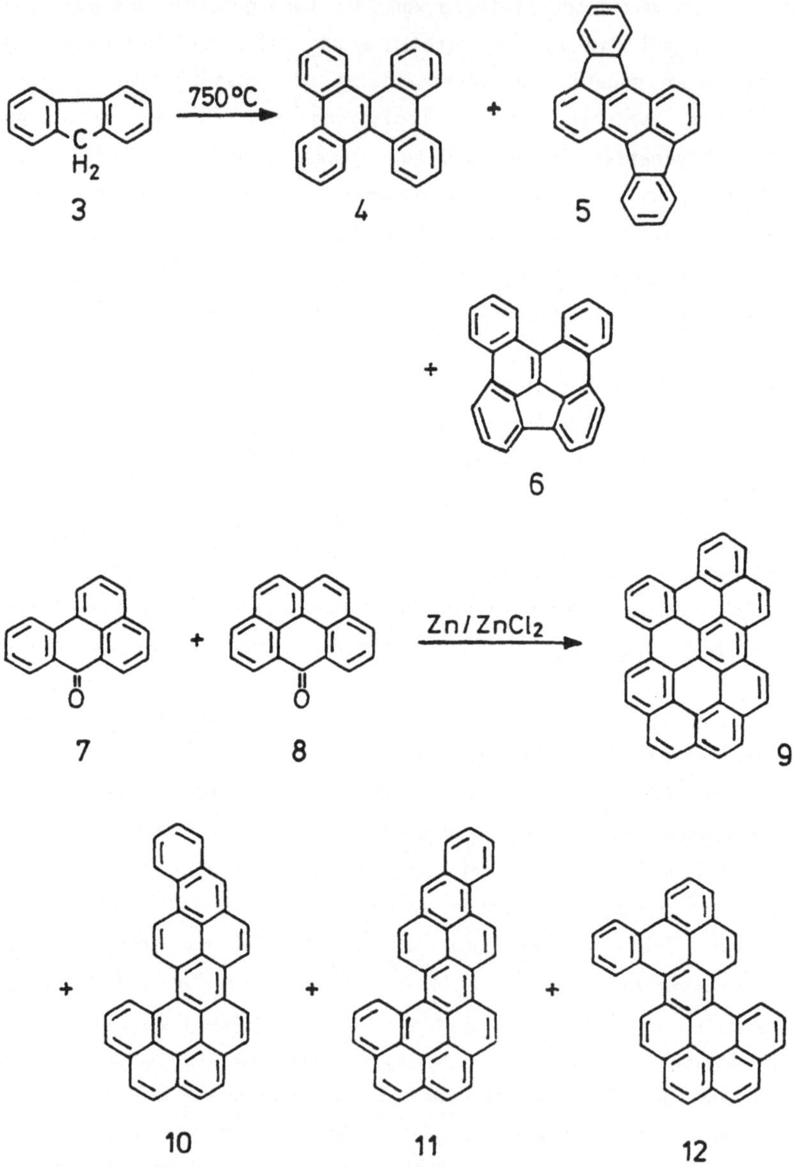

Bild 7.1. Beispiele für die Herstellung mehrerer PAHs
in einem Syntheseschritt

Es gibt nicht viele Beispiele für PAH-Synthesen, bei denen die Zielverbindung ausgehend von kleinen Synthonen in viel-stufigen Verfahren hergestellt wurde. Diederichs interessante Synthese von Circumanthracen (13) ist ein solches Beispiel[14]; die Ausgangsmaterialien sind para-Benzochinon, Isopren und 2-Formyl-7-methyl-naphthalin und die Synthese umfasst 10 Stufen (Gesamtausbeute: ca 4 %).

13

Meist geht man beim Aufbau von PAHs von leichter zugänglichen aromatischen Kohlenwasserstoffen oder einfachen Derivaten aus, an die mit geeigneten Synthesereaktionen weitere Ringe angefügt werden. Bei der Synthese von PAHs wird immer ein neuer sechsgliedriger (gelegentlich auch fünfgliedriger) Ring gebildet; sind **m** C-Atome des neu zu bildenden Benzolrings im Ausgangsaromaten enthalten, so müssen (6-m) C-Atome vom verwendeten Synthon "mitgebracht" werden. Als Beispiel sind in Bild 7.2 vier in der Literatur beschriebene Synthesen von Benzo[e]pyren (15) angegeben. Bei der Synthese aus **14** handelt es sich um eine (photochemische) intramolekulare Dehydrocyclisierung; alle C-Atome des neu zu bildenden Benzolrings sind bereits im Ausgangsmaterial enthalten (m = 6)[15]. Bei der folgenden Synthese geht man von einem reaktiven Dien **16** aus, und der Aufbau des Benzolrings erfolgt durch Diels-Alder-Reaktion mit Maleinsäureanhydrid (m = 4)[16]. **18** enthält eine reaktive Methylengruppe und geht mit Maleinsäureanhydrid Michael-Addition unter Bildung von **19** ein, das in der Zinkchlorid/Natriumchlorid-Schmelze unter Eliminierung von CO_2 und Wasser zum Endprodukt cyclisiert; **18** enthält drei C-Atome des neu zu bildenden Benzolrings (m = 3)[17]. Aus Decahydropyren **20** erhält man durch Aluminiumchlorid-katalysierte Cyclialkylierung mit 1,4-Dichlorbutan den Kohlenwasserstoff **21**. In diesem Fall enthält das Ausgangsprodukt lediglich zwei der sechs C-Atome des neu zu bildenden Benzolrings

(m = 2)[18]. (Von diesen Benzo[e]pyren-Synthesen ist die zuletzt erwähnte die ergiebigste, Gesamtausbeute: 57 %).

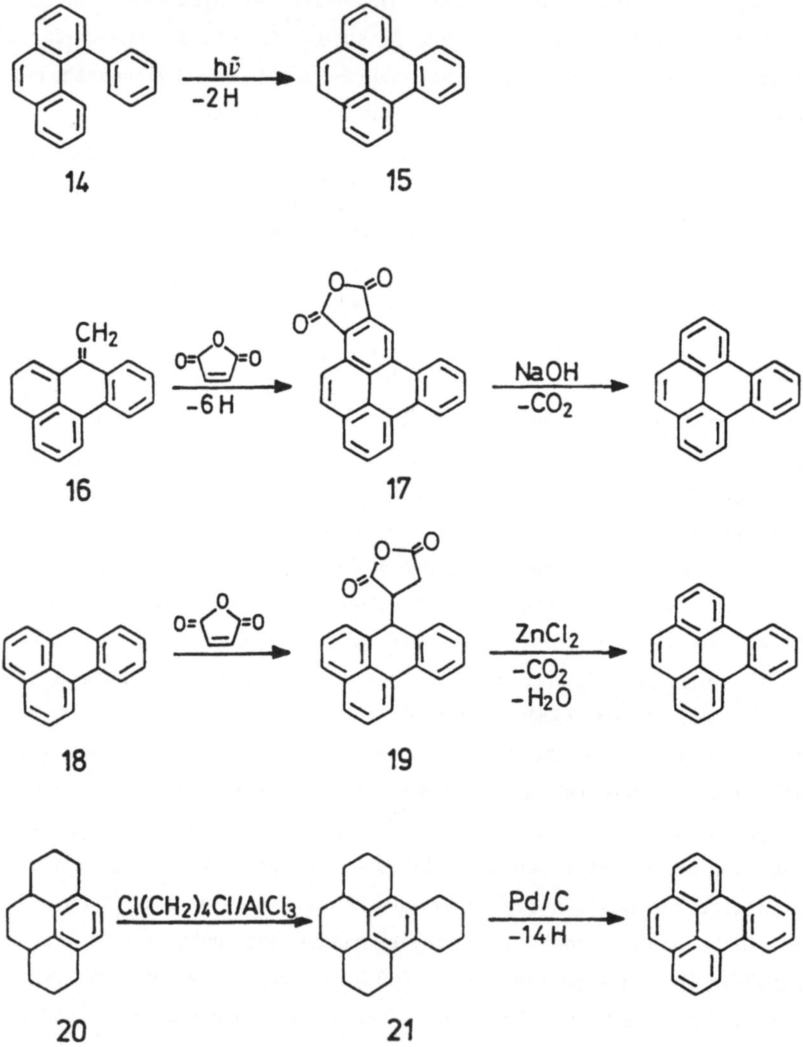

Bild 7.2. Synthesen von Benzo[e]pyren (15)

Bei der Synthese von höhermolekularen PAHs kann die Schwerlöslichkeit
der Ausgangsmaterialien erhebliche Schwierigkeiten bereiten, da bei

zahlreichen Synthesereaktionen die jeweils üblichen Lösungsmittel und Temperaturen in solchen Fällen häufig nicht anwendbar sind. Eine interessante und leistungsfähige Strategie besteht darin, die als Ausgangsprodukte verwendeten aromatischen Verbindungen durch Friedel-Crafts-Alkylierung, zum Beispiel mit tert.-Butylchlorid/$AlCl_3$, zunächst in ihre erheblich leichter löslichen Alkylderivate zu überführen. Mit diesen Alkylderivaten werden dann die zum Aufbau der höhermolekularen Zielverbindungen erforderlichen Reaktionen durchgeführt. Da relativ milde Reaktionsbedingungen angewendet werden können, gehen die Alkylgruppen im Syntheseverlauf nicht verloren. Auch die erhaltenen mehrfach alkylierten höhermolekularen PAHs besitzen erheblich bessere Löslichkeiten in organischen Lösungsmitteln als die Stammverbindungen, was von großem Vorteil bei der Untersuchung ihrer spektroskopischen und anderer physikalischer Eigenschaften ist. Die Alkylgruppen haben in der Regel keinen signifikanten Einfluß auf die elektronischen Eigenschaften der PAHs.

Diese hier kurz skizierte Strategie nutzend wurden zum Beispiel die Kohlenwasserstoffe **22** und **23** hergestellt und ihre Eigenschaften eingehend untersucht[19,20].

22   (R = n-$C_{12}H_{25}$)   **23**   (R = t Bu)

7.2 Synthesemethoden

<u>Dehydrocyclisierungen</u>

Unter Dehydrocyclisierungen sollen hier alle zur Bildung von PAHs führenden Ringschlußreaktionen unter Eliminierung von Wasserstoff verstanden werden. Die Ausgangsprodukte können Bi- oder Oligo-aryle,

Verbindungen vom Stilben-Typ sowie Methyl-Derivate von aromatischen Kohlenwasserstoffen sein. Die Ringschlußreaktionen werden je nach Ausgangsmaterial photochemisch, thermisch (in Ab- oder Anwesenheit von Dehydrierungskatalysatoren wie Platin/Kohle), in Gegenwart von Friedel-Crafts-Katalysatoren (insbesondere Aluminiumchlorid) oder metallischem Natrium durchgeführt. Edukt und Produkt enthalten die gleiche Zahl an C-Atomen (m = 6, siehe Abschnitt 7.1)[21,22,23]. Einige Beispiele für die Synthese von PAHs durch Dehydrocyclisierung sind in den Bildern 7.3 und 7.4 zusammengestellt.

Die Reaktionen 1-4 (Bild 7.3) sind Beispiele für Dehydrocyclisierungen von <u>Bi-</u> und <u>Oligo-arylen</u>. Photochemische Ringschlüsse (<u>Beispiel 1</u>) werden meist in Gegenwart von Iod als Dehydrierungsmittel durchgeführt[23,24]. Die Ausbeute des Photoringschlusses **24** ⟶ **25** beträgt 35%[25].

Der Ringschluß **26** ⟶ **27** (<u>Beispiel 2</u>) gelingt in Gegenwart eines Platin/Palladium/Kohle-Katalysators (490°C) mit 39-proz. Ausbeute[26]. Durch Aluminiumchlorid katalysierte Ringschlüsse von Biarylen (<u>Beispiel 3</u>) verlaufen über ionische Zwischenstufen. Dieses Ringschlußverfahren ist als (intramolekulare) <u>Scholl-Reaktion</u>[21,23,27] bekannt. Der Ringschluß **28** ⟶ **29** (<u>Beispiel 3</u>) wurde in siedendem Benzol in Gegenwart von Zinntetrachlorid (als Dehydrierungsmittel) durchgeführt (Ausbeute: 50%)[28].

Die Dehydrocyclisierung **30** ⟶ **31** (<u>Beispiel 4</u>) gelingt in Gegenwart von Kalium und Cadmiumchlorid in 1,2-Dimethoxyethan (DME) bei Raumtemperatur (unter striktem Luft- und Feuchtigkeitsausschluß) mit einer Ausbeute von 42%[19]. Dieses interessante und bisher wenig angewandte Ringschlußverfahren verläuft über anionische Zwischenstufen. 1,1'-Binaphthyl cyclisiert unter analogen Bedingungen zum Perylen (27)[29].

In Bild 7.4 sind Beispiele für Dehydrocyclisierungen von stilbenanalogen Verbindungen sowie Methyl-Derivaten von aromatischen Kohlenwasserstoffen angegeben.

Picen (**33**) wird durch photochemischen Ringschluß sowohl aus **32** wie aus **34** gebildet. Die Ausbeuten betragen: **32** ⟶ **33**, 61%[30]; **34** ⟶ **33**, 14.5%[31,32].

1

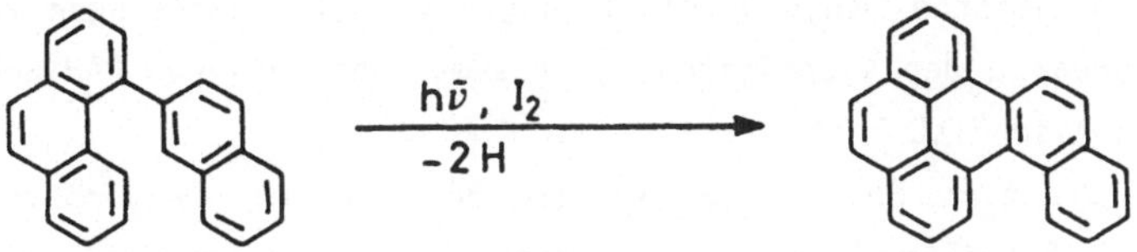

24 25

2

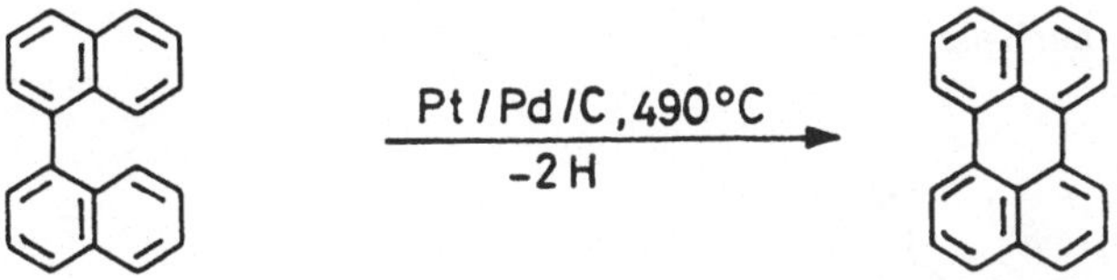

26 27

3

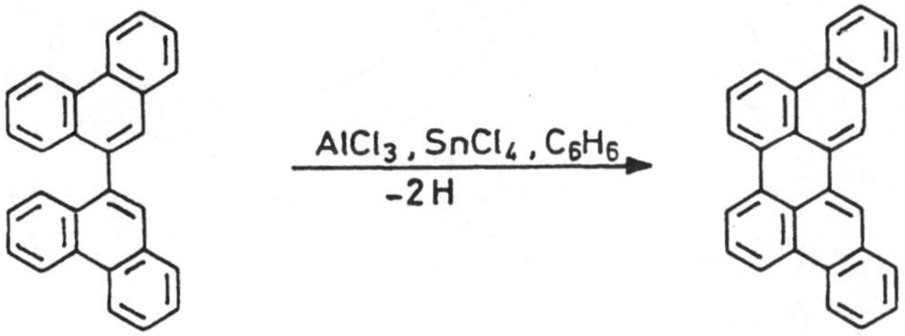

28 29

4

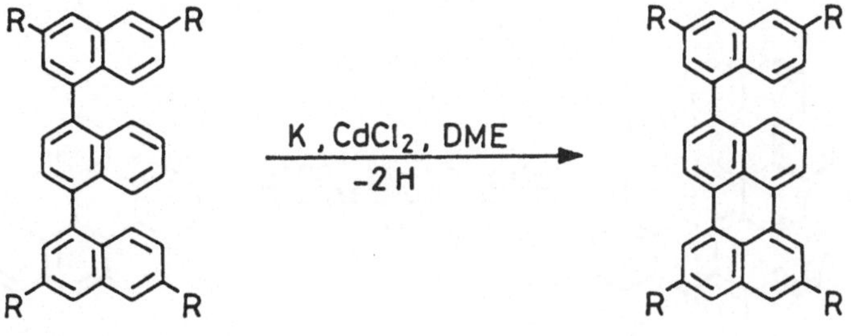

30 31

(R = tBu)

Bild 7.3. Dehydrocyclisierungen von Bi- und Oligo-arylen

Photochemische Dehydrocyclisierungen von stilbenanalogen Verbindungen gehören zu den wichtigsten Synthesemethoden auf dem PAH-Gebiet (siehe auch Abschnitt 3.3).

Die Reaktion **35** $\longrightarrow$ **13** ist ein Beispiel für Dehydrocyclisierungen unter Beteiligung von Methylgruppen. Interessanterweise gelingt der Ringschluß in diesem Fall schon durch längere Behandlung von **35** mit 2,3-Dichlor-5,6-dicyano-p-benzochinon (DDQ) in 1,2,4-Trichlorbenzol bei 90°C, Ausbeute ca 50%[14].

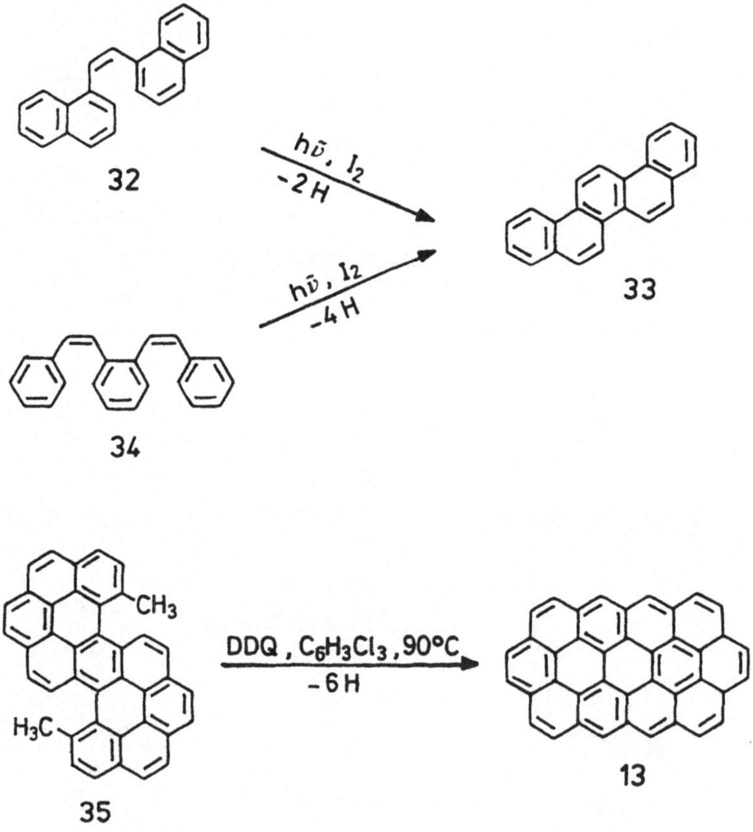

Bild 7.4. Dehydrocyclisierungen von stilbenanalogen Verbindungen und einem Methyl-PAH

<u>Dimerisierungen unter Wasserstoffeliminierung</u>

In Gegenwart von Aluminiumchlorid gehen viele PAHs Dimerisierung
unter Ringschluß und Wasserstoffeliminierung ein (intermolekulare
<u>Scholl-Reaktion</u>). Die Umsetzungen können in der $AlCl_3$/NaCl-Schmelze
(bei Temperaturen zwischen ca 120-180°C) oder in einem Lösungsmittel
(zum Beispiel 1,1,2,2-Tetrachlor-ethan) bei Raumtemperatur oder höheren Temperaturen durchgeführt werden. Selten entstehen bei der intermolekularen Scholl-Reaktion einheitliche Produkte (eine Ausnahme
ist die $AlCl_3$-katalysierte Dimerisierung von Triphenylen (1) zu
12, Abschnitt 3.1). In der Regel erhält man Gemische von Isomeren;
so wurden bei der Umsetzung von Phenanthren mit $AlCl_3$ in Tetrachlor-
ethan bei Raumtemperatur die Kohlenwasserstoffe 36 und 37 erhalten[33]:

AlCl₃   36   +   37

Wie in diesem Beispiel entstehen bei der intermolekularen Scholl-
Reaktion häufig Gemische von alternierenden und nichtalternierenden
Kohlenwasserstoffen (siehe auch Coronendimere, Abschnitt 3.4).
Unter den Bedingungen der Scholl-Reaktion bilden die Ausgangskohlenwasserstoffe zunächst Biaryle, die dann intramolekulare Dehydrocyclisierung eingehen. Ganz analoge Reaktionen (wenn auch nicht nach einem
kationischen sondern einem radikalischem Mechanismus) laufen auch
bei der Flüssigphasenthermolyse von PAHs (bei Temperaturen zwischen
ca 400 - 500°C in der Schmelze) in Abwesenheit von Katalysatoren
ab[34,35], in manchen Fällen jedoch mit unterschiedlicher Regioselektivität. So wird bei der intermolekularen Scholl-Reaktion von Perylen
(27) Quaterrylen (38) als Hauptprodukt erhalten[36], während bei der
Flüssigphasenthermolyse von 27 bei 450°C überwiegend der Kohlenwasserstoff 39 gebildet wird[37]. (39 wurde im Produkt der Scholl-Reaktion
nicht beobachtet).

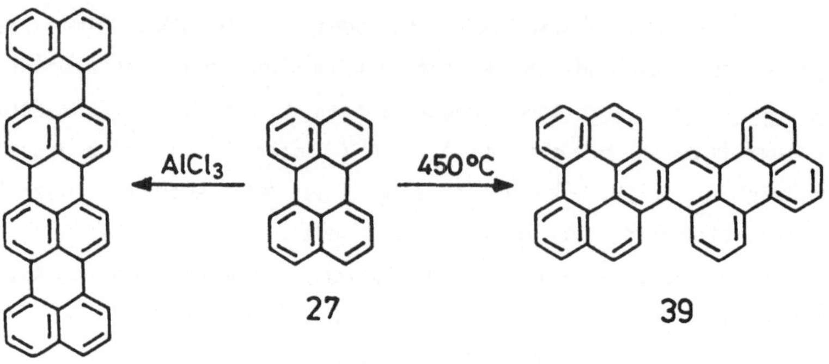

Dimerisierungen unter Wasserstoffeliminierung finden auch bei der Gasphasenpyrolyse von PAHs (bei Temperaturen zwischen ca 700-900°C) statt[21,23].

Cyclisierungsreaktionen unter Eliminierung von Wasser, Halogenwasserstoff, Halogen oder Stickstoff

Die thermische Cyclisierung von o-Alkyl-diaryl-ketonen unter Wasserabspaltung (Elbs-Reaktion[38])) ist eine einfache und (besonders in der Vergangenheit) häufig genutzte Möglichkeit zur Herstellung von PAHs[21,22,23]. Die Ketone werden (unter Inertgasatmosphäre) längere Zeit (bis keine Wasserbildung mehr beobachtet wird) auf ca 400°C erhitzt (vorteilhaft in Gegenwart von Zinkpulver). Die Isolierung der entstandenen PAHs erfolgt durch Destillation oder Sublimation des Reaktionsgemischs im Vakuum und anschließende Chromatographie sowie Kristallisation. Die Vorteile der Elbs-Methode liegen in ihrer großen Anwendungsbreite, einfachen Durchführbarkeit und der in der Regel leichten präparativen Zugänglichkeit der erforderlichen Ketone; die Nachteile des Verfahrens sind die häufig schlechten Ausbeuten, die gelegentliche Bildung von mehreren isomeren PAHs sowie Isomerisierungen der Ketone unter den angewandten Reaktionsbedingungen. Eine Variante der Elbs-Reaktion, die bessere Ausbeuten liefert, besteht in der Einwirkung stark saurer Reagenzien wie Bromwasserstoff/

Eisessig oder Polyphosphorsäure auf Aryl-(o-benzyl-aryl)-ketone (oder Alkyl-(o-benzyl-aryl)-ketone[39]).

In Bild 7.5 sind einige Beispiele für die Synthese von PAHs durch Elbs-Reaktion zusammengestellt. (Unter den Produktformeln sind die Ausbeuten angegeben).

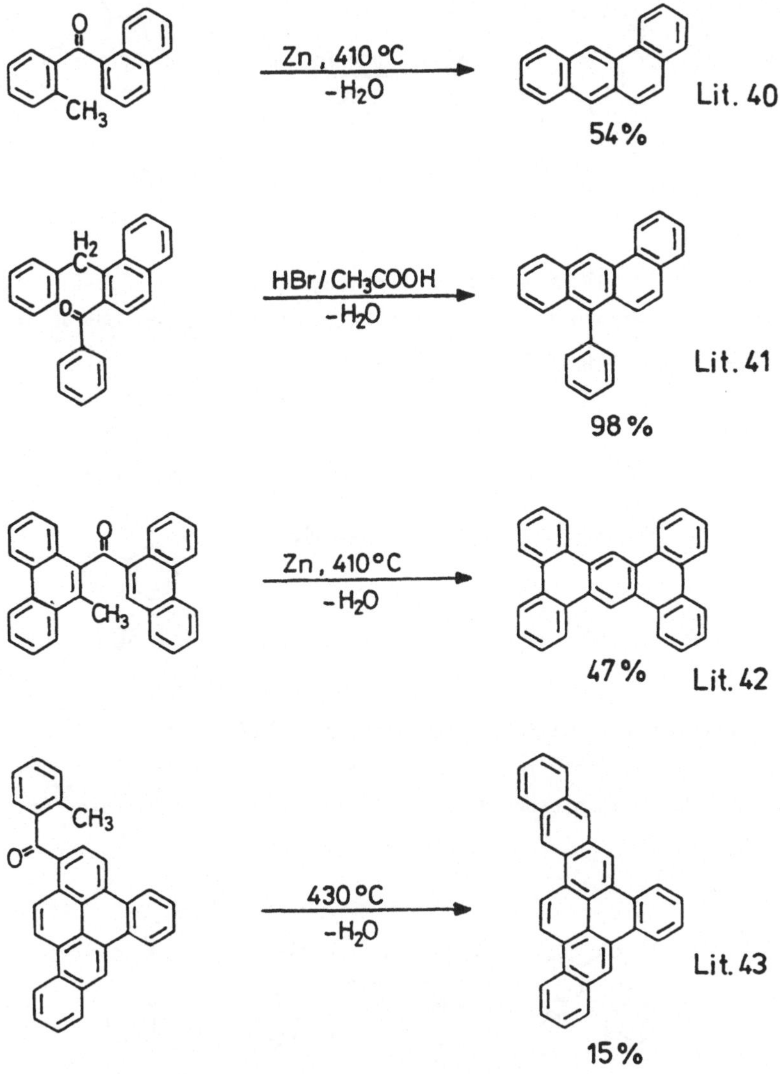

Bild 7.5. Synthesen von PAHs durch Elbs-Reaktion

PAHs mit Chlor- oder Brom-Substituenten in geeigneten Positionen gehen in Gegenwart von KOH in siedendem Chinolin Ringschlußreaktionen unter Halogenwasserstoff-Eliminierung ein, zum Beispiel[44]:

Die Palladium(0)-katalysierte Kupplungsreaktion von 1.8-Di-iod-naphthalin mit Acenaphthylen zu dem nichtalternierenden PAH **40** verläuft formal unter Abspaltung von 2 Molekülen Iodwasserstoff[45]:

Die Herstellung des all-benzoiden PAH **41** (Abschnitt 3.1) aus 9,10-Dichlor-phenanthren in Gegenwart von Magnesium erfolgt über eine durch Chlor-Eliminierung intermediär entstehende Arin-Stufe[46]:

Der Cyclisierungsschritt der klassischen Phenanthren-Synthese von Pschorr[47] findet unter Eliminierung von molekularem Stickstoff statt:

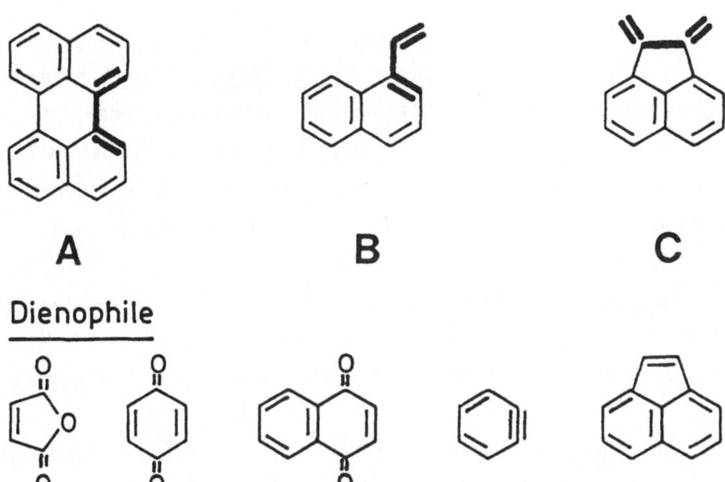

Die Pschorr-Synthese ist auch zum Aufbau zahlreicher höher-anellierter PAHs angewendet worden[23].

<u>Diels-Alder-Synthesen</u>

Die Diels-Alder-Reaktion gehört zu den wichtigsten Methoden zum Aufbau von PAHs[21,22,23]. Als <u>Dien-Komponenten</u> werden Kohlenwasserstoffe vom Typ **A**, d.h. PAHs mit sog. "Bay-Regionen" (cis-Butadien-analogen C_4-Anordnungen), Vinylaromaten vom Typ **B** und Kohlenwasserstoffe vom Typ **C** mit exocyclischen Doppelbindungen verwendet (Bild 7.6).

Dien-Komponenten

A   B   C

Dienophile

Bild 7.6. PAHs durch Diels-Alder-Reaktion: Diene und Dienophile

(Die Dien-Komponenten enthalten 4 C-Atome des neu zu bildenden Benzolrings, **m** = 4 (siehe Abschnitt 7.1)).

Oft eingesetzte <u>Dienophile</u> (Bild 7.6) sind Maleinsäureanhydrid, p-Benzochinon, 1,4-Naphthochinon, Dehydrobenzol (und andere Arine) sowie
Acenaphthylen.

Bei Dien-Komponenten vom Typ **A** (Bild 7.6) liegt das Diels-Alder-
Gleichgewicht I $\rightleftharpoons$ II häufig weitgehend auf der Seite der Edukte.
Doch können auch in solchen Fällen hohe Umsätze erzielt werden, wenn
man die Reaktion in Gegenwart eines Dehydrierungsmittels durchführt;
das Diels-Alder-Addukt II wird durch Aromatisierung zu III laufend
aus dem Gleichgewicht entfernt und stetig nachgebildet. Da die Geschwindigkeitskonstante k_3 der Aromatisierung deutlich größer ist
als die der Retro-Diels-Alder-Reaktion (k_2) werden hohe Ausbeuten
an aromatisiertem Diels-Alder-Addukt erhalten, auch dann wenn die
Gleichgewichtskonzentration des Diels-Alder-Addukts gering ist.

$$\text{I} \quad + \quad \| \quad \underset{k_2}{\overset{k_1}{\rightleftharpoons}} \quad \text{II} \quad \xrightarrow[-4H]{k_3} \quad \text{III}$$

Die von Clar gefundene Diels-Alder-Reaktion unter dehydrierenden
Bedingungen[48] wird als "<u>benzogene Diels-Alder-Reaktion</u>" bezeichnet.
Als Dehydrierungsmittel kann Nitrobenzol verwendet werden, das dann
gleichzeitig als Lösungsmittel dient. Auch Chloranil hat sich als
sehr geeignetes Dehydrierungsmittel bei benzogenen Diels-Alder-Reaktionen erwiesen; in diesem Fall wird die Reaktion in siedendem Xylol
durchgeführt. Bei benzogenen Diels-Alder-Reaktionen von Maleinsäureanhydrid mit schwerlöslichen und/oder wenig reaktiven Dien-Komponenten
vom Typ **A** kann man das Dienophil als Lösungsmittel verwenden; die
Umsetzung erfolgt in siedendem Maleinsäureanhydrid in Gegenwart von
Chloranil[49].

Beispiele für benzogene Diels-Alder-Reaktionen von Typ A-Dienen (Bild
7.6) mit Maleinsäureanhydrid (MSA) sind in Bild 7.7 angegeben. Decarboxylierung der Anhydride (mit CaO/NaOH) gibt die Kohlenwasserstoffe.

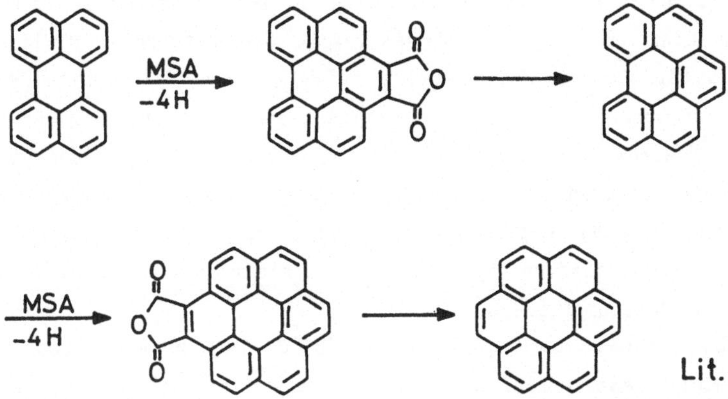

Lit. 49

Gesamtausbeute : 25 %

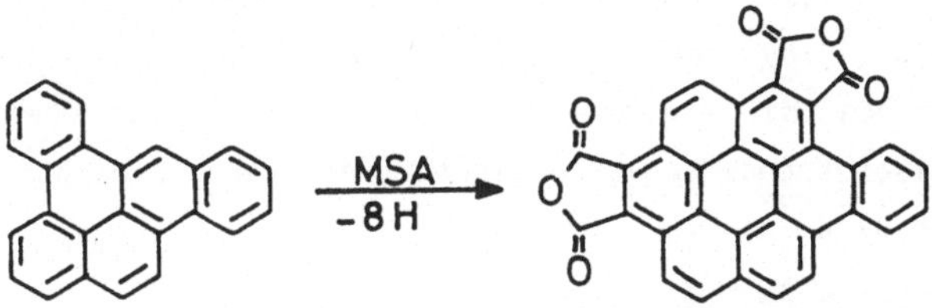

Lit. 50

Ausbeute : 38 %

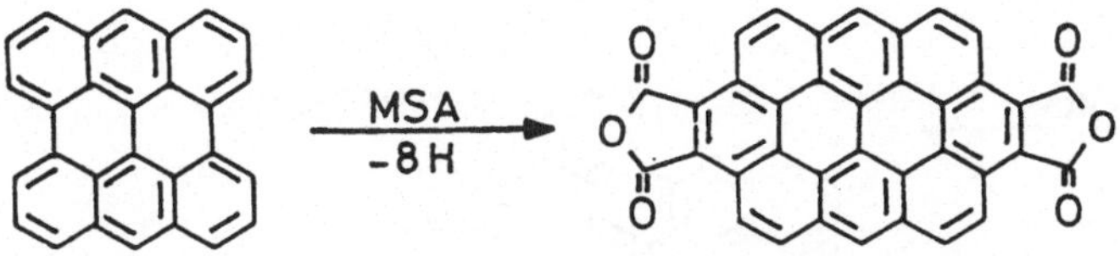

Lit. 51

Bild 7.7. Benzogene Diels-Alder-Reaktionen

Nicht alle PAHs mit Bay-Regionen gehen benzogene Diels-Alder-Reaktionen ein. (Ein unterer Schwellenwert der benzogenen Diels-Alder-Reaktivität von Bay-Regionen ist im Rahmen der Pars-Orbital-Methode definiert worden[52] (zur PO-MO-Methode siehe Abschnitte 1.3 und 4.4)). Zu den Kohlenwasserstoffen, die keine benzogenen Diels-Alder-Reaktionen geben, gehören zum Beispiel Phenanthren und Chrysen, die einfachsten PAHs mit Bay-Regionen. Interessanterweise addiert Chrysen _photochemisch_ Maleinsäureanhydrid im Sinne einer benzogenen Diels-Alder-Reaktion (Abschnitt 6.2).

Dien-Komponenten vom Typ **B** und **C** (Bild 7.6) besitzen ausgeprägte Diels-Alder-Reaktivität, sodaß die Umsetzung mit geeigneten Dienophilen auch bei Abwesenheit von Dehydrierungsmitteln mit hohen Ausbeuten erfolgt. Da jedoch zum Aufbau polycyclisch-aromatischer Systeme die Diels-Alder-Addukte ohnehin aromatisiert werden müssen, bevor weitere Reaktionsschritte vorgenommen werden können, ist es praktisch und üblich auch in diesen Fällen die Diels-Alder-Reaktionen in Gegenwart von Dehydrierungsmitteln durchzuführen. Ein Beispiel ist die Umsetzung von 1,5-Divinyl-naphthalin (**42**) mit 1,4-Naphthochinon (**43**) in siedendem Nitrobenzol, die zum Dichinon **44** führt, aus dem durch Reduktion der entsprechende Kohlenwasserstoff **45** (Benzo[b]naphtho[2,3-m]picen) erhalten wird[53].

Einen interessanten Verlauf nimmt die Umsetzung von 1-Vinyl-naphthalin (**46**) mit 1,4-Naphthochinon (**NC**) unter analogen Bedingungen. Von dem primär entstehenden Diels-Alder-Addukt **47** wird der größere Anteil (ca 84%) zum Monochinon **48** aromatisiert, während der kleinere Anteil (16%) Naphthochinon im Sinne einer "Tandem-Diels-Alder-Reaktion" unter Bildung des Addukts **49** addiert, aus dem durch Aromatisierung das Dichinon **50** entsteht. Aus den Chinonen **48** und **50**, die sich leicht trennen lassen, erhält man durch Reduktion die entsprechenden Kohlenwasserstoffe[54].

Die in-situ-Erzeugung von Dien-Komponenten (im voranstehenden Beispiel **47**) aus geeigneten Vorstufen ist ein beim Aufbau von polycyclisch-aromatischen Systemen durch Diels-Alder-Reaktion vielfältig anwendbares Prinzip. Zum Beispiel entsteht aus dem leicht zugänglichen Biacenaphthyliden (**51**) durch Dehydrierung mit p-Benzochinon in siedendem Xylol zunächst das äußerst reaktive Dien **52**, das eine zweifache Diels-Alder-Reaktion mit überschüssigem Benzochinon eingeht; das Bis-Addukt wird vom Benzochinon unter den Reaktionsbedingungen zum Endprodukt **53** dehydriert (Ausbeute: 71%)[55].

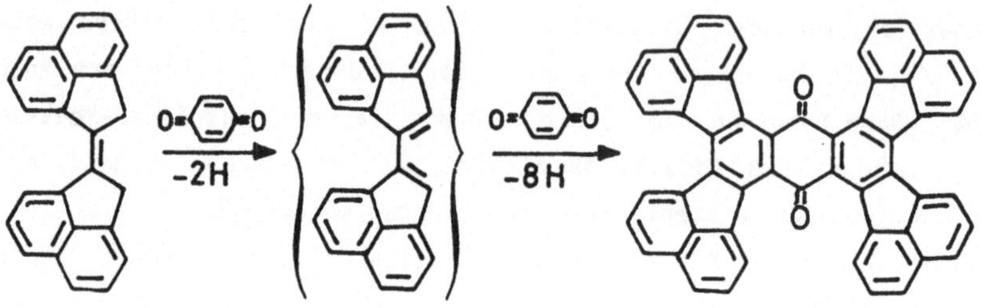

Aus dem Chinon **53** erhält man durch Reduktion den entsprechenden, tief-grün gefärbten und äußerst reaktiven Kohlenwasserstoff.

Haworth-Synthese und verwandte Anellierungsmethoden

Die erste Stufe der nach ihrem Entdecker benannten Haworth-Synthese (Bild 7.8)[56] besteht in der Friedel-Crafts-Acylierung eines Ausgangs-PAH mit Bernsteinsäureanhydrid unter Bildung einer 4-Oxo-4-aryl-butansäure I.

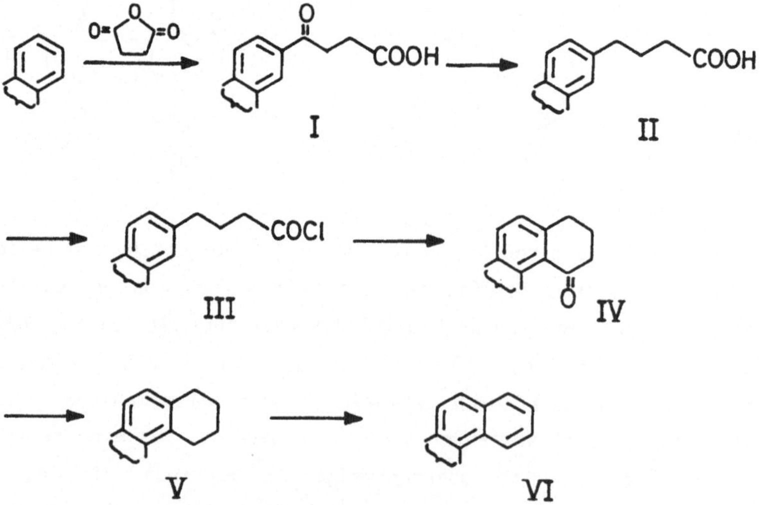

Bild 7.8. Prinzip der Haworth-Synthese

(Hierbei wird oft ein Gemisch von stellungsisomeren Ketosäuren erhalten, die vor den weiteren Umsetzungen getrennt und in reiner Form isoliert werden müssen).

In der nächsten Stufe der Haworth-Synthese wird die Ketosäure I durch Clemmensen- oder Wolf-Kishner-Reduktion in die Carbonsäure II und diese anschließend in ihr Säurechlorid III übergeführt. Durch intramolekulare Friedel-Crafts-Acylierung (Katalysatoren: $ZnCl_2$, konz.H_2SO_4 u.a.) erhält man aus dem Säurechlorid das Ringketon IV. (Auch in dieser Stufe können wieder Isomere entstehen). Es schließt sich eine Reduktion des Ketons zum Kohlenwasserstoff V an, der in der letzten Stufe der Haworth-Synthese zum Endprodukt VI dehydriert wird (Dehydrierungskatalysatoren: Pt/Kohle, Kupfer u.a., über die Dehydrierung von hydroaromatischen zu aromatischen Kohlenwasserstoffen siehe Lit.57).

Die Haworth-Synthese hat in ihrer ursprünglichen und in modifizierter Form viele Anwendungen beim Aufbau von PAHs gefunden[21,22,23]. Aus den Ringketonen vom Typ IV kann man durch Umsetzung mit Alkyl-Grignardverbindungen und anschließende Dehydratisierung und Dehydrierung Methyl-PAHs herstellen.

Ersetzt man Bernsteinsäureanhydrid durch aromatische o-Dicarbonsäureanhydride, zum Beispiel

so kann man in analoger Weise wie bei der Haworth-Synthese zwei bis vier Benzolringe an einen Ausgangs-PAH anfügen. Gleichzeitig vereinfacht sich die Synthese, da sich die im ersten Schritt hergestellten Ketosäuren ohne vorherige Reduktion der Keto-carbonyl-Funktion cyclisieren lassen. Beim Cyclisierungsschritt erhält man statt IV (Bild 7.8) Chinone, die zu den Kohlenwasserstoffen reduziert werden müssen[21,22,23]. Beispiele für die Anfügung von Benzolringen an PAHs durch Umsetzung mit Bernsteinsäureanhydrid resp. aromatischen o-Dicarbonsäureanhydriden sind in Bild 7.9 gegeben (m = 2, Abschnitt 7.1).

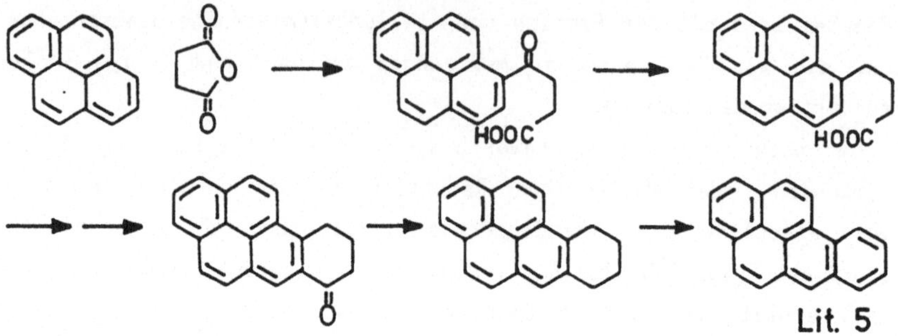

Lit. 5

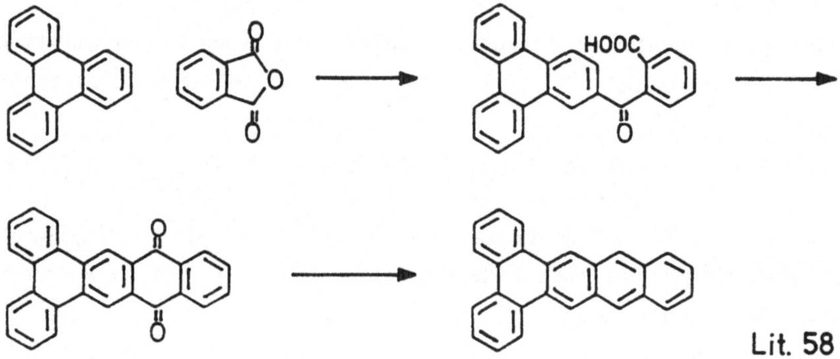

Lit. 58

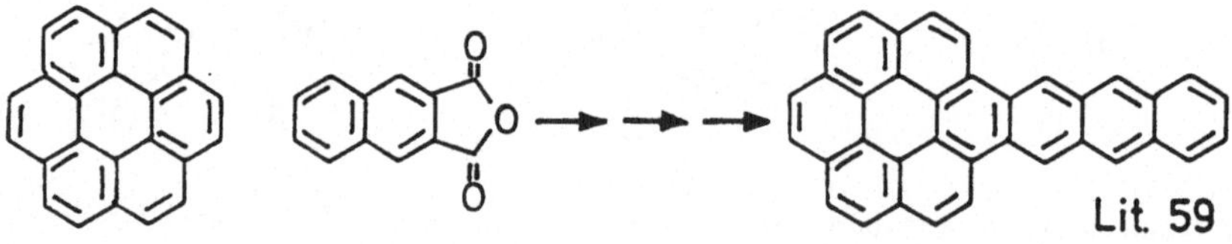

Lit. 59

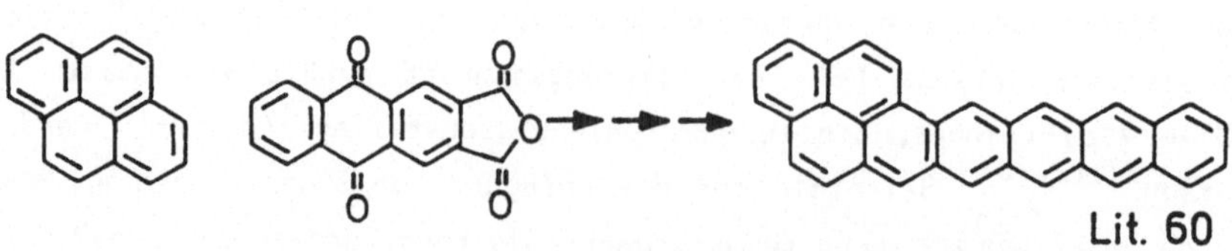

Lit. 60

Bild 7.9. Haworth-Synthese und verwandte Anellierungsmethoden

Weitere Anellierungsmethoden

Zahlreiche weitere Anellierungsmethoden sind entwickelt worden (für Übersichten siehe Lit.22 und 23); manche zeichnen sich durch hohe Spezifität (Regioselektivität) und hohe Ausbeuten aus, doch haben bisher nur einige der Methoden breitere Anwendung gefunden.

Auf die <u>Cyclialkylierung</u> von partiell hydrierten Aromaten mit 1,4-Dichlorbutan wurde am Beispiel einer Benzo[e]pyren-Synthese schon hingewiesen (Abschnitt 7.1, Bild 7.2). Die Methode ist einfach in der Durchführung und die erzielbaren Ausbeuten sind meist sehr gut; doch sind die Ausgangsmaterialien nicht leicht zugänglich.

Das am Beispiel der Herstellung von Benzo[e]pyren erwähnte Prinzip des Aufbaus von PAHs durch <u>Michael-Addition von Maleinsäureanhydrid an Dihydro-aromaten</u> mit aciden CH_2-Gruppen und anschließende Cyclisierung der Michael-Addukte (Abschnitt 7.1, Bild 7.2) ist häufiger angewandt worden; zum Beispiel lassen sich die folgenden PAHs aus den angebenen Ausgangsprodukten auf diese Weise herstellen (die Ausbeuten sind allerdings gering):

Lit. 17

Lit. 61

Lit. 62

Als effizient, selektiv und relativ weit anwendbar hat sich ein Verfahren erwiesen, bei dem in der ersten Stufe ein Enamin-Brom-Magnesium-Salz **54** mit einem <u>Bis-(haloethyl)-aromaten</u>, zum Beispiel **55**, umgesetzt wird, wobei Ketone vom Typ **56** entstehen. Es schließt sich die Cyclisierung der Ketone in Gegenwart von Säure und Dehydrierung der entstehenden hydroaromatischen Verbindungen an[7,63)]:

Eine interessante Anellierungsmethode besteht in der <u>Addition von Lithiumacetylid</u> an ein 1,2-Chinon und anschließende Hydrierung des Addukts zum Divinyl-diol, das in Gegenwart von Säure unter Wasserabspaltung zum Kohlenwasserstoff cyclisiert wird, zum Beispiel[64)]:

In zunehmenden Maße werden auch metallorganische Methoden zum Aufbau von PAHs und ihren Derivaten eingesetzt[65)].

7.3 Trenn- und Reinigungsmethoden

Für die Isolierung von einheitlichen PAHs aus komplexen technischen Aromatengemischen, zum Beispiel Steinkohlenteerfraktionen, oder aus den Reaktionsprodukten von solchen Synthesen, bei denen mehrere Verbindungen gebildet werden, sind leistungsfähige Trenn- und Reinigungsmethoden erforderlich.

Die <u>fraktionierte Kristallisation</u> kann in vielen Fällen mit Erfolg angewendet werden, da sich auch PAHs annähernd gleicher Molekülgröße oft stark in der Löslichkeit unterscheiden. PAHs mit überwiegend linearer Anordnung der Benzolringe sind in der Regel deutlich weniger löslich als solche, die einen großen Anteil an angular anellierten Ringen aufweisen. Die Löslichkeit von nichtplanaren polycyclischen Aromaten ist immer erheblich größer als die von planaren Systemen mit etwa gleichem Molekulargewicht. Zum Beispiel ist Fulleren-60 (in Lösungsmitteln wie 1-Methylnaphthalin oder 1,2,4-Trichlorbenzol) um einen Faktor ca 10^6 besser löslich als planare PAHs annähernd gleicher C-Zahl (C_{48} und C_{52})[66,67].

Die Trennung von C_{60} und C_{70} gelingt durch fraktionierte Kristallisation aus o-Xylol oder Schwefelkohlenstoff[68].

Für die Reinigung von hochmolekularen, extrem schwer-löslichen PAHs durch fraktionierte Kristallisation ist in einigen Fällen Pyren als Lösungsmittel verwendet worden (Siedepunkt: $393^\circ C$)[69,70].

Die <u>fraktionierte Vakuumsublimation</u> ist eine bei polycyclischen Aromaten sehr häufig verwendete Trenn- und Reinigungsmethode. Unterschiede in den Molekulargewichten von etwa 50 Masseneinheiten reichen bei PAHs oft für nahezu vollständige Trennungen aus. Die Methode ist wesentlich verlustärmer als die fraktionierte Kristallisation.

<u>Säulenchromatographie</u> (an Aluminiumoxid, Kieselgel und anderen Adsorbentien) ermöglicht in vielen Fällen die präparative Trennung auch komplexer zusammengesetzter Aromatengemische. Besonders bei schwerer löslichen polycyclischen Aromaten[71] hat sich die sog. "<u>Heißchromatographie</u>"[72] bewährt, die auch lösungsmittelsparend und daher für die Chromatographie größerer Substanzmengen geeignet ist. Die Heißchromatographie ist eine Kombination von Soxhlet-Extraktion und Säulenchromatographie: im Extraktionsteil eines modifizierten Soxhlet-

Apparates befindet sich die mit Adsorbens, zum Beispiel Aluminiumoxid, gefüllte Säule, auf die kontinuierlich das heiße Elutionsmittel tropft. Die Heiß- oder Soxhletchromatographie ist zur Herstellung von hochreinem C_{60} und C_{70} aus dem beim Krätschmer-Hufman-Verfahren anfallenden Ruß erfolgreich angewendet worden[73,74].

Eine Variante der Säulenchromatographie, die sich bei der Trennung von PAHs bewährt hat, ist die <u>Charge-Transfer-Chromatographie</u>[75,76]. Durch Belegung des Adsorbens mit einer Elektronenakzeptor-Verbindung, zum Beispiel Pikrinsäure, wird die Trennung der PAHs wesentlich durch die unterschiedliche Stabilität ihrer Charge-Transfer-Komplexe (Abschnitt 6.5) bestimmt.

Für die Trennung komplex zusammengesetzter Gemische von polycyclischen Aromaten, auch sehr ähnlicher Struktur, ist die <u>präparative Hochdruck-Flüssigkeitschromatographie</u> (HPLC) die in den meisten Fällen am besten geeignete Methode. Man kann hierfür übliche HPLC-Geräte verwenden, sofern sie mit einer automatischen Probenaufgabe-Vorrichtung ausgerüstet sind. Es lassen sich hoch-reine Substanzen im Milligramm-Maßstab herstellen; allerdings kann der Zeitaufwand beträchtlich sein. Mit Geräten, die speziell für die präparative Anwendung der Hochdruck- oder Mitteldruck-Flüssigkeitschromatographie konzipiert sind, können Trennungen auch im Gramm-Maßstab in relativ kurzen Zeiten durchgeführt werden[77]. Mit einem derartigen Verfahren lassen sich zum Beispiel 400 mg eines Fullerengemischs pro Stunde trennen[78]. Zahlreiche Arbeitsvorschriften für die präparative (und analytische) Trennung von Fullerenen durch HPLC sind angegeben worden (siehe Lit.79).

In manchen Fällen können auch <u>chemische Methoden</u> zur präparativen Trennung von polycyclischen Aromaten verwendet werden. Die erhaltenen Reaktionsprodukte müssen sich auf einfache Weise und möglichst verlustlos wieder in die Edukte zerlegen lassen. Diese Bedingung erfüllen zum Beispiel die Diels-Alder-Addukte von Kohlenwasserstoffen des Anthracentyps mit Maleinsäureanhydrid; beim Erhitzen der Addukte (im Vakuum) auf 250-300°C werden durch Retro-Diels-Alder-Reaktion die Kohlenwasserstoffe zurückerhalten. Nach der Umsetzung des PAH-Gemischs mit Maleinsäureanhydrid (MSA), kann man die mit MSA reagierenden von den nichtreaktiven Kohlenwasserstoffen durch Extraktion des Reaktionsprodukts mit Alkalihydroxid-Lösung, Fällen der Diels-Alder-Addukte aus der Lösung ihrer Salze mit wäßriger Salzsäure und anschließende thermische Spaltung abtrennen[80]. Auch die Beobachtung, daß die Reaktionsgeschwindigkeit der MSA-Addition an PAHs stark strukturabhängig ist (siehe hierzu Abschnitt 3.2), wurde für Trennzwecke genutzt[81].

Bei einem für die Trennung von C_{60} und C_{70} vorgeschlagenen Verfahren wird die Lösung des Gemischs in Schwefelkohlenstoff mit Aluminiumchlorid behandelt, wobei ein Komplex $C_{70}[AlCl_3]_n$ ausfällt, während C_{60} nicht reagiert. C_{70} wird durch Zerlegung des Komplexes mit Wasser erhalten, C_{60} durch Entfernen des Lösungsmittels[79].

7.4 Konstitutionsbestimmung von PAHs

Während für einen unbekannten PAH, der aus einer komplexen technischen Aromatenmischung, zum Beispiel einer Steinkohlenteerfraktion, isoliert wurde, zunächst eine große Zahl von möglichen Konstitutionen in Frage kommt, hat man bei einem durch Synthese erhaltenen PAH in der Regel nur zwischen wenigen möglichen Formeln zu unterscheiden.

Die Konstitutionsbestimmung eines PAHs beginnt üblicherweise mit der Aufstellung der Summenformel durch Elementaranalyse und massenspektroskopische Ermittlung des Molekulargewichts. (Verläßlicher ist die Bestimmung der Summenformel durch hoch-auflösende Massenspektroskopie).

Die leistungsfähigste Methode zur Ermittlung der Konstitution (und gleichzeitig der Struktur) eines PAH ist die <u>Röntgen-Kristallstrukturanalyse</u>. Allerdings werden an die Qualität der hierfür benötigten Einkristalle recht hohe Anforderungen gestellt[82]. Wenn eine verläßliche Röntgen-Kristallstrukturanalyse durchgeführt werden kann, erübrigt sich die Anwendung zusätzlicher Methoden zur Konstitutionsermittlung.

Ist eine Röntgen-Kristallstrukturanalyse nicht zugänglich und die Zahl der für den PAH in Frage kommenden Konstitutionen nicht zu groß, dann ist die <u>Photoelektronenspektroskopie</u> (PES)[83] die Methode der Wahl[84,85]. Für jede der möglichen Konstitutionen des unbekannten PAH werden mit semiempirischen quantenchemischen Methoden (zum Beispiel der HMO-Methode) die Energien der besetzten π-Orbitale und aus diesen die entsprechenden Ionisierungspotentiale (IPs) berechnet (siehe hierzu Abschnitt 4.1). Die Konstitution, für die die berechneten IPs mit den durch PES experimentell ermittelten am besten übereinstimmen, ist die wahrscheinlichste Konstitution des PAHs. Diese Methode zur Konstitutionsbestimmung von PAHs ist außerordentlich leistungsfähig: da 1. die experimentell bestimmten IPs sehr verläßliche Daten sind (sie lassen sich anhand der übersichtlichen Spektren auf ±0.01-0.02 eV lokalisieren), 2. die IPs von PAHs in guter Übereinstimmung mit dem Experiment berechnet werden können (die Abweichungen zwischen gemessenen und berechneten IPs betragen ca ±0.01 eV, siehe auch Abschnitt 4.1) und 3. ein meist ausreichend großer Datensatz zur Verfügung steht (von einem PAH mit N C-Atomen sind in der Regel N/3 π-IPs durch PES zugänglich).

Bei einer analogen Methode zur Konstitutionbestimmung werden die Energien (und Oszillatorenstärken) der <u>UV-Übergänge</u> aller für den unbekannten PAH in Frage kommenden Konstitutionen mit quantenchemischen Methoden (zum Beispiel der PPP-Methode, siehe Abschnitt 4.1) berechnet und mit dem experimentellen UV-Spektrum des Kohlenwasserstoffs verglichen. Diese Methode ist jedoch der auf Ionisierungspotentialen basierenden unterlegen, da 1. die Zahl der UV-Übergänge eines PAH deutlich kleiner ist als die seiner IPs (siehe hierzu Abschnitt 5.1), d.h. der Vergleich zwischen dem gemessenem Spektrum mit den berechneten sich zwangsläufig auf weniger Daten bezieht, und 2. die Energien der UV-Übergänge meist nicht mit der gleichen Genauigkeit wie die der besetzten π-Orbitale berechnet werden können. In Fällen, in denen die Zahl der für den unbekannten PAH in Frage kommenden Konstitutionen relativ klein ist und die für die verschiedenen Konstitutionen berechneten Spektren sich ausreichend unterscheiden, führt jedoch auch diese Methode zu verläßlichen Ergebnissen (für ein neueres Beispiel siehe Lit.86).

Die ^{1}H-NMR-Signale von PAHs liegen in einem relativ engen Bereich (δ= 7-9); in Ausnahmefällen treten auch Signale um δ= 10 auf. Wesentlich für die Konstitutionsbestimmung von PAHs durch [1]<u>H-NMR-Spektroskopie</u> (400 MHz) sind die Größen der Kopplungskonstanten; sie betragen für o-ständige (durch drei Bindungen getrennte) Protonen 8-9 Hz, für meta-ständige (durch vier Bindungen getrennte) Protonen 1.5-2 Hz, und sind für alle anderen Paare von Protonen < 1 Hz. Diese Tatsache nutzend und unter Zuhilfenahme von Spinentkopplungsexperimenten kann man meist die von isolierten resp. 2, 3 oder 4 zueinander o-ständigen Protonen stammenden A-, AB-, ABC- und ABCD-Systeme identifizieren. Die entsprechenden "Ringtypen" werden als "solo"-, "duo"-, "trio"- und "quartett"-Gruppierung bezeichnet (Bild 7.10)[87]. Als sehr hilfreich bei der Interpretation der ^{1}H-NMR-Spektren von PAHs erweist sich oft die Tatsache, daß die Protonen von "Bay-Regionen" (zur Definition siehe Abschnitt 7.2, Bild 7.6) besonders weit tieffeldverschoben absorbieren.

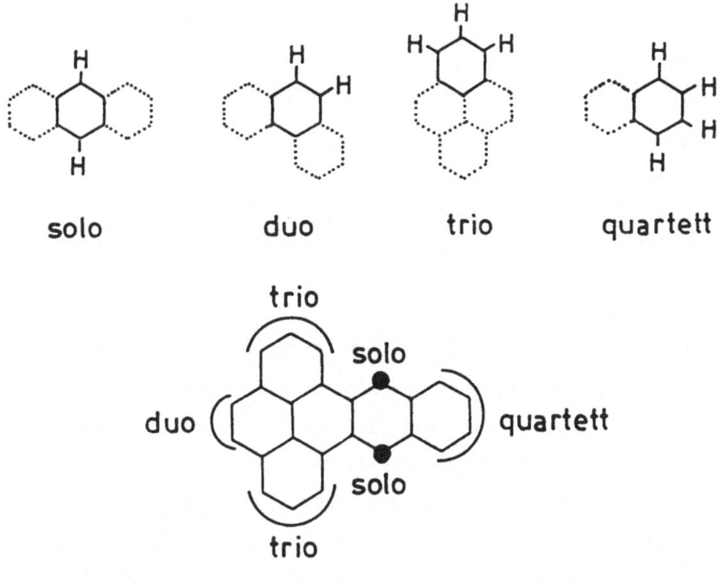

Bild 7.10. Ringtypen in PAHs

Hochauflösende ^{13}C-NMR-Spektroskopie sowie 2-dimensionale H,C- und H,H-korrelierte NMR-Spektroskopie (H,C- und H,H-COSY-Spektren) sind sehr leistungsfähige Methoden zur Konstitutionsbestimmung von PAHs (für ein neueres Beispiel siehe Lit.86).

Die Anwendung der NMR-Spektroskopie zur Konstitutionsbestimmung von PAHs ist auf ausreichend lösliche Kohlenwasserstoffe begrenzt. Die IR-Spektroskopie unterliegt dieser Einschränkung nicht, da die KBr-Technik (Festkörper-IR-Spektroskopie) angewendet werden kann. In der Regel lassen sich die verschiedenen in einem PAH vorkommenden Ringtypen (Bild 7.10) auch an Hand des IR-Spektrums erkennen[87,88]. Den Ringtypen entsprechen intensive out-of-plane-CH-Schwingungen in charakteristischen Bereichen, die in Tabelle 7.1 angegeben sind.

Tab.7.1. Zuordnung von IR-Banden zu Ringtypen[88]

Spektralbereich (cm^{-1})	Ringtyp (Bild 7.10)			
	solo	duo	trio	quartett
A: 910–860 $_{a)}$	+	–	–	–
B: 860–810	–	+	–	–
C: 810–800	–	+	+	–
D: 800–770	–	–	+	–
E: 770–750	–	–	+	+
F: 750–730	–	–	–	+

[a] PAHs, die einen peri-Naphthylen-Komplex enthalten (Beispiele: Perylen, Fluoranthen) zeigen intensive Banden im Bereich 840–810/cm auch dann, wenn Ringe vom duo-Typ nicht vorhanden sind.

Wie aus Tabelle 7.1 ersichtlich, sind vor allem die Spektralbereiche A, D und F von hohem diagnostischem Wert; das Auftreten oder Fehlen von Banden in diesen Bereichen erlaubt immer den eindeutigen Schluß auf An- resp. Abwesenheit von solo-, trio- resp. quartett-Ringen in einem gegebenen PAH. Im Gegensatz zur NMR-Spektroskopie ermöglicht die IR-Spektroskopie keine Aussage über die Anzahl der in einem PAH vorkommenden Ringe vom solo-, duo-, trio- resp. quartett-Typ.

Oft wird die Konstitutionsbestimmung eines PAHs sehr erleichtert, wenn in einem frühen Stadium geklärt werden kann ob es sich um einen alternierenden oder nichtalternierenden Kohlenwasserstoff handelt. In speziellen Fällen erlaubt das UV-Spektrum[89,90] eine Entscheidung. Von großem Nutzen ist auch ein einfaches Fluoreszenzlöschexperiment[91,92]. Alternierende und nichtalternierende PAHs unterscheiden sich aufgrund der verschiedenen relativen Lage ihrer Grenzorbitale (siehe Abschnitt 2.2, Bild 2.1) in ihrem Fluoreszenzlöschverhalten gegenüber Elektronen-Akzeptor-Molekülen, zum Beispiel Nitromethan. Die Intensität der Fluoreszenz von verdünnten Lösungen alternierender PAHs wird durch Zugabe schon sehr kleiner Mengen Nitromethan stark reduziert ("gelöscht"), während die Fluoreszenz nichtalternierender PAHs gegenüber Nitromethan weitgehend unempfindlich ist. Für alternierende PAHs sind die "Halbwertslöschkonzentrationen" an Nitromethan (d.h. die Nitromethan-Konzentrationen, die die Fluoreszenz der PAHs auf die Hälfte vermindern) ca ≤ 1 mol 1^{-1}; dagegen liegen die Halbwertslöschkonzentrationen der Fluoreszenzlöschung nichtalternierender PAHs durch Nitromethan über ca 10 mol 1^{-1}. Nur wenige Ausnahmen von diesem für alternierende resp. nichtalternierende PAHs charakteristischen Fluoreszenzlöschverhalten wurden beobachtet. Der eingehend untersuchte Mechanismus der Fluoreszenzlöschung durch Nitromethan basiert auf Elektronenübertragung[93].

Der "Fluoreszenztest", dessen Durchführung mit geringem experimentellen Aufwand verbunden ist, hat die Konstitutionsaufklärung einiger PAHs wesentlich erleichtert[86,94,95].

Zwischen den Konstitutionen und UV-Spektren von PAHs bestehen viele, meist empirisch gefundene Zusammenhänge[21,96]. Ihre Anwendung war vor der Entwicklung der modernen Methoden zur Strukturaufklärung wie Röntgen-Kristallstrukturanalyse und NMR-Spektroskopie häufig die einzige Möglichkeit die Konstitution eines neuen PAHs zu ermitteln; sie spielen aber auch heute noch bei der Konstitutionsbestimmung von PAHs eine wichtige Rolle.

8 DIE INDUSTRIELLE BEDEUTUNG DER POLYCYCLISCHEN AROMATEN

8.1 Historisches und wirtschaftliche Aspekte

Die Anfänge der industriellen organischen Chemie sind eng verbunden mit der (seit etwa 1800) von England ausgehenden Herstellung und Verwendung von Kohlegas für Beleuchtungszwecke (Leuchtgas).

Die Leuchtgastechnik geht auf den Schotten William Murdoch zurück (1792). 1813 erstrahlten Leuchtgaslampen zum ersten Mal über der Westminsterbrücke in London. 1819 wurde die neue Technik in Paris, wenige Jahre später in New York und Hannover (1824) und in Berlin (1826) eingeführt. Überall entstanden Gasanstalten, in denen Steinkohle unter Luftausschluß auf 1000–1300°C erhitzt wurde, wobei neben dem erwünschten Gas ein (relativ minderwertiger) Koks und eine schwarze hochviskose Flüssigkeit, der Gaswerksteer, anfielen.
Der Koks wurde hauptsächlich als Ersatz für Holzkohle bei der Herstellung von Roheisen verwendet, der Teer anfangs zur Imprägnierung von Holz für den Schiffsbau. Die erste Destillationsanlage für Gaswerksteer entstand 1822 bei Leith in Schottland. Das gewonnene Destillat (Teeröl) diente zur Holzimprägnierung, der Destillationsrückstand (Teerpech) fand Verwendung zum Brikettieren von Kohle. Mit der rasch wachsenden Bedeutung der Eisenbahn (die erste Eisenbahnlinie wurde 1825 in England verlegt) stieg der Bedarf an Teeröl, das für die Imprägnierung der aus Holz hergestellten Eisenbahnschwellen benötigt wurde. Doch trotz des steigenden Teerölbedarfs bestand wegen der wachsenden Leuchtgasherstellung bald ein deutliches Überangebot an Teer. 1884 betrug der Anfall an Gaswerksteer in Europa bereits ca 700.000 Tonnen (Lit.1).

Die Zeit war gekommen, daß für das Nebenprodukt der Gaserzeugung neue Verwendungszwecke gefunden werden mußten. Über die chemische Zusammensetzung des Teers war noch wenig bekannt. 1819 hatte A.Garden das Naphthalin im Teer entdeckt. Einige Jahre später folgten (durch J.B.Dumas, A.Laurent und F.F.Runge) die Isolierung von Anthracen, Pyrrol, Chinolin, Phenol und Anilin aus Teer. 1845 entdeckte August Wilhelm Hofmann, ein Schüler Liebigs, das seit 1825 (Michael Faraday) bekannte Benzol im Gaswerksteer, und es gelang ihm, Anilin aus Benzol in größeren Mengen darzustellen.
Da besonders in England großes Interesse an der Auffindung neuer nutzbringender Verwendungszwecke für Gaswerksteer bestand, und A.W. Hofmann für die Lösung dieser Aufgabe prädestiniert schien, erhielt

er 1845 den Ruf als Leiter des Royal College of Chemistry in London, wo er sich insbesondere der Chemie des Anilins widmete. Doch machte die erste entscheidende Erfindung nicht er, sondern sein erst 18 Jahre alter Schüler William Henry Perkin (mit seinen eigenen Worten *"...während der Osterferien in meinem primitiven Laboratorium zu Hause"*[2]). Durch einen glücklichen und von ihm meisterhaft genutzten Zufall (heute würden wir von einem Fall von "Serendipity" sprechen[3]) gelang ihm 1856 die Herstellung des ersten synthetischen organischen Farbstoffs (aus einem Anilin/Toluidin-Gemisch), der sich als sehr geeignet zum Färben von Seide erwies. Perkin nannte seinen violetten Farbstoff "Anilin Purple" oder "Tyrian Purple"; später erhielt er den Namen "Mauvein" (nach dem französischen Wort "Mauve" für Malve). Der junge Erfinder wurde, unterstützt von seinem Vater und seinem Bruder, bald zum Jungunternehmer und produzierte den Farbstoff in einer kleinen Fabrik, die unter dem Namen Perkin & Sons firmierte[4]. Wenige Jahre nach der Produktionsaufnahme entstanden in Frankreich und anderen Ländern weitere Fabriken zur Herstellung organischer synthetischer Farbstoffe (zum Beispiel des Fuchsins). Da alle Synthesen von dem Teerinhaltsstoff Benzol ausgingen, erhielten die neuen Produkte den Sammelnamen "Teerfarbstoffe". Die Teerfarbstoffe standen am Beginn der industriellen organischen Chemie.

Aus der "Farbenhandlung Friedrich Bayer" in Elberfeld entwickelte sich die Bayer AG; die Aktiengesellschaft für Anilinfarbenfabrikation (Agfa) wurde gegründet; die Firmen der Naturfarbstoffhändler Rudolf Knosp und Gustav Siegle gingen später in der Badischen Anilin- und Sodafabrik (BASF) auf; die "Farbenhandlung Leopold Cassela & Companie" in Mainkur (Frankfurt) (Cassela) entstand; die Reihe der Beispiele ließe sich fortsetzen (Lit.1).

Der erste synthetische Farbstoff auf Naphthalinbasis war das "Martiusgelb" (1) (1867), das von der Agfa hergestellt wurde.
1869 folgte die erste technische Synthese eines natürlichen Farbstoffs, des Alizarins (2). Der blaue Farbstoff wurde bis dahin aus den Wurzeln der Krapp-Pflanze gewonnen, die man eigens zu diesem Zweck seit dem 16.Jahrhundert in mehreren europäischen Ländern kultiviert hatte. Vorbereitet durch Arbeiten von Adolf von Baeyer gelang seinen Schülern Graebe und Liebermann die Konstitutionsaufklärung

des Alizarins (2).

Es war Baeyers Einfall und Wunsch gewesen, die von ihm entdeckte Methode der Zinkstaubdestillation (eine Reduktions- und Abbaumethode für sauerstoffhaltige organische Verbindungen, die von großer historischer Bedeutung war, heute aber durch zahlreiche moderne Verfahren ersetzt ist und auch in den neueren Lehrbüchern der organischen Chemie nicht mehr auftaucht) auf Alizarin anzuwenden[5]. Bei der Zinkstaubdestillation von Alizarin erhielten Graebe und Liebermann Anthracen. Es lag nun nahe, für die Synthese von Alizarin den umgekehrten Weg zu gehen und den Farbstoff aus teerstämmigem Anthracen aufzubauen.

Ein großes Problem war zu jener Zeit die Beschaffung von reinem Anthracen. Die erste großtechnische Teerdestillationsanlage auf dem Kontinent, 1860 von Julius Rütgers in Erkner bei Berlin erbaut, war nicht zur Erzeugung von reinen Verbindungen aus Teer sondern zur Gewinnung von Imprägnieröl ausgelegt worden. Die ersten Proben von reinem Anthracen mußten Graebe und Liebermann aus den hochsiedenden Anteilen des Steinkohlenteers im Laboratorium selbst isolieren. Eine wesentliche Förderung erfuhren die Arbeiten durch Alexander Martius, der gemeinsam mit Paul Mendelssohn Bartholdy (einem Sohn des berühmten Komponisten), eine Anilinfarbenfabrik in Berlin gegründet hatte. Martius brachte im Herbst 1868 von einer Studienreise nach London und Manchester eine größere Probe reines Anthracen aus einer englischen Teer-Raffinerie mit (Lit.4). Damit gelang es dann rasch, durch Oxidation des Anthracens zum Anthrachinon, Bromierung des Chinons und anschließende Alkalischmelze Alizarin herzustellen (nähere Einzelheiten des Weges zum synthetischen Alizarin sind in dem Nachruf auf Carl Graebe beschrieben, siehe Lit.6).

Zur industriellen Realisierung ihres Verfahrens verbanden sich Graebe und Liebermann mit der Badischen Anilin- und Sodafabrik in Mannheim. Gemeinsam mit Heinrich Caro, der zu jener Zeit technischer Direktor bei der BASF war, entwickelten sie ein Verfahren, bei dem die Bromierungsstufe durch eine technisch vorteilhaftere Sulfonierung ersetzt wurde. Die Anmeldung des Patents wurde am 25.Juni 1869 in England registriert. Ohne von der Alizarin-Synthese von Graebe, Liebermann und Caro zu wissen, meldete auch Perkin einen Tag später ein Patent auf eine Alizarinsynthese aus Anthracen an (in England registriert am 26.Juni 1869).

Da es in den sechziger Jahren des vorigen Jahrhunderts noch kein einheitliches Patentwesen gab (die damaligen Schutzrechte erinnerten in ihrer Form und der Art ihrer Vergabe sehr an die früheren fürstlichen Privilegien[7])) war es möglich, daß fast gleichzeitig mehrere unabhängige Firmen die technische Alizarin-Produktion aufnahmen. Das Problem der Herstellung ausreichender Mengen an reinem Anthracen lösten die Firmen, die sich mit der Teeraufarbeitung befassten. 1871 betrug die deutsche Alizarin-Produktion bereits 120 Tonnen, 1873 über 1000 Tonnen.

Die enge Zusammenarbeit zwischen den Teer-Raffinerien und der Farbenindustrie erwies sich auch in der Folge als sehr fruchtbar. Zahlreiche neue Teerfarbstoffe auf der Basis von Benzol, Naphthalin, Anthracen, Pyren und Carbazol wurden entwickelt und auf den Markt gebracht. Aus ihrem Ursprung, der "Teerfarbenindustrie", entstand durch Innovation und Diversikation die moderne industrielle organische Chemie[8)] in ihrer heutigen Gestalt.

Die polycyclischen Aromaten (Naphthalin, Anthracen, Pyren und andere) machen heute allerdings nicht mehr als ca 4% des Gesamtbedarfs der chemischen Industrie an aromatischen Kohlenwasserstoffen aus. Der technisch wichtigste aromatische Chemierohstoff ist das Benzol (Weltbedarf: pro Jahr ca 30 Millionen Tonnen[1])).

Was die hergestellten und verwendeten Mengen anbelangt, haben polycyclische aromatische Kohlenwasserstoffe (und strukturell verwandte Heterocyclen) erheblich größere Bedeutung auf einem gänzlich anderen Gebiet, nämlich dem der Metallurgie. Auch diese technischen Verwendungen haben ihren Ursprung im 19.Jahrhundert. 1854 gelang es Bunsen das von Friedrich Wöhler 1827 entdeckte Aluminium durch Elektrolyse von Mischungen aus Aluminiumchlorid und Natriumchlorid herzustellen. Aus dieser Beobachtung entwickelten C.M.Hall and P.L.T.Heroult unabhängig voneinander das auch heute noch ausschließlich angewendete Verfahren zur industriellen Aluminiumgewinnung, das 1886 patentiert wurde. Beim Hall-Heroult-Prozeß[9)] wird eine Lösung von Aluminiumoxid in Kryolith (Na_3AlF_6) der Schmelzflußelektrolyse bei ca 960°C unterworfen. Sowohl die Anode als auch die Kathode bestehen aus reinem Kohlenstoff. An der Kathode scheidet sich das Aluminium (in flüssiger Form) ab, während der anodische Kohlenstoff (das Reduktionsmittel) zu CO_2 oxidiert wird. Die Kohlenstoffanoden, die hohe Anforderungen hinsichtlich ihrer elektrischen, chemischen und mechanischen Eigenschaften erfüllen müssen, werden aus einer festen Komponente (Kokspulver) und einem Bindemittel in einem thermischen Verfahren hergestellt. Als Bindemittel verwendet man sehr komplex zusammengesetzte technische Gemische von polycyclischen aromatischen Kohlenwasserstoffen und strukturell verwandten Heterocyclen. Das bevorzugte Bindemittel ist der Rückstand der industriellen Steinkohlenteerdestillation, das Steinkohlenteerpech (Abschnitte 8.3 und 8.4).

Analoge Verwendungen finden komplexe polycyclisch-aromatische Gemische kohle- oder petrochemischen Ursprungs in der Stahlindustrie. So werden für die Elektrostahl-Erzeugung[10] Graphitelektroden benötigt, die nach einem von E.G.Acheson 1896 erfundenen Verfahren hergestellt werden. Bei der Graphitelektroden-Herstellung nutzt man die für PAHs charakteristische Eigenschaft bei höheren Temperaturen Kondensationsreaktionen unter Molekülvergrößerung einzugehen (Abschnitt 7.2) sowie die Fähigkeit großer PAHs in der Schmelze flüssig-kristalline Fernordnungen auszubilden (Abschnitt 8.4).

Die mesogenen Eigenschaften von großen PAHs wurden von J.D.Brooks und G.H.Taylor 1965 an Pechen entdeckt. Die Beobachtungen von Brooks und Taylor haben entscheidend zum Verständnis der chemischen und physikalischen Prozesse beigetragen, die bei der Bildung von anisotropen Kohlenstoffprodukten (zum Beispiel Vorprodukten für die Herstellung von künstlichem Graphit oder Kohlenstoff-Fasern) durch Flüssigphasenpyrolyse von polycyclisch-aromatischen Gemischen ablaufen (Abschnitt 8.4).

Mit der Entwicklung der Kraftfahrzeugindustrie (die ersten Automobile wurden 1886 der Öffentlichkeit vorgestellt) entstand ein zunehmender Bedarf an technisch hochwertigen Rußen, die bei der Herstellung von Autoreifen benötigt werden. Auch technische Ruße werden nahezu ausschließlich aus komplexen PAH-Gemischen erzeugt, und zwar durch Gasphasenpyrolyse[1,11].

Die jährliche Weltproduktion an technischen Kohlenstoffprodukten (die überwiegend auf polycyclisch-aromatischen Gemischen kohle- oder petrochemischen Ursprungs basiert) beträgt ca 30 Millionen Tonnen mit einem Gesamtwert von ca 17 Milliarden US-Dollar[12]. Hier liegt der Schwerpunkt der industriellen Nutzung von PAHs.

Bei den meisten technischen Verwendungen von einheitlichen PAHs resp. PAH-Gemischen als Ausgangsstoffe für die chemische oder die kohlenstofferzeugende Industrie werden Strukturmerkmale und charakteristische stoffliche Eigenschaften von PAHs genutzt (zum Beispiel das hohe atomare C/H-Verhältnis, die thermodynamische Stabilität, die elektrophile Reaktivität oder die mesogenen Eigenschaften von größeren PAHs).

Der "Gaswerksteer", mit dem die Entwicklung der industriellen Chemie der polycyclischen Aromaten begann und der über lange Zeit ihre wichtigste Rohstoffquelle darstellte, ist inzwischen vollständig durch den bei der Erzeugung von Hüttenkoks für die Eisenindustrie anfallenden Kokereiteer ersetzt (die letzten Gasanstalten wurden um 1980 geschlossen). Während der Kokereiteer auch heute noch der einzige technisch genutzte Rohstoff zur Herstellung von reinen polycyclischen Aromaten (wie Anthracen oder Pyren) für die chemische Industrie ist, werden seit den fünfziger Jahren dieses Jahrhunderts in starkem Maße auch polycyclisch-aromatische Mischprodukte petrochemischen Ursprungs für die Erzeugung von technischen Kohlenstoffprodukten wie Graphit oder Ruße eingesetzt[1,12].

8.2 PAHs als Ausgangsprodukte für die industrielle Synthesechemie

Die wichtigsten in reiner Form industriell genutzten PAHs und Alkyl-PAHs sind Naphthalin (3), 2-Methylnaphthalin (4), Acenaphthen (5), Anthracen (6), Phenanthren (7) und Pyren (8). Von diesen Reinprodukten (das ist die in der chemischen Industrie übliche Bezeichnung) kommt dem Naphthalin die relativ größte Bedeutung zu; weltweit werden ca 950.000 Tonnen/Jahr hergestellt. Die jährliche Welterzeugung von Anthracen liegt bei ca 20.000 Tonnen; die übrigen PAHs und Alkyl-PAHs werden in Mengen von je ca 1000 - 3000 Tonnen/Jahr hergestellt und verwendet[1].

3   **4**   **5**   **6**

7   **8**

Naphthalin

Ca 95% des als Reinprodukt genutzten Naphthalins werden aus Steinkohlenteer gewonnen (Abschnitt 8.3), nur ca 5% aus petrochemischen Rohstoffen[1].

Über lange Zeit wurde der Weltbedarf an Phthalsäureanhydrid (PSA) durch oxidativen Abbau von Naphthalin gedeckt; seit etwa 1960 wird in zunehmenden Maße o-Xylol als Ausgangsprodukt für die Herstellung von PSA verwendet. Heute werden nur noch ca 15% des PSA-Weltbedarfs auf Basis von Naphthalin hergestellt, wofür man etwa 30% der jährlich weltweit erzeugten Naphthalinmenge benötigt[1,8]. PSA ist ein wichtiges Zwischenprodukt zur Herstellung von Phthalatweichmachern, Alkyd- und Polyesterharzen, Phthalocyaninfarbstoffen und zahlreichen Feinchemikalien.

Naphthalin findet vielfältige Verwendungen in der Farb- und Gerbstoffindustrie. Zu den wichtigsten Folgeprodukten gehört das 2-Naphthol; es wird industriell auf zwei Wegen gewonnen: durch Überführung des Naphthalins in die 2-Sulfonsäure und anschließende Alkalischmelze, oder analog zur Hockschen Phenolsynthese durch Isopropylierung von Naphthalin, Oxidation zum Peroxid und dessen Spaltung mit Schwefelsäure.

Durch Kolbe-Schmitt-Carboxylierung von 2-Naphthol (9) mit CO_2 bei 230-260°C/15 bar wird die 2-Hydroxy-3-naphthoesäure (10) und daraus durch Umsetzung mit Anilin das Anilid 11 hergestellt. 11 ist der Grundkörper der "Naphthol-AS-Farbstoffe" ("AS" steht für "Amid einer

Säure"). Die Naphthol-AS-Farbstoffe gehören zur Gruppe der Entwicklungs-Farbstoffe: die Faser, zum Beispiel Baumwolle, wird mit einer alkalischen Lösung des Anilids **11** getränkt und dann mit der Lösung eines Diazoniumsalzes behandelt; der Azofarbstoff wird auf der Faser erzeugt und haftet durch Adsorption. Die Produktion an 2-Naphthol-AS-Farbstoffen liegt weltweit bei ca 25.000 Tonnen/Jahr.

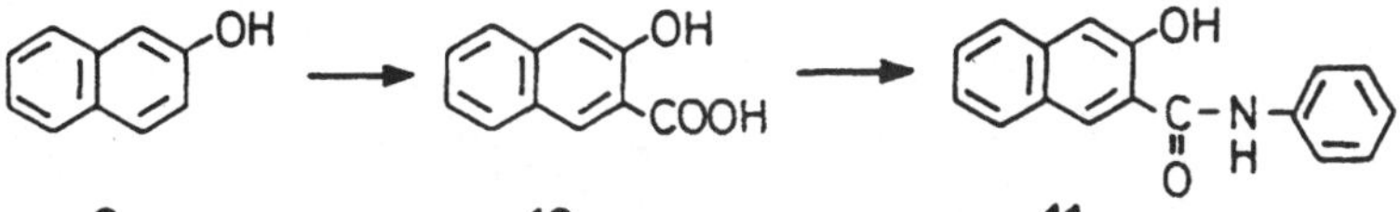

9   **10**   **11**

Durch Umsetzung von 2-Naphthol mit Chlorsulfonsäure und anschließendem Austausch der OH- gegen die NH_2-Gruppe (Ammonolyse bei 150°C) erhält man die sog. "Tobias-Säure" **12**, eines der mengenmäßig wichtigsten Folgeprodukte des 2-Naphthols. Aus Tobias-Säure werden Azofarbstoffe hergestellt; der Pigmentfarbstoff **13** ("Pigment Red 63:1") ist ein Beispiel.

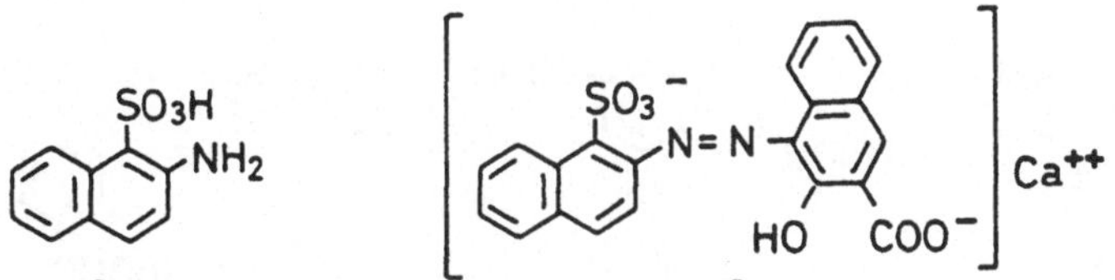

12   **13**

Zahlreiche Nitro-, Amino- und Sulfonsäure-Derivate des Naphthalins dienen als Ausgangsmaterialien zur Herstellung von Farbstoffen. Die Weltproduktion an Tetralin, das durch katalytische Hydrierung von Naphthalin in der Flüssigphase erhalten wird, beträgt ca 25.000 Tonnen/Jahr. Tetralin wird als Lösungsmittel und für technische Synthesen verwendet. Gemische von isomeren Diisopropylnaphthalinen, die aus Naphthalin hergestellt werden, sind Lösungsmittel für Verwendungen auf dem Gebiet der chemischen Durchschreibepapiere[13].

2-Methylnaphthalin und Acenaphthen

2-Methylnaphthalin wird industriell aus Steinkohlenteer und petroche-
chemischen Rohstoffen gewonnen, Acenaphthen ausschließlich aus Steinkohlenteer. Acenaphthen (5) kommt im Steinkohlenteer in einer Konzentration von nur ca 0.2% vor. Steinkohlenteer enthält jedoch auch
ca 2% Acenaphthylen (14), das im Verlauf der Teerdestillation durch
intermolekulare Wasserstoffübertragungsreaktionen nahezu quantitativ
zum Acenaphthen hydriert wird[14]:

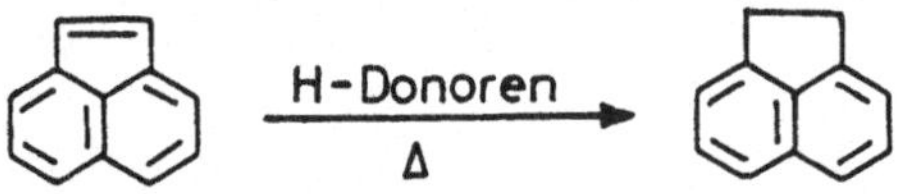

2-Methylnaphthalin wird insbesondere als Ausgangsmaterial zur Herstellung von Vitamin K_3 (Menadion) (15) verwendet. Die Oxidation des
2-Methylnaphthalins erfolgt mit Chromsäure oder Salpetersäure. Menadion dient als Zwischenprodukt zur industriellen Synthese von Vitamin
K_1.

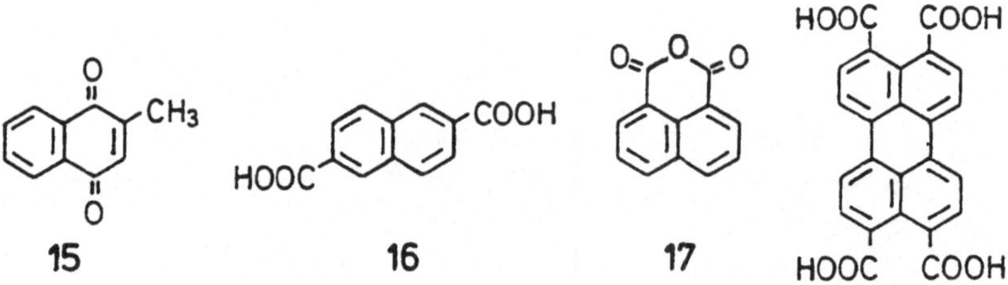

Ein weiteres Folgeprodukt von 2-Methylnaphthalin ist die Naphthalin-
2,6-Dicarbonsäure (16), die aus dem Kohlenwasserstoff durch Alkylie-
rung und anschließende Oxidation erhalten wird. Naphthalin-2,6-dicar-
bonsäure bzw. deren Chlorid und Ester werden als Monomere bei der
Herstellung von Polymerfilmen und Fasern mit hoher Temperaturbestän-
digkeit verwendet[13,15] (aus Kostengründen bisher allerdings nur
in geringem Umfang).
Der wichtigste Verwendungszweck von Acenaphthen (5) besteht in der

Überführung in Naphthalsäureanhydrid (**17**) (durch Gas- oder Flüssigphasenoxidation). Aus **17** wird das entsprechende Säureimid erhalten, aus dem durch Behandlung mit Kaliumhydroxid und anschließend mit Schwefelsäure die Perylen-3,4,9,10-tetracarbonsäure (**18**) hergestellt wird. **18** ist ein wichtiges Ausgangsprodukt zur Synthese von Pigmentfarbstoffen (zum Beispiel für Autolacke und zur Einfärbung von Kunststoffen).

Anthracen

Anthracen wird industriell ausschließlich durch Isolierung aus Steinkohlenteer gewonnen (der Anthracengehalt von Steinkohlenteer beträgt ca 1.5%).

Das wichtigste Folgeprodukt des Anthracens ist seit Beginn der industriellen Aromatenchemie das Anthrachinon (Abschnitt 8.1). Mehr als 80% des Weltbedarfs an Anthrachinon werden durch Oxidation von Anthracen hergestellt (in den unterschiedlichen Verfahren werden Chromsäure, Luftsauerstoff oder Salpetersäure als Oxidationsmittel verwendet)[1]. Die Synthese (aus Phthalsäureanhydrid und Benzol, analog zu den in Abschnitt 7.2, Bild 7.9 behandelten Verfahren) spielt mengenmäßig nur eine untergeordnete Rolle; andere Verfahren besitzen keine technische Bedeutung.

Trotz der meist komplexen Synthesewege gehören die auf Basis von Anthrachinon hergestellten zu den wichtigsten Farbstoffen. Aus der Fülle der Farbstoffzwischenprodukte seien hier nur das 1-Amino-anthrachinon (**19**) und die "Bromaminsäure" (**20**) herausgegriffen.

19

20

21

19 wird durch Nitrierung von Anthrachinon und Reduktion der NO_2-

Gruppe hergestellt. Die für den Aufbau saurer Anthrachinonfarbstoffe wichtige "Bromaminsäure" (20) erhält man durch Umsetzung von **19** mit Chlorsulfonsäure und anschließende Bromierung. Ein Beispiel für Farbstoffe, die auf Basis von Bromaminsäure hergestellt werden, ist das blaue "Alizarinsaphirol" (21).

Außer auf dem Farbstoffsektor wird Anthrachinon in der Papierindustrie (beim Holzaufschluß) und (in 2-Stellung alkyliertes) Anthrachinon bei einem neuen Verfahren zur Wasserstoffperoxid-Herstellung verwendet[1].

Phenanthren und Pyren

Auch diese beiden Kohlenwasserstoffe werden ausschließlich aus Steinkohlenteer gewonnen.

Das Chinon **22** ist das industriell wichtigte Folgeprodukt des Phenanthrens. Es dient als Ausgangsmaterial zur Herstellung des Pflanzenschutzmittels Fluorenol-n-butylester (**24**): Phenanthrenchinon wird durch Benzilsäureumlagerung in die Fluoren-9-hydroxy-9-carbonsäure (**23**) überführt; die Veresterung mit n-Butanol liefert das Endprodukt.

OH⁻ — C₄H₉OH / −H₂O

O O — 22   HO COOH — 23   HO COOC₄H₉ — 24

Pyren (**8**) verwendet man praktisch ausschließlich zur Herstellung von Naphthalin-1,4,5,8-tetracarbonsäure (**27**). Aus dem Kohlenwasserstoff wird durch Umsetzung mit Brom 1,3,6,8-Tetrabrompyren (**25**) erhalten, das durch Einwirkung von konzentrierter Schwefelsäure dehalogeniert und oxidiert wird, wobei als Hauptprodukt **26** entsteht. Der oxidative Abbau von **26** in alkalischem Medium liefert das Natriumsalz der Naphthalin-tetracarbonsäure. (Der direkte oxidative Abbau von Pyren zu **27** verläuft mit erheblich schlechterer Ausbeute). Naphthalin-1,4,5,8-tetracarbonsäure ist ein wichtiges Vorprodukt zur Herstellung von Pigmentfarbstoffen mit sehr guter Hitzestabilität.

Zum Beispiel erhält man durch Umsetzung von **27** mit o-Diaminobenzol das Kondensationsprodukt **28** ("Pigment Red 194"). Der Farbstoff wird hauptsächlich zum Einfärben von Lacken verwendet.

28

8.3 Steinkohlenteer: Zusammensetzung und Aufarbeitung

Steinkohlenteer ist der wichtigste Rohstoff zur Herstellung von industriell als Reinprodukte genutzten PAHs, spielt aber neben petrochemischen Rohstoffen auch eine wichtige Rolle zur Erzeugung der vor allem von der Metall- und Rußindustrie in großen Mengen benötigten polycyclisch-aromatischen Mischprodukte (Abschnitt 8.1).

Steinkohlenteer fällt als Nebenprodukt bei der Hochtemperaturverkokung von Steinkohle zu Koks für die Eisenindustrie an (Verkokungstemperatur: 1000 - 1200°C, Verweilzeiten im Koksofen: 14 - 20 Stdn.). Neben dem erwünschten Koks als Hauptprodukt (Koksausbeute, bezogen auf eingesetzte Kohle: ca 75 Gew.-%) entstehen Koksofengas, Wasser, ein Benzol/Alkylbenzol-Gemisch und Teer. Die Ausbeute an Steinkohlenteer beträgt ca 3.5 Gew.-%, bezogen auf eingesetzte Kohle[1]. Nach einer neueren Prognose liegt die Langzeitverfügbarkeit von Steinkohlenteer in den westlichen Ländern (d.h. ohne Berücksichtigung der früheren COMECON Staaten und China) bei 7-8 Millionen Tonnen/Jahr[16].

Steinkohlenteer ist eine hochviskose, schwarze Flüssigkeit mit einer Dichte von ~ 1.20 g/ccm und einer elementaren Zusammensetzung von C 90-93%, H 5-6%, N 0.6-1.2%, O 1.5-2% und S 0.6-1% (Lit.17). Die Zahl der verschiedenen (fast ausschließlich organischen) Verbindungen, aus denen der Steinkohlenteer besteht, ist außerordentlich groß. Nach einer älteren Schätzung setzt sich der Teer aus ca 10.000 Verbindungen zusammen (Lit.18). In einer neueren Arbeit (Lit.19) wurde wahrscheinlich gemacht, daß selbst diese Größenordnung noch erheblich zu niedrig angesetzt ist. Doch gehören alle im Teer vorkommenden Verbindungen zu relativ wenigen <u>Stoffklassen</u>: PAHs, Alkyl-PAHs, einfache Derivate von PAHs (mit Resten R = OH, NH_2, CO) und polycyclische Hetarene (insbesondere Benzologe von Furan, Pyrrol, Thiophen und Pyridin). Der überwiegende Teil des Teers besteht aus aromatischen Verbindungen; wie insbesondere aus NMR-Untersuchungen folgt, liegen mehr als 90% des im Teer vorkommenden Kohlenstoffs in aromatischen Bindungen vor. Zu den wichtigsten Strukturmerkmalen des Steinkohlenteers gehört seine sehr breite Molekulargewichtsverteilung, die einen Bereich von ca 50 bis zu mehreren 1000 Masseneinheiten umfaßt (siehe Lit.20). Der hochmolekulare Bereich des Teerpechs besteht nach neueren Untersuchungen (Lit.21) zu einem großen Teil aus oligomeren Verbindungen, in denen mittelmolekulare Aromateneinheiten durch C-C-Einfachbindungen oder Brückenfunktionen miteinander verknüpft sind.

Die (unsubstituierten) PAHs sind die wichtigste der im Steinkohlenteer vorkommenden Stoffklassen. Zahlreiche alternierende und nichtalternierende PAHs mit zwei bis 15 Benzolringen wurden eindeutig identifiziert und zum Teil aus Teer in reiner Form isoliert. Auch ein nichtbenzoider aromatischer Kohlenwasserstoff wurde im Teer gefunden, das Azulen[22]. In einer sehr verläßlichen Literaturübersicht sind alle (bis zum Jahre 1965) im Teer eindeutig nachgewiesenen Verbindungen zusammengestellt[23]. Die Liste umfaßt ca 500 Substanzen; die Summe der Prozentgehalte, mit denen diese Verbindungen im Teer vorhanden sind, entspricht etwa 50 Gew.-% vom Gesamtteer. In den Folgejahren wurden zahlreiche weitere Teerinhaltsstoffe (überwiegend mit modernen instrumentell-analytischen Methoden) gefunden (die Literatur hierüber ist weit verstreut, für eine neuere Übersicht siehe Lit.24).

Nur sehr wenige der im Steinkohlenteer enthaltenen PAHs liegen in Konzentrationen $\geq$ 1 Gew.-% vor, das sind: Naphthalin (ca 10%), Phenanthren (ca 5%), Fluoranthen (ca 3%), Pyren (ca 2%), Fluoren (ca 2%), Acenaphthylen (ca 2%), Anthracen (ca 1.5%), und Chrysen (ca 1%). Alle übrigen im Teer nachgewiesenen und zum Teil daraus isolierten PAHs treten in Konzentrationen unter 1 Gew.-% auf.

Der in den Kokereien anfallende Teer wird in zentralen Teer-Raffinerien (mit Kapazitäten bis zu ca 750.000 Tonnen Teerdurchsatz pro
Jahr) aufgearbeitet[1]. Der Primärschritt der Aufarbeitung ist eine
fraktionierte (teilweise im Vakuum) durchgeführte Destillation. Hierbei werden in Abhängigkeit von der angewandten Rektifikationstechnik
vier bis sieben Destillatfraktionen und ein Destillationsrückstand
erhalten. Der Destillationsrückstand ist das Steinkohlenteerpech,
dessen Ausbeute ca 50 Gew.-%, bezogen auf den Gesamtteer, beträgt.
Aus den Destillatfraktionen werden durch weitere Trennoperationen
wie fraktionierte Redestillation, Kristallisation aus Lösungsmitteln,
Gegenstrom-Schmelzkristallisation, Extraktion, partielle Polymerisation u.a. die industriell genutzten Teerinhaltsstoffe in reiner
Form isoliert (Reinheitsgrade >98%); eine erhebliche Menge des destil-
lierbaren Teeranteils wird in Form sog. "Teeröle" zur Erzeugung von
technischen Rußen, für Imprägnierzwecke und zur Herstellung von ther-
moplastischen Polymeren verwendet (siehe auch Abschnitt 8.1). Das
Steinkohlenteerpech findet mannigfaltige industrielle Verwendungen,
bei denen die charakteristischen rheologischen und Verkokungseigen-
schaften des Pechs genutzt werden (Abschnitte 8.1 und 8.4). (Über
wichtige logistische und wirtschaftliche Aspekte der industrielllen
Aufarbeitung und Nutzung von Teer siehe Lit.25).

8.4 Technische Kohlenstoffprodukte
aus polycyclisch-aromatischen Rohstoffen

Die besondere Eignung von Gemischen polycyclischer Aromaten (zum
Beispiel Steinkohlenteerpech oder verwandter petrochemischer Erzeug-
nisse, sog. "Petropeche"[1,26]) für die industrielle Herstellung von
Kohlenstoffprodukten (Kohlenstoffanoden für die Aluminiumindustrie,
Graphitelektroden, Kohlenstoff-Fasern u.a.), ist in bestimmten chemischen und physikalischen Eigenschaften von PAHs (und analogen Hetarenen) begründet.
Werden PAHs in der Schmelze (leichtflüchtige PAHs in einem abgeschlossenen Reaktionsgefäß, d.h. unter Druck) auf Temperaturen von ca 400
-500°C erhitzt, finden nicht wie bei aliphatischen Kohlenwasserstoffen
Spaltungsreaktionen, die zu kleineren Molekülen führen, sondern vor

allem Kondensationsreaktionen statt, und es entsteht mit hoher Ausbeute ein wasserstoffarmer <u>Koks</u>. Die Koksbildung erfolgt nach einem Mechanismus, den man als "<u>Aromatic Growth</u>" bezeichnet; er ist schematisch in Bild 8.1 wiedergegeben.

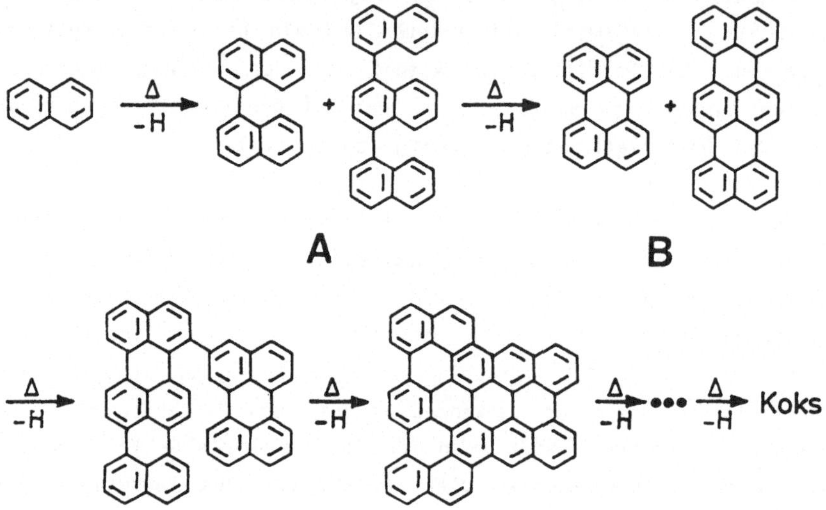

Bild 8.1. Mechanismus des "Aromatic Growth" (schematisch)

Im ersten Schritt des thermisch induzierten "aromatischen Wachstums" werden aus dem Ausgangs-PAH Bi- und Oligo-aryle **A** gebildet, die im folgenden Schritt intramolekulare Dehydrocyclisierung unter Bildung von peri-kondensierten Kohlenwasserstoffen **B** eingehen. In beiden Reaktionsstufen findet Wasserstoffeliminierung statt. Diese Reaktionssequenz wiederholt sich, wie in Bild 8.1 schematisch dargestellt, mehrere Male, wobei immer größere polycyclisch-aromatische Systeme mit abnehmenden Wasserstoffgehalt entstehen. In der letzten Phase finden zusätzlich Vernetzungsreaktionen zwischen großen aromatischen Clustern statt, sodaß schließlich als Endprodukt ein wasserstoffarmer Koks gebildet wird. Im Bild 8.1 ist der Koksbildungsmechanismus am Beispiel des Naphthalins beschrieben. Doch erfolgt die thermisch induzierte Koksbildung aus PAHs generell nach diesem Mechanismus, unabhängig von der Größe und Struktur der Ausgangskohlenwasserstoffe.

Allerdings ist die <u>Geschwindigkeit</u> der Koksbildung stark von der Struktur der PAHs abhängig. Eine lineare Beziehung zwischen dem Logarithmus der (relativen) Verkokungsgeschwindigkeit (bei 430°C) von kata- und peri-kondensierten PAHs (mit 4 bis 6 Ringen) und der jeweils niedrigsten Dewarzahl (siehe Abschnitte 4.1 und 4.2) der Kohlenwasserstoffe wurde beobachtet[27]. Bei der Flüssigphasenpyrolyse der technischen polycyclisch-aromatischen Gemische (Peche) finden natürlich überwiegend Kreuzreaktionen zwischen verschiedenen Aromaten statt, die jedoch ebenfalls nach dem in Bild 8.1 dargestellten Reaktionsschema ablaufen.

Die Kinetik der beiden Teilschritte (Bi-/Oligo-aryl-Bildung und Dehydrocyclisierung) ist experimentell[28,29] (an Modellsubstanzen) und theoretisch[30] (mit der Methode der thermochemischen Kinetik[31]) untersucht worden.

Die <u>Bildung der Biaryle</u> (und Oligoaryle) kann nach zwei verschiedenen Mechanismen erfolgen, und es hängt sehr wahrscheinlich von den Reaktionsbedingungen und der Struktur der PAHs ab, welcher Mechanismus jeweils vorherrscht. Die Mechanismen sind in Bild 8.2 dargestellt.

Im Mechanismus I[30] greift ein π-Radikal **29** ein intaktes PAH-Molekül **7** unter Bildung eines dimeren Radikals **30** an, aus dem durch Wasserstoffabstraktion das Biaryl **31** entsteht. Das π-Radikal **29** wird durch die thermisch leicht erfolgende Abstraktion eines Wasserstoffatoms aus dem entsprechenden Dihydro-PAH (im hier betrachteten Fall 9,10-Dihydrophenanthren) gebildet. Für die Initiierung der Biaryl-Bildung sind nur geringe Konzentrationen an π-Radikal und damit auch an der Radikalvorstufe erforderlich, die in Gegenwart von (in Pechen immer vorhandenen) Wasserstoffdonormolekülen oder auch durch Disproportionierung des Ausgangsaromaten entsteht. Im Verlauf der Biarylbildung wird der Dihydroaromat durch Wasserstoffübertragung (**30** ⇢ **7**) laufend nachgebildet.

Mechanismus II[28] beginnt mit der Dimerisierung von zwei PAH-Molekülen **6**, die sich im elektronischen Grundzustand befinden. Hierbei entsteht das Biradikal **32**. Intramolekulare Wasserstoffwanderung führt zu **33**, das durch Abstraktion von Wasserstoff in das Biaryl **34** übergeht. (Neben **34** als Hauptprodukt entstehen isomere Bianthryle; die Dominanz von **34** ist auf sterische Gründe zurückzuführen).

Mechanismus I

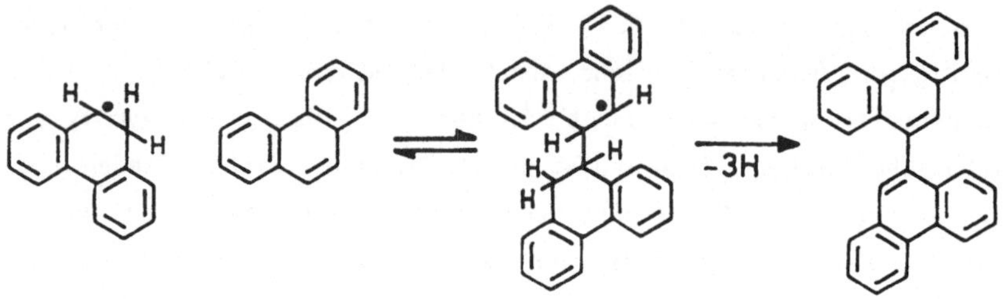

29   **7**   **30**   **31**

Mechanismus II

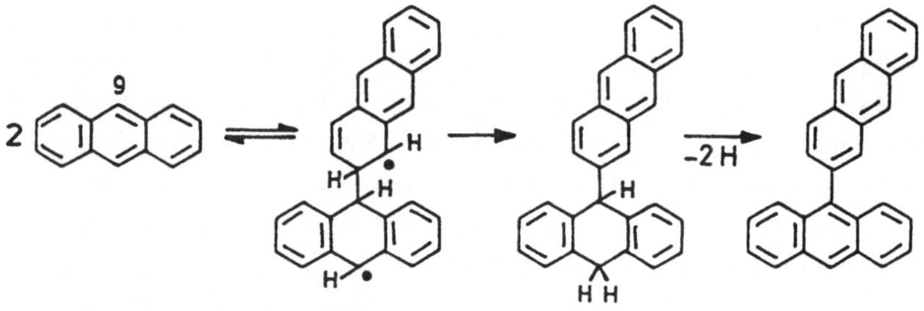

6   **32**   **33**   **34**

Bild 8.2. Mechanismen der Bi-/Oligo-aryl-Bildung

Die Dehydrocyclisierung der Bi-/Oligo-aryle erfolgt sehr wahrscheinlich nach dem in Bild 8.3 wiedergegebenen Mechanismus[29]. Im ersten Schritt findet intermolekulare Wasserstoffübertragung von einem H-Donormolekül (D-H) auf das Biaryl **35** unter Bildung des Radikals **36** statt; es schließen sich der Ringschluß zu **37**, intramolekulare Wasserstoffwanderung (**37**→**38**) und Wasserstoffabstraktion zum Endprodukt **39** an.

Die Bildung von Bi- und Oligo-arylen und deren nachfolgende Dehydrocyclisierung sind die dominanten Reaktionen bei der Flüssigphasenpyrolyse von einheitlichen PAHs oder Pechen. Daneben laufen weitere Reaktionen ab: Fragmentierungen von PAHs unter Spaltung von C-C-Bindungen[32], intramolekulare Umlagerungen[33,34], Alkylierungen unter Bildung von Methyl- und Ethyl-Derivaten von PAHs[32] und (besonders bei Petropechen) Dealkylierungen[35] von Alkyl-PAHs, die im Ausgangsmaterial enthalten sind.

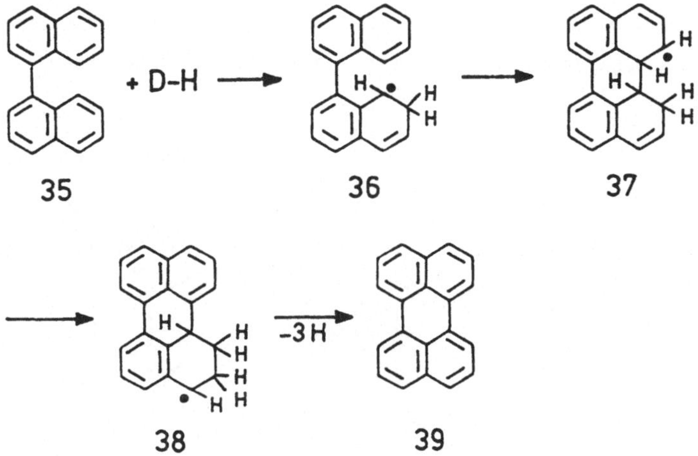

Bild 8.3. Mechanismus der Bi-/Oligo-aryl-Dehydrocyclisierung

Die bei der Flüssigphasenpyrolyse eines einheitlichen PAHs oder eines Pechs durch "aromatisches Wachstum" entstandenen größeren PAHs liegen zunächst in molekular-disperser Verteilung in der Schmelze vor. Wenn sich PAHs mit Molekulargewichten von ca 600 bis 900 Masseneinheiten in ausreichend hoher Konzentration gebildet haben, treten diese in Wechselwirkung und bilden <u>flüssig-kristalline Bereiche.</u> (Durch geeignete Reaktionsführung wird eine zu starke Zunahme der Viskosität der Schmelze verhindert, so daß die freie Beweglichkeit und Diffusionsprozesse der großen Aromaten nicht wesentlich eingeschränkt sind). Die flüssig-kristallinen Bereiche haben kugelförmige (sphärolithische) Gestalt, und sind unter dem Polarisationsmikroskop anhand des für geordnete molekulare Systeme charakteristischen Pleochroismus leicht erkennbar[36]. Im Verlauf der Pyrolyse nehmen Zahl und Größe der flüssig-kristallinen Sphärolithe zu, die schließlich (wegen ihres

höheren spezifischen Gewichts) aus der Schmelze "ausfallen"; es entsteht ein Zwei-Phasen-System, ein sog. "Mesophasenpech".
In Bild 8.4a ist die molekulare Struktur eines Mesophasenpechs schematisch dargestellt, wobei die Striche aromatische Moleküle bedeuten. Die Moleküle sind innerhalb der Sphärolithe in Schichten angeordnet, die senkrecht zur Kugelinnenfläche stehen und zu den Polen hin konkav resp. konvex gekrümmt sind. In Bild 8.4b ist der räumliche Aufbau eines Mesophasensphärolithen (in stark idealisierter Form) wiedergegeben.

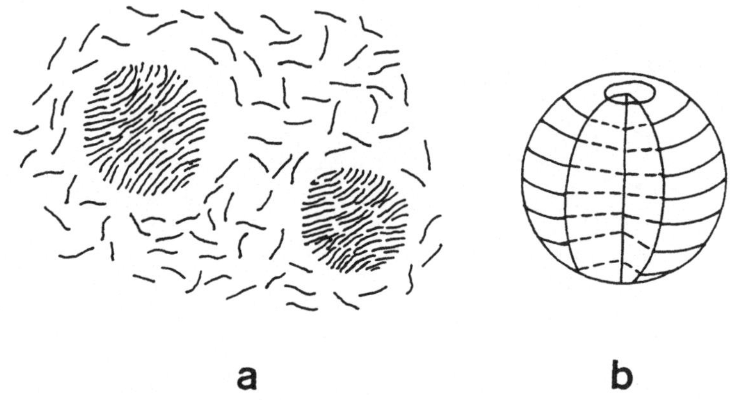

a   **b**

Bild 8.4. a) Schematische Darstellung der molekularen Struktur eines Mesophasenpechs, b) eines Sphärolithen (nach Lit.37)

Bild 8.5 ist eine durch Abstraktion veranschaulichte Darstellung des gesamten Bildungsprozesses der Pechmesophase. Die Scheiben bedeuten aromatische Moleküle.

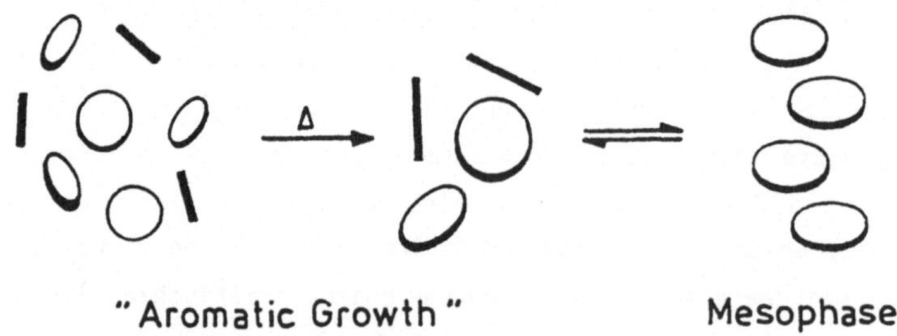

Bild 8.5. Modellhafte Darstellung der Pechmesophasenbildung

Bei ausreichend langen Reaktionszeiten und geeigneter Reaktionsführung entsteht aus dem polycyclisch-aromatischen Ausgangsmaterial mit hoher Ausbeute ein <u>anisotroper</u> Koks. Durch anschließende Hochtemperaturbehandlung (zunächst in der Stufe der sog. "Kalzinierung" bis ca 1300°C, dann bis ca 3000°C) läßt sich der anisotrope Koks in <u>synthetischen Graphit</u> umwandeln. Wird bei der Pyrolyse des Ausgangsmaterials die Ausbildung der flüssig-kristallinen Phase durch entsprechende Maßnahmen verhindert, so entsteht ein <u>isotroper</u> Koks (graphitähnliche Anordnungen von Kohlenstoffschichten erstrecken sich jetzt jeweils nur auf sehr kleine Bereiche, die im Gesamtmaterial statistisch verteilt sind, so daß makroskopisch keine geordnete Struktur vorliegt). Isotrope Kokse sind für die Erzeugung von synthetischem Graphit ungeeignet, besitzen jedoch große Bedeutung für die Herstellung anderer industriell wichtiger Kohlenstoffprodukte, zum Beispiel der von der Aluminiumindustrie benötigten Kohlenstoffanoden (siehe Abschnitt 8.1).

Die Entdeckung des Pechmesophase-Phänomens durch J.D.Brooks und G.H. Taylor (1965)[38] hat eine Fülle von neuartigen praktisch und theoretisch orientierten Untersuchungen auf dem Gebiet der Kohlenstoffwissenschaft (der "Carbon Science") initiiert (für Übersichten siehe zum Beispiel Lit.37,39,40,41). Hier sollen nur einige wenige Ergebnisse, die für das Verständnis des Pechmesophase-Phänomens von unmittelbarer Bedeutung sind, näher besprochen werden.

"Mesophase" ist ein außerhalb der Kohlenstoffwissenschaft nicht häufig verwendetes Synonym für "flüssig-kristalline Phase", also für eine Phase oder einen Zustand, der "auf der Mitte" (griech. mesos, "der mittlere") zwischen dem flüssigen und dem kristallinen Zustand liegt. Im flüssig-kristallinen Zustand besitzt eine zur Ausbildung dieses Zustandes fähige Substanz, ein "Mesogen", charakteristische Eigenschaften sowohl einer Flüssigkeit (zum Beispiel: leichte Verformbarkeit, Fließfähigkeit) als auch eines Kristalls (Fernordnung der Mesogenmoleküle über makroskopische Bereiche, optische Anisotropie u.a.). Die Pechmesophase (häufig auch "Carbomesophase" genannt) ist noch in einem zusätzlichen Sinne ein Zwischenzustand: sie erscheint im Reaktionsprofil einer thermischen Behandlung eines polycyclisch-aromatischen Ausgangsmaterials <u>zwischen</u> dem Anfangszustand "Isotrope Schmelze" und dem Endzustand "Anisotroper Koks".

Zwischen den flüssigkristallinen Verbindungen, die vor etwa 20 Jahren

Einzug in unser tägliches Leben fanden, und die in Uhren, Taschenrechnern, Fernsehbildschirmen u.a. ihre nützlichen Funktionen verrichten, und der Pech- oder Carbomesophase bestehen charakteristische Unterschiede. Die Betrachtung dieser Unterschiede ist sehr geeignet, das Pechmesophasephänomen besser zu verstehen[42].

Anders als bei konventionellen Flüssigkristall-Systemen sind die mesogenen Moleküle, die die Pechmesophase bilden, nicht (oder nur in sehr niedrigen Konzentrationen) im Ausgangsmaterial vorhanden, sondern werden erst (durch die thermische Behandlung des Ausgangsmaterials) gebildet. Dabei entsteht eine Vielzahl verschiedener Mesogene mit unterschiedlichen Strukturen, während die konventionellen Flüssigkristall-Systeme molekular einheitlich sind.

Wegen der sehr komplexen Zusammensetzung dieses Gemischs von Mesogenen kann man die Strukturen der einzelnen Mesogene nicht angeben, sondern nur eine "Durchschnittsstruktur", die mit den Methoden der "statistischen Strukturanalyse"[43] unter Verwendung von spektroskopischen Daten, der Elementaranalyse u.a. gewonnen wird. 41 (Bild 8.6) ist die "Durchschnittsstruktur" der Mesogene, die bei der Flüssigphasenpyrolyse eines Petropechs entstehen[44]. Zum Vergleich sind die Strukturen von zwei konventionellen Mesogenen angegeben. 40 bildet eine sog. "diskotische" Flüssigkristallphase: Im Flüssigkristall sind die zentrosymmetrischen Moleküle in getrennten Kolonnen angeordnet, in denen sie wie die Münzen in einem Geldstapel übereinanderliegen[45]. Das lineare Molekül 42 ist ein "nematisches" Mesogen: Das Strukturmerkmal nematischer Phasen besteht in der Parallelorientierung der Moleküllängsachsen[45]. "Pechmesogene" vom Typ 41 können weder der Klasse der diskotischen noch der nematischen Mesogene eindeutig zugeordnet werden; sie besitzen hinsichtlich ihrer Struktur und geometrischen Form Merkmale beider Mesogenklassen. Entsprechend hat die Pechmesophase eine "diskotisch-nematische" Struktur.

Konventionelle Mesogene sind unter den Bedingungen der Flüssigkristallbildung chemisch stabil. Dagegen bleibt das Pech während der Gesamtdauer der Pyrolyse, in der es sich vom anfangs flüssigen und isotropen Zustand in einen anisotropen Koks umwandelt, ein chemisch äußerst reaktives Material. So zeigen die Pechmesophasen-Sphärolithe

nur im Anfangsstadium ihrer Bildung die für Flüssigkristalle charakteristische Eigenschaft der thermisch induzierten Reversibilität:
Beim raschen Erhöhen der Temperatur um wenige Kelvin verschwinden
die anisotropen Bereiche (das in Bild 8.5 dargestellte Gleichgewicht
liegt jetzt auf der linken Seite), und bilden sich beim Abkühlen
der Schmelze auf die ursprüngliche Temperatur wieder zurück. Der
zyklische Prozeß der Erzeugung und Auflösung der anisotropen Bereiche
in der Pechmatrix läßt sich aber nur wenige Male durchführen; danach
ist es nicht mehr möglich, diese Bereiche durch Temperaturerhöhung
aufzulösen[46].

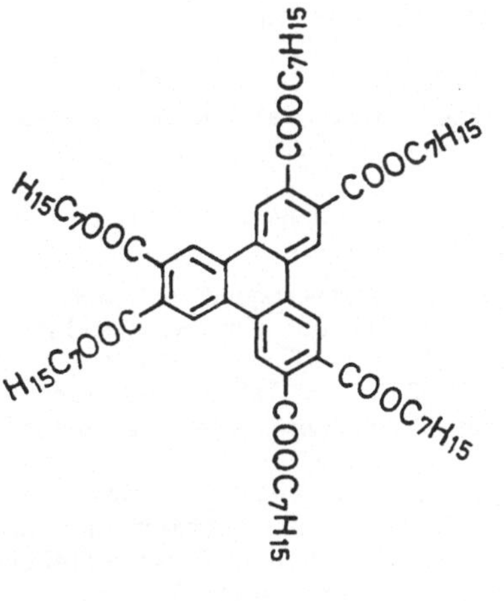

40

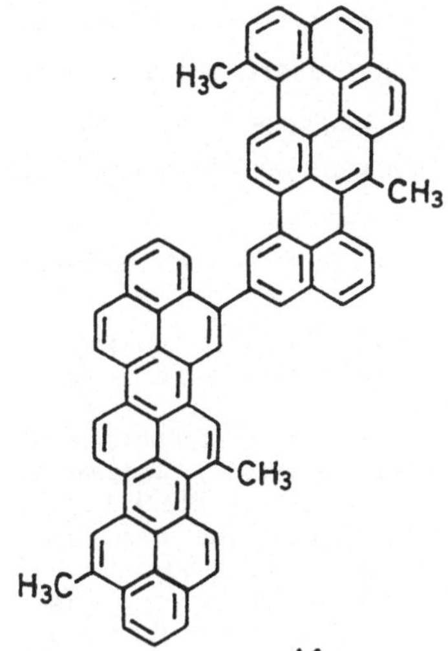

41

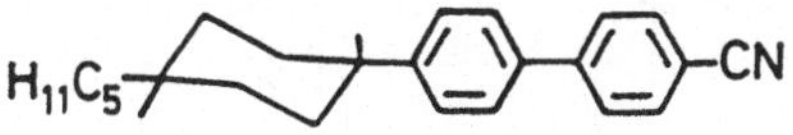

42

Bild 8.6. Mesogene aromatische Moleküle

Innerhalb der Sphärolithe haben sich jetzt zwischen den Mesogenen kovalente und stärkere van-der-Waals-Bindungen ausgebildet, die die Fernordnung der Moleküle irreversibel stabilisieren. Gleichzeitig nimmt die für Flüssigkristall-Systeme charakteristische Fließfähigkeit der Sphärolithe ab. Diese Beobachtungen bedeuten auch, daß es sich bei der Pechmesophase nur im Anfangsstadium ihrer Bildung um ein echtes flüssigkristallines Material handelt.

Unzweifelhaft ist das Phänomen der Pechmesophase an aromatische Strukturen gebunden. Daher wurden hier die Vorgänge des thermisch induzierten aromatischen Wachstums und der Mesophasenbildung vor allem am Beispiel reiner, einheitlicher PAHs erläutert. Obwohl man aus Anthracen und anderen einheitlichen Kohlenwasserstoffen anisotrope Kokse herstellen kann, die hervorragend für die Umwandlung in synthetischen Graphit geeignet sind, werden für die industrielle Erzeugung von anisotropen Koksen und synthetischem Graphit nahezu ausschließlich polycyclisch-aromatische Mischprodukte, d.h. Petropeche und Steinkohlenteerpech, verwendet, da sie viel billiger als Reinprodukte sind und in erheblich größeren Mengen zur Verfügung stehen.

Das sog. "Delayed Coking" (Lit.1) von überwiegend petrochemischen Einsatzmaterialien ist der wichtigste Prozeß zur Herstellung von anisotropen Koksen. Beim Delayed Coking-Verfahren werden relativ niedrige Pyrolysetemperaturen (um 500°C) und lange Reaktionszeiten (von ca 12 Stdn.) angewandt, beides Maßnahmen, die die Ausbildung der Pechmesophase stark begünstigen.
Die Koksproduktion nach dem Delayed Coking-Verfahren liegt in der westlichen Welt bei ca 18 Millionen Tonnen/Jahr. Hochwertiger anisotroper Koks wird vor allem zur Herstellung der Graphitelektroden für die Elektrostahlerzeugung benötigt (siehe auch Abschnitt 8.1). Isotrope Kokse und anisotrope Kokse minderer Qualität dienen zur Herstellung der Kohlenstoffanoden für die elektrolytische Aluminiumgewinnung (Abschnitt 8.1).
Für die Fabrikation der Graphitelektroden und Kohlenstoffanoden benötigt man außer (kalziniertem, d.h. vor Verwendung bei ca 1300°C thermisch behandeltem) Koks ein Bindemittel. Die Mischung aus fester Kokskomponente und flüssigem Bindemittel wird einer mehrstufigen Temperaturbehandlung (unter Druck) ausgesetzt, wobei auch das Bindemittel verkokt. An die chemischen und rheologischen Eigenschaften des Bindemittels werden hohe Anforderungen gestellt, die insbesondere von geeignet konditioniertem Steinkohlenteerpech sehr gut erfüllt werden. Auch bei der Verwendung von Steinkohlenteerpech als Bindemittel werden wieder charakteristische chemische und physikalische Eigenschaften von polycyclisch-aromatischen Kohlenwasserstoffen genutzt.

Die Suche nach neuartigen oder verbesserten Verfahren zur Herstellung von <u>Kohlenstoffwerkstoffen</u> auf Basis von isotropen oder Mesophasenpechen ist ein Schwerpunkt aktueller Forschung[47].

Die ersten <u>Kohlenstoff-Fasern</u> stellte Thomas Alva Edison (1879) für die von ihm entwickelte Glühlampe durch Carbonisieren von Zellulosefäden her. Derzeit sind Polyacrylnitril-Fasern (PAN-Fasern) das mengenmäßig wichtigste Ausgangsmaterial zur Herstellung von Kohlenstoff-Fasern. In heute noch relativ geringem Umfang werden Peche (insbesondere Petropeche) zur Faserherstellung verwendet.
Zur Erzeugung von <u>Graphitfasern</u> wird Petro- oder Steinkohlenteerpech durch Flüssigphasenpyrolyse zunächst in ein Mesophasenpech (mit einem Mesophasengehalt von 40 - 90%) überführt, aus dem durch Schmelzspinnen Pechfasern hergestellt werden (in denen die großen polycyclisch-aromatischen Cluster entlang der Faserrichtung orientiert sind); die Fasern werden anschließend einer oxidativen Behandlung mit Sauerstoff unterworfen, um sie unschmelzbar zu machen, und schließlich bei Temperaturen von 1500 - 3000°C graphitiert (Lit.48).
Durch Einbetten von Kohlenstoff-Fasern in eine verkokbare Matrix, Heißpressen und Carbonisieren erhält man "kohlenstoffaserverstärkte Kohlenstoff-Werkstoffe" (<u>CFC-Werkstoffe</u>) von hoher mechanischer Festigkeit. Ähnliche Festigkeitswerte besitzen "<u>Vollmatrix-Kohlenstoffe</u>", die durch Verpressen und Carbonisieren von Gemischen aus feingemahlenem Kohlenstoff und sinterfähigen Mesophasenkoksen hergestellt werden (Lit 11).

8.5 Fullerene: Anmerkungen zur Frage der möglichen praktischen Nutzung

Schon in der ersten Arbeit über Fullerene (1985), in der Kroto, Smalley et al über die Entdeckung des C_{60} berichten[49], vermuten die Autoren: *"If stable in macroscopic, condensed phases, this C_{60} species would provide a topologically novel aromatic nucleus for new branches of organic and inorganic chemistry"*. Und einige Jahre später prognostiziert Diederich[50]: *"In 10 years, we will have developed a chemistry of C_{60} analogous to benzene chemistry, and chemists will utilize it routinely in their synthesis"*. Diederichs Voraussage hat sich schon heute nahezu erfüllt. Andererseits sind praktische, industrielle Anwendungen der Fullerene bisher nicht verwirklicht worden. Die hieraus resultierende "Stimmung" schwingt in neueren Artikeln zur Frage der praktischen Anwendung der Fullerene mit; so heißt es in einem Aufsatz aus dem Jahre 1995: *"C_{60} gilt nach wie vor als Wundermolekül, das früher oder später den Sprung hin zur industriellen Anwendung schafft"*[51].

In den Pioniertagen der chemischen Industrie (Abschnitt 8.1) pflegten ältere Chemiker ihre jüngeren Kollegen, die von der gerade gelungenen Synthese einer neuen Verbindung begeistert waren, zu fragen: "Was kann der Stoff ?" (Lit.52). Diese wichtige Frage (heute wird sie in komplizierterer Form gestellt) muß vor der möglichen Aufnahme einer industriellen Aktivität immer beantwortet werden, denn die ökonomische Basis der chemischen Industrie besteht nicht im Verkauf von "Strukturen" sondern von stofflichen Eigenschaften der Verbindungen, die bestimmte praktische Anwendungen ermöglichen (Ausnahme: Herstellung von Forschungschemikalien).

Unzweifelhaft gilt für C_{60}: "Es kann außerordentlich viel". Aus den Erfolgen der Grundlagenforschung ergibt sich ein faszinierendes Scenario potentieller Anwendungen der Fullerene[53]: Neuartige Polymere auf C_{60}-Basis (mit C_{60} in der Haupt- oder Seitenkette)[54], pharmakologisch wirksame C_{60}-Derivate, C_{60}-Derivate mit nichtlinearen optischen Eigenschaften, elektrische Batterien auf C_{60}-Basis, neuartige Katalysatoren, Umwandlung von C_{60} in die Diamantmodifikation des Kohlenstoffs bei Raumtemperatur[55][60], organische dreidimensionale Supraleiter und vieles mehr. Welche dieser Möglichkeiten wird man am ehesten industriell nutzen ? Nach einer Befragung von Experten (in Deutschland) werden Anwendungen in der Polymerchemie die größten Chancen eingeräumt[56].

Die einzig verläßliche Antwort ist gleichzeitig nicht sehr hilfreich: Fullerene und Fulleren-Derivate können bestimmte physikalische und chemische "Leistungen" erbringen. Bei den "Leistungen" der Moleküle kann man unterscheiden zwischen solchen, die auch mit Hilfe anderer Materialien verwirklicht werden können und Leistungen, für die dies nicht zutrifft. Praktische Anwendungen von Fullerenen/Fullerenderivaten sind dort am wahrscheinlichsten, wo sie bezüglich Leistungen der erstgenannten Art technische und/oder wirtschaftliche Vorteile gegenüber derzeit genutzten (oder nutzbaren) Materialien aufweisen, oder wo für Leistungen der zweitgenannten Art ein Bedürfnis (ein Markt) besteht.

"Früher oder später" wird C_{60} den Sprung in die industrielle Anwendung "schaffen" (siehe oben). Auf einen wichtigen Aspekt ist nur selten aufmerksam gemacht worden: *Mit den Fullerenen ist ein Gebiet der Chemie in das öffentliche Bewußtsein gerückt, das anschaulich Moleküle und deren ästhetischen Reiz vor Augen führt und zugleich daran anknüpfend die grundsätzliche Bedeutung chemischer Forschung für zukünftige Anwendungen und neue Technologien deutlich macht*[57].

9.1 Bildungsmechanismen

Wird ein beliebiges organisches (d.h. Kohlenstoff und Wasserstoff enthaltendes) Material Temperaturen oberhalb ca 700°C ausgesetzt, so bilden sich durch Pyrolysereaktionen stets PAHs. Derartige Pyrolysereaktionen laufen auch bei Verbrennungsprozessen ab, so daß die <u>unvollständige</u> Verbrennung von organischem Material immer mit der Entstehung von PAHs verbunden ist. Enthält das Einsatzmaterial neben Kohlenstoff und Wasserstoff Heteroatome wie Stickstoff-, Schwefel- oder Sauerstoff-Atome, so bilden sich neben PAHs Hetarene.

Bei der Pyrolyse (unter Luftausschluß) und der unvollständigen Verbrennung entstehen unabhängig vom Einsatzmaterial die gleichen PAHs. Lediglich die Mengen der entstehenden PAHs sind vom Einsatzmaterial und – in starkem Maße – von der Temperatur abhängig[1]. Diese Beobachtungen lassen sich mit einem PAH-Bildungsmechanismus erklären, bei dem im Primärschritt (durch Spaltung von C–C-Bindungen im Ausgangsmaterial) kleine Kohlenwasserstoff-Radikale entstehen, die sich über mehrere Zwischenstufen zu PAHs vereinigen. Als Beispiel ist in Bild 9.1 ein (auf Modellversuchen basierendes) Schema für die pyrolytische Bildung von Benzo[a]pyren (1) angegeben[2].

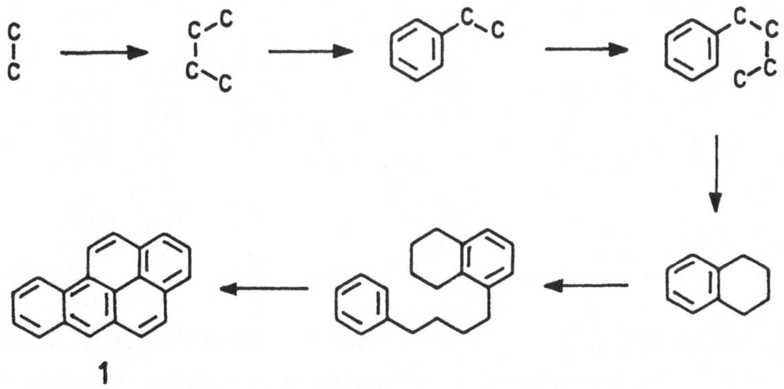

Bild 9.1. Mechanismus der pyrolytischen Benzo[a]pyren-Bildung

Neben diesem relativ einfachen sind andere Mechanismen möglich. (An
Cycloalkanen und Cycloalkenen wurde gefunden, daß die pyrolytische
Bildung von Aromaten zum Teil auf sehr komplexen, unerwarteten Reaktionswegen erfolgen kann[3,4]).

Aus den unter Pyrolysebedingungen zunächst entstehenden kleinen bis
mittelmolekularen PAHs bilden sich in Folgereaktionen größere PAHs.
Zum Beispiel entstehen bei der Gasphasenpyrolyse (bei 725 - 950°C)
von 2-Methylnaphthalin (2) (Bild 9.2) über die (zum Teil isolierten)
Zwischenprodukte 3 - 7 die PAHs 8 - 14[5,6].

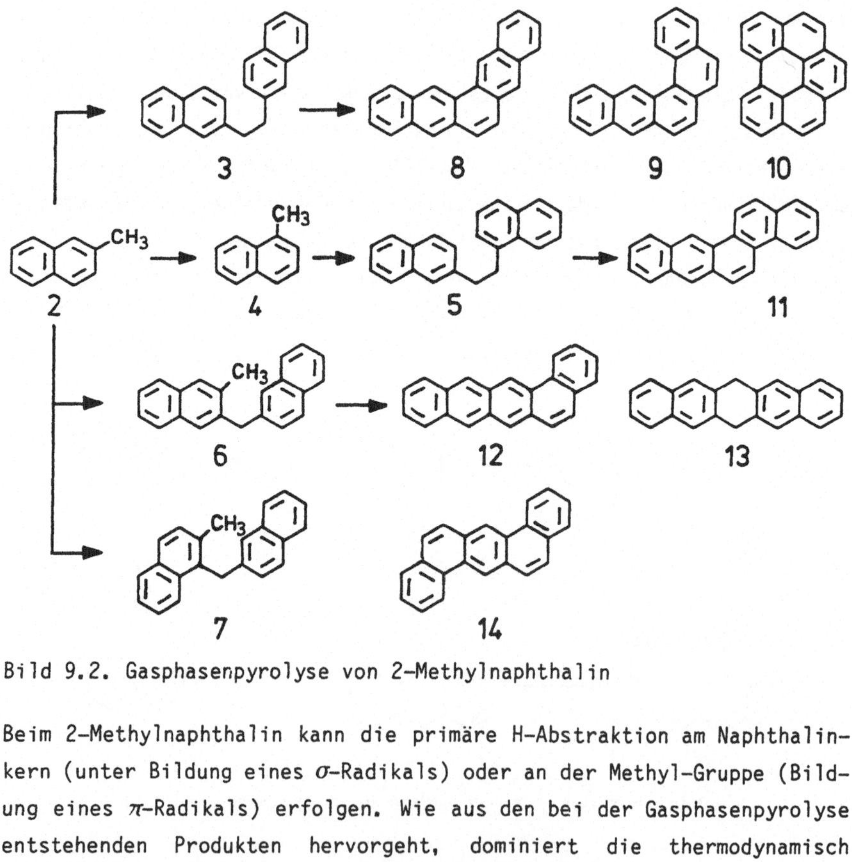

Bild 9.2. Gasphasenpyrolyse von 2-Methylnaphthalin

Beim 2-Methylnaphthalin kann die primäre H-Abstraktion am Naphthalinkern (unter Bildung eines σ-Radikals) oder an der Methyl-Gruppe (Bildung eines π-Radikals) erfolgen. Wie aus den bei der Gasphasenpyrolyse
entstehenden Produkten hervorgeht, dominiert die thermodynamisch
günstigere H-Abstraktion an der Methyl-Gruppe.
Auch Diels-Alder-Reaktionen[7,8] sowie Ringerweiterungen (siehe hierzu

auch Abschnitt 7.1, Bild 7.1) sind bei Pyrolysen von PAHs beobachtet worden.

Besondere Verhältnisse liegen bei der Pyrolyse (Verkokung) von Steinkohle vor. Steinkohle besteht überwiegend aus aromatischen und hydroaromatischen Struktureinheiten mit durchschnittlich drei bis fünf Ringen, die durch kurze aliphatische und Ethersauerstoff-Brücken zu makromolekularen Aggregaten vernetzt sind[9]. Bei der Kohlepyrolyse entstehen durch Bindungsspaltungen in den Makromolekülen (bei Temperaturen oberhalb 400°C) zunächst Primärprodukte, die im Kohlekorn oder in der heißen Gasatmosphäre um das Kohlekorn zahlreiche Folgereaktionen eingehen, unter anderem von der Art wie sie voranstehend beschrieben wurden (Bild 9.1 und 9.2)[10]. Die bei der Kohlepyrolyse entstehende außerordentlich komplexe Mischung von PAHs (und Hetarenen) ist der Steinkohlenteer (Abschnitt 8.3). In einem interessanten Modellversuch wurde Steinkohle auf 1000°C in Stickstoffatmosphäre und in einem Parallelversuch in Gegenwart von Luft erhitzt; der erste Versuchstyp simuliert die Kohlepyrolyse im Koksofen, der zweite die unvollständige Verbrennung von Kohle. Durch gaschromatographische Untersuchung der Kondensate (bis zu Verbindungen mit Molmassen ca 300) wurde gefunden, daß in beiden Versuchen die gleichen PAHs gebildet werden, und auch die relativen PAH-Konzentrationen (die Konzentrationsprofile der PAH-Mischungen) sehr ähnlich sind[1].

Auch bei thermischen und katalytischen Crackprozessen von Erdölfraktionen (Temperaturen in Abhängigkeit vom angewandten Verfahren zwischen ca 500 und 900°C) enstehen PAHs. Für die (in geringem Ausmaß) erfolgende Bildung von PAHs beim katalytischen Hydrocracken von Erdölfraktionen wurde der in Bild 9.3 schematisch wiedergegebene Mechanismus vorgeschlagen; die PAHs entstehen auf zwei verschiedenen Reaktionswegen: durch Zwei-Kohlenstoffadditionen an "Bay-Regionen" (zur Definition siehe Abschnitt 7.2, Bild 7.6) sowie durch Vier-Kohlenstoffadditionen an C—C-Bindungen mit hoher Elektronendichte[11].

PAHs sind in sehr niedrigen Konzentrationen auch im Erdöl (Rohöl) enthalten. Doch ist die relative Konzentrationsverteilung der PAHs charakteristisch verschieden von der in Pyrolysekondensaten oder Abgasen von unvollständigen Verbrennungen. Zum Beispiel werden bei

der Pyrolyse von organischen Materialien Phenanthren (Ph) und Anthracen (An) im Verhältnis Ph:An~4:1 gebildet, während das Ph:An-Verhält-
nis im Erdöl etwa 50:1 beträgt[12].

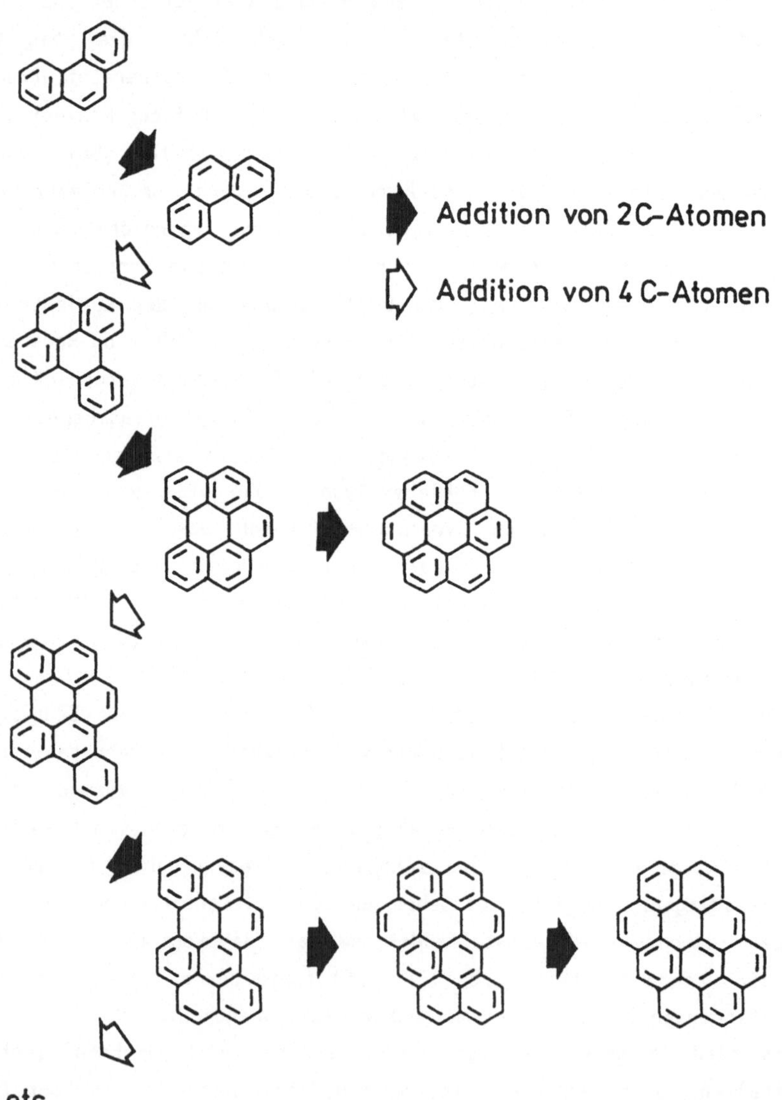

Bild 9.3. PAH-Bildung beim katalytischen Hydrocracken

Im Gegensatz zu Pyrolyse- und Abgaskondensaten findet man in der PAH-Fraktion des Erdöls einen hohen Anteil an alkylierten Kohlenwasserstoffen.

Erdöl ist überwiegend aus maritimen Organismen (Phytoplankton, Zooplankton, höhere Pflanzen u.a.) bei Temperaturen von ca 150 – 200°C in einem Zeitraum von 500 bis 600 Millionen Jahren entstanden. Im Verlauf dieser sehr langsamen "Tieftemperaturpyrolyse" haben sich die PAHs und Alkyl-PAHs überwiegend aus Isoprenoiden (Terpenen und Steroiden) gebildet, zum Beispiel:

15 → 16

Häufig ist die Ansicht vertreten worden, daß die im Erdöl vorkommenden PAHs und Alkyl-PAHs durch mikrobielle Umwandlungen ihrer Vorstufen entstanden sind, doch gibt es hierfür keine überzeugenden experimentellen Beweise. Auch die Beobachtung, daß der PAH-Gehalt eines Erdöls umso größer je höher der Reifegrad des Öls ist, spricht eher für eine nichtbiologische Bildungsweise.

Für viel Aufsehen hatte in den sechziger Jahren die Beobachtung gesorgt, daß höhere Pflanzen, zum Beispiel Roggen, in ihrem Stoffwechsel PAHs erzeugen (unter anderem Benzo[a]pyren), die als Pflanzenwuchsstoffe (Auxine) wirken sollten[13]. Die Nacharbeitung ergab jedoch, daß die Beobachtungen offenbar durch experimentelle Artefakte zustande gekommen waren[14]. Dennoch kann die Frage, ob niedere Organismen wie Bakterien oder Algen die Fähigkeit zur biogenen Synthese von PAHs besitzen, nicht als endgültig geklärt angesehen werden[15,16]; weitere Untersuchungen sind hierzu erforderlich.

Unter geeigneten Bedingungen entstehen auch _Fullerene_ bei der unvollständigen Verbrennung von organischen Verbindungen, z.B. von Benzol (siehe Abschnitt 3.6); doch sind sie bei üblichen Verbrennungsprozessen bisher offenbar nicht beobachtet worden. Andererseits liegt die Vermutung nahe, daß Fullerene – wenn auch in sehr niedrigen Konzentrationen – in den Produkten aus unterschiedlichen Verbrennungsprozessen enthalten sein sollten.

9.2 Vorkommen, Emissionsquellen, Konzentrationen

Die in der Umwelt vorkommenden PAHs sind überwiegend anthropogenen Ursprungs. Sie entstehen bei industriellen Pyrolyseprozessen wie der Hochtemperaturverkokung von Kohle oder petrochemischen Crackverfahren und bei Verbrennungsvorgängen zur Energie- und Wärmeerzeugung in der Industrie, für die Wärmeversorgung von Wohnungen oder zum Antrieb von Kraftfahrzeugen. Nur ein relativ kleiner Anteil des Gesamtvorkommens von PAHs in der Umwelt stammt aus nicht-anthropogenen Ereignissen, zum Beispiel Waldbränden (durch Blitzeinschlag oder Vulkanausbrüche).

In der Formelübersicht 9.1 sind die am häufigsten in der Umwelt vorkommenden PAHs zusammengestellt.

Mit den heute zur Verfügung stehenden Analysenmethoden lassen sich zahlreiche PAHs (sowie Hetarene und PAH-Derivate) in Umweltproben erkennen. So wurden zum Beispiel 59 PAHs in Kraftfahrzeugabgasen[17] und 120 PAHs in Stadtluft eindeutig identifiziert[18]. Für einen orientierenden Überblick über das Vorkommen von PAHs in der Umwelt sind jedoch die Konzentrationen von _Benzo[a]pyren_ (BaP) in Umweltproben am besten geeignet, da hier das bei weitem umfangreichste experimentelle Material vorliegt.

Im Zeitraum von etwa 1950–1970 wurde in vielen, in verschiedenen Regionen der Erde liegenden Städten die Luft auf ihren BaP-Gehalt untersucht. Nicht unerwartet war der BaP-Gehalt der Stadtluft regional stark verschieden; die ermittelten BaP-Konzentrationen überstreichen einen Bereich von ca 1 ng (10^{-9} g)/m^3 bis ca 200 ng/m^3. Dabei liegen die mit BaP stärker belasteten Städte in industriellen Ballungsgebieten[19].

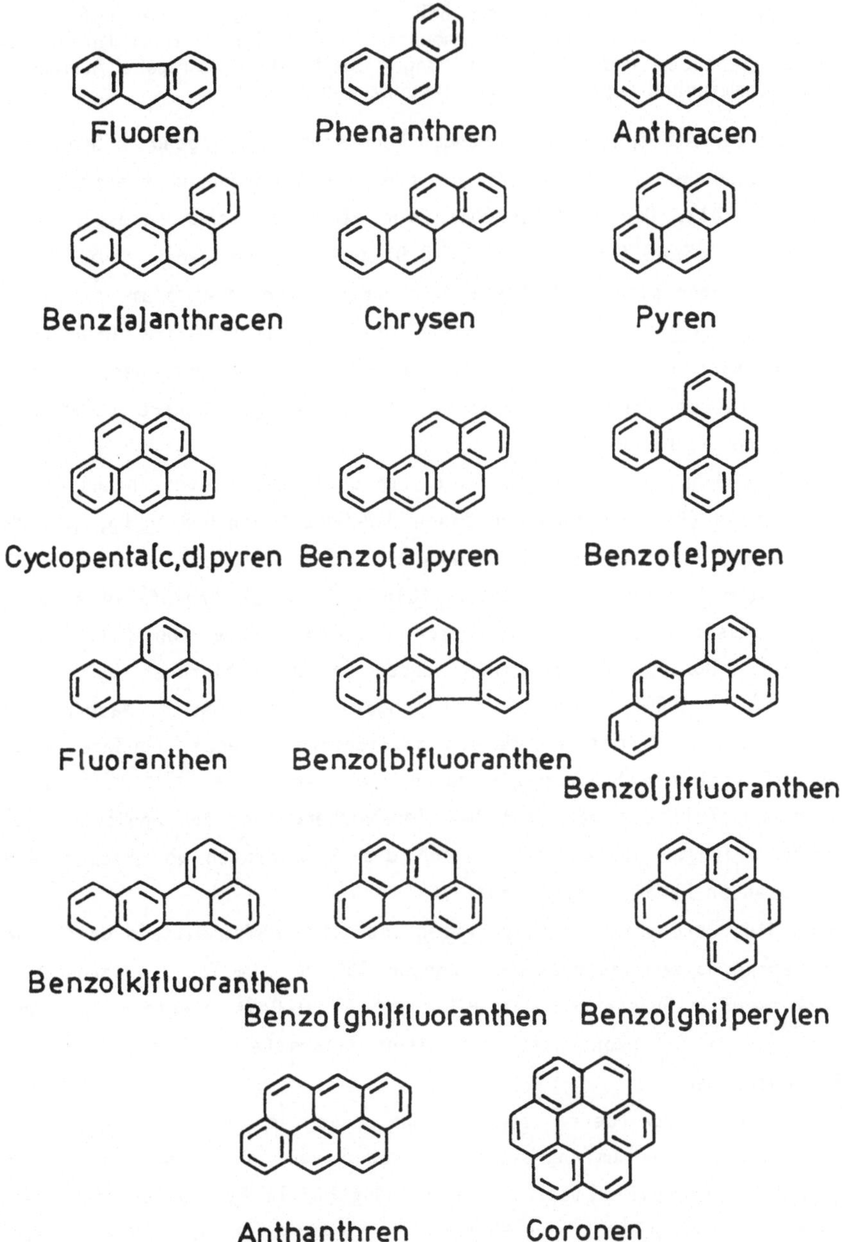

Formelübersicht 9.1. Am häufigsten in der Umwelt vorkommende PAHs

In den Wintermonaten sind die BaP-Konzentrationen in der Luft deutlich höher als in den Sommermonaten, was auf die im Winter betriebenen Gebäude- und Wohnungsheizungen sowie das geringere Ausmaß des photochemischen Abbaus von BaP zurückzuführen ist.

Die in der Atmosphäre vorkommenden PAHs sind überwiegend an Staubteilchen gebunden (insbesondere an die bei Verbrennungen entstehenden Rußpartikel). Die Teilchengrößen von atmosphärischen Aerosolen überstreichen einen Bereich von ca 0.01 μm – 10 μm, aber etwa 85% der PAHs befinden sich an Partikeln mit Durchmessern $<$ ca 5 μm[20].

Auch im <u>Wasser</u> sind PAHs enthalten. In Leitungs- und Grundwasser (in Deutschland) wurden BaP-Gehalte von 1-10 ng/l gefunden. In Oberflächenwasser können um mehrere Größenordnungen höhere BaP-Konzentrationen vorkommen[21].

Die PAH-Gehalte von <u>Böden</u> sind regional sehr unterschiedlich. In Strandsand (Ostsee) fand man einen BaP-Gehalt von 0.8 ng/kg, in Böden nahe einer Autobahn von 3000 ng/kg[22].

PAHs kommen auch in <u>Nahrungsmitteln</u> vor. Durch Regenfälle gelangen die atmosphärischen Aerosole auf die Oberfläche von Nutzpflanzen (Gemüse, Obst). Zum Beispiel wurden an Grünkohlproben BaP-Gehalte zwischen ca 4000 – 16000 ng/kg Frischgewicht gefunden[23]. Nach neueren Untersuchungen nimmt der Mensch möglicherweise eher größere Mengen an BaP über die Nahrung als durch die Atemluft auf[24,25,26]. Dabei wird ein Teil des BaP erst bei der Vorbereitung der Speisen in der Küche erzeugt (insbesondere durch die beim Braten von Fleischwaren ablaufenden Pyrolysevorgänge)[27].

Auch die "Rauchgase" von <u>Zigaretten</u> enthalten PAHs. Mittels Gaschromatographie/Massenspektroskopie konnten 150 der im Tabakrauchkondensat vorkommenden Substanzen als PAHs und Alkyl-PAHs identifiziert werden[28]. Im Rauchkondensat von einer Zigarette sind etwa 10-50 ng BaP enthalten[29].

Über die verschiedenen zivilisationsbedingten <u>Emissionsquellen</u> von PAHs liegt eine umfangreiche Literatur vor (für Zusammenfassungen siehe zum Beispiel Lit.1,30). Für industrielle Pyrolyseprozesse (zum Beispiel: Herstellung von Hüttenkoks, technischen Rußen oder Aluminium) wurden Emissionsfaktoren ermittelt: mg emittierte PAHs (oder BaP) pro Tonne erzeugtes Produkt. Analog kann man Emissionsfaktoren für Verbrennungsvorgänge definieren: µg (10^{-6} g) emittierte PAHs (oder BaP) pro Kilogramm verbrauchtes Heizmaterial oder Treibstoff. Durch Multiplikation der Emissionsfaktoren mit den (weltweit oder regional) erzeugten Produktmengen resp. verbrauchten Heizmaterial- oder Treibstoffmengen lassen sich die Beiträge der verschiedenen industriellen Prozesse und Verbrennungsvorgänge zum Gesamtvorkommen von PAHs (resp. von BaP) in der Umwelt abschätzen. Die Ergebnisse sind aber mit großen Unsicherheiten behaftet, unter anderem da nicht sicher ist, ob die verwendeten Emissionsfaktoren repräsentative Durchschnittswerte für eine gegebene Aktivität, zum Beispiel die Aluminiumproduktion, darstellen[30].

Derartige Untersuchungen ergaben zum Beispiel, daß in den USA der Kraftfahrzeugverkehr die vorherrschende Emissionsquelle ist; ihr Anteil von ca 35% an der Gesamtemission von PAHs lag deutlich über dem Beitrag aus industriellen Prozessen (ca 26%) (Lit.30).

Für die jährliche Gesamtemission von BaP in den USA wurde ein Wert von 1300 Tonnen abgeschätzt[31], für die globale BaP-Emission von 5000 Tonnen[32].

Definitionsgemäß ist bei derartigen Emissionswerten nicht berücksichtigt, daß sich die emittierten BaP- resp. Gesamt-PAH-Mengen in der Umwelt nicht akkumulieren; vielmehr werden die PAHs unter Umweltbedingungen auch abgebaut, in der Atmosphäre durch photochemische, im Boden und Wasser durch mikrobielle Prozesse.

Im Meerwasser vorhandene PAHs können sich aufgrund ihrer lipophilen Eigenschaften in Fischen oder Muscheln bioakkumulieren[33]. Zum Beispiel wurde in Versuchen mit ^{14}C-markiertem Benzo[a]pyren eine 236-fache Bioakkumulation (relativ zur BaP-Konzentration im verwendeten Wasser) in Muscheln beobachtet[34]. Die Abgabe des bioakkumulierten BaP erfolgt relativ langsam; nach 10 Tagen waren noch 29% des aufgenommenen BaP in den Muscheln vorhanden.

Außer dem photochemischen, oxidativen Abbau gehen PAHs in der Atmosphäre zahlreiche weitere Reaktionen ein, zum Beispiel mit NO/NO_2 unter Bildung von Nitro-PAHs (für Übersichten siehe Lit.35,36).

9.3 Cancerogene PAHs

Daß bestimmte chemische Substanzen die Eigenschaft besitzen, bei längerer Einwirkung auf die Haut oder andere Organe von Versuchstieren (zum Beispiel Mäusen und Ratten) maligne Tumoren (Krebs) zu erzeugen, wurde zuerst an polycyclischen aromatischen Kohlenwasserstoffen beobachtet. Später sind Verbindungen mit cancerogener (krebserzeugender) Aktivität auch in zahlreichen anderen Stoffklassen gefunden worden.

1915 beobachteten Yamagiwa und Ichikawa (Lit.37), daß Kaninchen durch Einwirkung von Steinkohlenteer maligne Tumoren auf der Haut entwickeln. Der erste experimentelle Hinweis, daß dieser Effekt auf die im Teer vorhandenen PAHs zurückzuführen ist, ergab sich aus der Beobachtung von Kennaway und Hieger (Lit.38) (1930), daß sich auch mit Dibenz[a,h]anthracen (auf der Haut von Mäusen) Krebs erzeugen läßt. Wenig später folgte der Nachweis der cancerogenen Aktivität von Benzo[a]pyren (Lit.39).
Diese Entdeckungen waren von großer Bedeutung für die moderne Krebsforschung, insbesondere da vermutet wurde, daß Substanzen oder Substanzgemische, die sich im Tierexperiment als cancerogen erwiesen hatten, auch beim Menschen eine cancerogene Wirkung entwickeln könnten. Diese Vermutung stand im Einklang mit einer frühen Beobachtung (1775) des Arztes Sir Percival Pott, der bei Schornsteinfegern eine erhöhte Häufigkeit von Hodenkrebs festgestellt hatte, die er auf die Exposition durch Ruß zurückführte (Lit.40).
Heute gilt es als gesichert, daß die Einwirkung bestimmter PAHs oder PAH-Gemische über einen langen Zeitraum, und wenn eine entsprechende genetische Disposition im Einzelfall vorhanden ist, auch für den Menschen ein Krebsrisiko darstellt. (Der Begriff "Risiko" wird üblicherweise definiert als das Produkt aus "Schadenshöhe" und "Eintrittswahrscheinlichkeit". Die Eintrittswahrscheinlichkeit einer Krebserkrankung durch exogene Noxen kann durch die persönliche Lebensweise und technische sowie administrative Maßnahmen, die dafür sorgen, daß die Umwelt nur in sehr geringem Maße mit cancerogenen Stoffen belastet ist, niedrig gehalten werden). Die große Aufmerksamkeit, die der Stoffklasse der PAHs und vielen anderen chemischen Cancerogenen von Seiten der Wissenschaft, der Öffentlichkeit und der für den Umweltschutz und die Gesundheitsvorsorge zuständigen Institutionen entgegengebracht wird, resultiert aus dem mit diesen Stoffen verbundenen möglichen Gesundheitsrisiko für den Menschen.
Nur aus solchen Tierexperimenten, die hohe methodische Anforderungen erfüllen, können verläßliche Aussagen über die cancerogene Wirkung einer Substanz oder eines Substanzgemischs abgeleitet werden (Lit. 41,42,43). Außer dem Hauttest sind zahlreiche andere Arten von Tierversuchen ("Tiermodellen") zur Prüfung von Substanzen auf cancerogene Eigenschaften entwickelt worden, zum Beispiel die subkutane Injektion, die Inhalation oder die orale Applikation der Substanz.

Die PAHs können hinsichtlich ihrer cancerogenen Wirkung in Gruppen unterteilt werden: Nichtcancerogene PAHs, PAHs mit schwacher, mäßiger und starker cancerogener Aktivität. Beispiele für nichtcancerogene und stark cancerogene PAHs sind in der Formelübersicht 9.2 gegeben.

PAHs mit starker cancerogener Aktivität :

1   17   18

19   14   20

Nichtcancerogene PAHs :

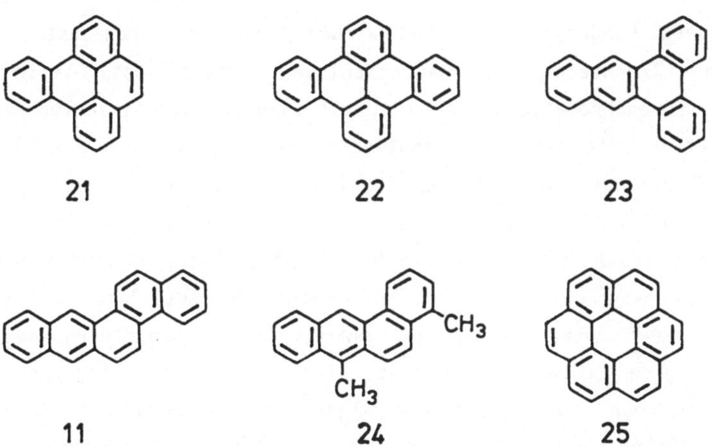

21   22   23

11   24   25

Formelübersicht 9.2. Stark cancerogene und nichtcancerogene PAHs

Über die in Tierexperimenten untersuchte Cancerogenität von PAHs liegen zahlreiche Übersichtsartikel und Monographien vor; die Einstufung in die verschiedenen Wirksamkeitsgruppen ist häufig in übersichtlicher Tabellenform angegeben[44,45,46,47,48,49].

Die größte Gruppe bilden die nichtcancerogenen PAHs. Alle bis heute bekannten (unsubstituierten) PAHs mit schwacher bis starker cancerogener Aktivität enthalten vier bis sieben Benzolringe. Nach neueren Untersuchungen ist Dibenzo[a,l]pyren (**17**) (Formelübersicht 9.2) der am stärksten cancerogen wirksame PAH[50,51]. Zwischen nicht und stark cancerogenen Verbindungen bestehen häufig nur geringe strukturelle Unterschiede (siehe zum Beispiel die Dimethyl-benz[a]anthracene **20** und **24** in Formelübersicht 9.2).

Die aus den verschiedenen Emissionsquellen in die Umwelt gelangenden PAHs und Alkyl-PAHs treten immer zusammen mit Verbindungen aus anderen Stoffklassen auf, zum Beispiel nichtaromatischen Verbindungen, Heterocyclen oder Derivaten von PAHs mit stark polaren Substituenten. Wird für das von einen Emittenten abgegebene Gesamtmaterial im Tierexperiment cancerogene Aktivität beobachtet, so ist nicht von vornherein klar, welchen <u>Wirkungsanteil</u> die einzelnen Komponenten haben. Zur Klärung dieser wichtigen Frage hat Grimmer[52,53] eine geeignete Strategie eingeführt, die als "Wirkungsprofilanalyse" bezeichnet wird. Das von einem Emittenten abgegebene Gesamtmaterial (das meist in Form eines Kondensats erhalten werden kann) wird zunächst mit präparativen Trenntechniken, hauptsächlich Flüssig-flüssig-Verteilungen und Säulenchromatographie, in Fraktionen zerlegt, insbesondere in die Fraktion, die die nichtaromatischen Verbindungen und die PAHs mit 2 und 3 Benzolringen enthält, die Fraktion der polaren polycyclisch-aromatischen Verbindungen (Hetarene, PAHs mit polaren Substituenten), die Fraktion der Nitro-PAHs und die der PAHs mit 4 bis 7 Ringen. Von jeder Fraktion wird ihr prozentualer Anteil am Gesamtmaterial und im Tierexperiment (unter jeweils identischen Bedingungen) ihre cancerogene Aktivität ermittelt. In einem weiteren Tierexperiment bestimmt man die cancerogene Aktivität des Gesamtmaterials. Aus diesen Daten kann man nun den cancerogenen Wirkungsanteil (in %) der einzelnen Fraktionen an der Wirkung des Gesamtmaterials berechnen. Das so erhaltene Ergebnis wird überprüft, indem man die Fraktionen wieder vereinigt und die cancerogene Wirkung der Mischung ermittelt; sie muß mit der des Originalmaterials übereinstimmen, was in allen bisher untersuchten Fällen innerhalb kleiner Fehlergrenzen zutrifft. Aus den Experimenten folgt auch, daß sich die nicht, schwach und stark cancerogenen Anteile einer komplexen Mischung in ihrer cancerogenen Wirkung annähernd additiv verhalten.

In allen bisher untersuchten Fällen (zum Beispiel Abgaskondensat aus Diesel- resp. Otto-Motoren, Kondensat aus den Abgasen von Wohnungsheizanlagen auf Kohlebasis, Zigarettenrauchkondensat u.a.) wurde gefunden, daß auf die Fraktion der 4-7-Ring-PAHs ca 75-100 % der cancerogenen Wirkung der Gesamtkondensate entfallen, obwohl die PAH-Fraktionen nur ca 1-20 Gew.-% von den Gesamtkondensaten ausmachen.

Aus diesen Untersuchungen folgt auch, daß das mit dem Zigarettenrauchen verbundene Lungenkrebsrisiko überwiegend auf die Inhalation der 4-7-Ring-PAHs zurückzuführen ist. Über das Auftreten von Lungenkrebs bei Rauchern resp. Nichtrauchern liegen 8 epidemiologische Studien vor (Lit.54). Basierend auf Daten der Weltgesundheitsorganisation WHO wurde abgeschätzt, daß 92% der Lungenkrebsmortalität in der männlichen amerikanischen Bevölkerung durch das Zigarettenrauchen verursacht werden; ähnliche Ergebnisse wurden für andere Länder erhalten, zum Beispiel Kanada und England. Das bedeutet auch, daß Luftverunreinigungen in den Industrieländern nur für einen sehr kleinen Anteil an der Gesamtmortalität durch Lungenkrebs verantwortlich sind (zitiert nach Lit.53).

9.4 Mechanismen der Cancerogenese durch PAHs

Es gilt heute als gesichert, daß die Krebsentstehung durch PAHs mit der Ausbildung einer kovalenten Bindung zwischen Basen der DNA und dem Cancerogen beginnt. Alle PAHs, die auf diese Weise die DNA angreifen, sind "Initiatoren" des Krebsgeschehens. Obwohl dieser erste Schritt der Cancerogenese irreversibel ist, muß er noch nicht zwangsläufig zu morphologischen Veränderungen der betroffenen Zellen führen. In einem zweiten Schritt können die geschädigten Zellen unter dem Einfluß von "Promotoren" eine maligne Entartung (durch Transkription) erfahren. Alle stärker cancerogen wirksamen PAHs sind nicht nur Initiatoren sondern auch Promotoren der Cancerogenese (d.h. sie fungieren als ihre eigenen Promotoren). Bei schwächer cancerogenen PAHs findet

die maligne Entartung der Zellen nur in Gegenwart anderer als Promotoren wirkender Verbindungen statt[55].
Wie sich aus einer Vielzahl von experimentellen Untersuchungen ergibt,
kann die Verknüpfung eines cancerogenen PAHs mit Basen der DNA auf
zwei Wegen erfolgen, die am Beispiel des Benzo[a]pyrens (1) in Bild
9.4 dargestellt sind.

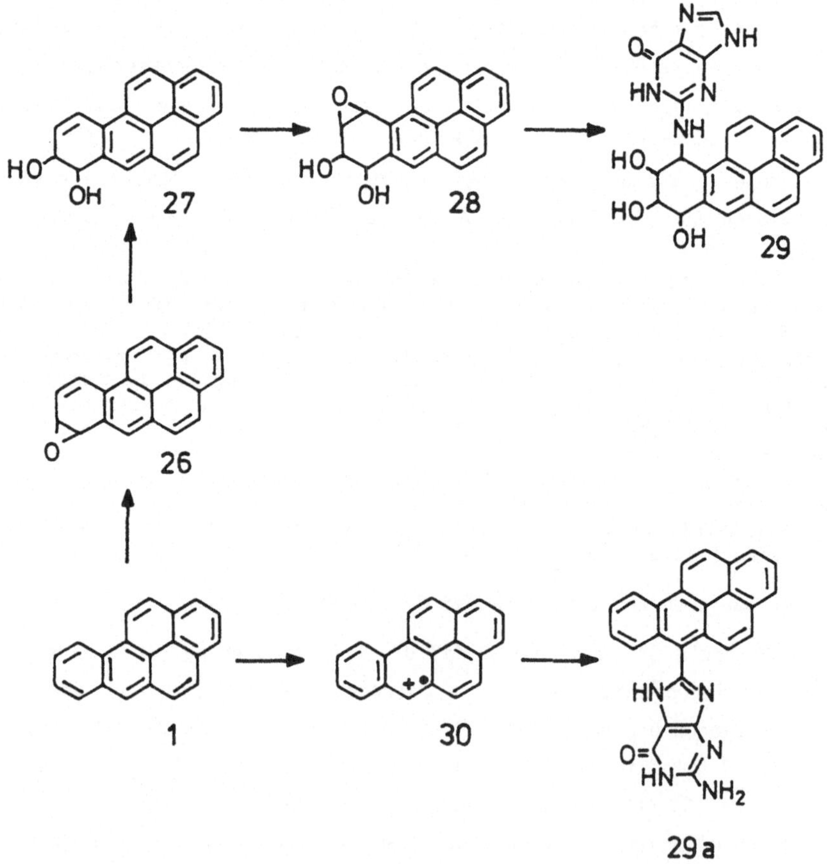

Bild 9.4. Reaktionsweisen von cancerogenen PAHs mit der DNA

Im ersten Mechanismus[44] wird Benzo[a]pyren (1) unter dem Einfluß
einer mischfunktionellen Oxidase und NADPH (Nicotinamid-adenin-dinu-
cleotid-phosphat in der hydrierten Form) zunächst in das Epoxid **26**

überführt. (Hierbei wird gleichzeitig je ein Atom eines Sauerstoff-moleküls auf den Aromaten und NADPH übertragen). Es schließt sich eine enzymatische Hydratisierung zum Dihydro-diol **27** an, das Epoxidierung unter Bildung des Dihydro-diol-epoxids **28** erfährt. **28** ist das eigentliche Cancerogen (in der angelsächsischen Literatur: das "ultimate carcinogen"); es reagiert unter Ringöffnung des Oxiranrings mit Basen der DNA (vorzugsweise Guanin) zu DNA-Addukten vom Typ **29**. (Gunanin ist in der DNA an D-Ribose gebunden, was in Formel **29** nicht berücksichtigt wurde).

Neben **28** entstehen in der Zelle zahlreiche andere Metaboliten, worauf hier nicht eingegangen werden soll (Lit.1). In **28** befindet sich die reaktive Oxirangruppierung an einem zu einer "Bay-Region" (zur Definition siehe Abschnitt 7.2, Bild 7.6) gehörendem Ring. Quantenchemisch (z.B. mit der PMO-Methode, Abschnitt 4.1) läßt sich leicht zeigen, daß sog. "Bay-Region-Epoxide" gegenüber nucleophilen Verbindungen wie den DNA-Basen besonders reaktiv sind (das ist der eigentliche Inhalt der "Bay-Region-Theorie" der Cancerogenese durch PAHs[56,57]). Ebenso wichtig ist jedoch, daß die Bay-Region-Epoxide gegenüber Detoxifizierungsreaktionen, die mit der Bildung von DNA-Addukten konkurrieren, besonders resistent sind[58]. Vom Diolepoxid **28** werden vier Stereoisomere gebildet (Bild 9.5), von denen das (+)-_anti_-Isomer die stärkste cancerogene Wirkung hat.

Im zweiten Mechanismus erfährt Benzo[a]pyren (**1**) in der Zelle eine enzymatisch induzierte Ein-Elektronen-Oxidation unter Bildung des Radikalkations **30**, das mit nucleophilen Zentren der Basen direkt zu DNA-Addukten **29a** reagiert[59,60,61] (Bild 9.4). (Da die Basen mehrere nucleophile Zentren besitzen, entstehen isomere DNA-Addukte). Bei cancerogenen _Methyl_-PAHs (Bild 9.6) wird zunächst ebenfalls ein Radikalkation gebildet; es schließen sich die Abspaltung eines Protons und eine nochmalige Ein-Elektronen-Oxidation an. Das entstandene Kation **31** reagiert mit Basen der DNA zu Addukten vom Typ **32**.

Die Epoxid-Ringöffnung und die Ein-Elektronen-Oxidation sind stets konkurrierende Mechanismen der PAH-DNA-Adduktbildung, wobei der Oxidationsmechanismus bei PAHs mit relativ hoch liegendem HOMO (niedrigem 1.Ionisierungspotential) stark dominiert.

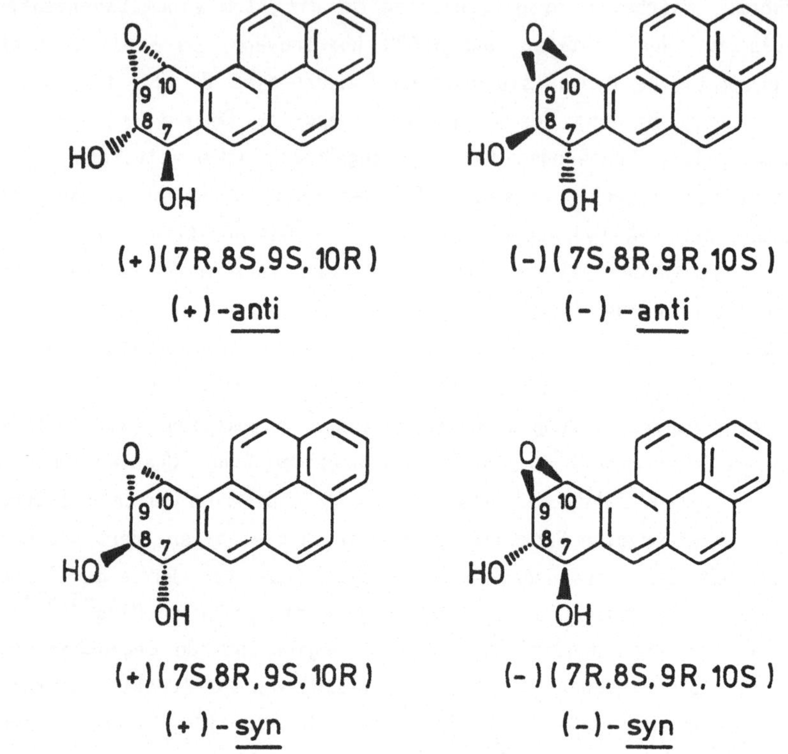
O
9 10
8 7
HO
OH
(+)(7R,8S,9S,10R)
(+)-anti
(-)(7S,8R,9R,10S)
(-)-anti
(+)(7S,8R,9S,10R)
(+)-syn
(-)(7R,8S,9R,10S)
(-)-syn

Bild 9.5. Stereoisomere des 7,8-Dihydroxy-9,10-epoxy-7,8,9,10-tetrahydro-benzo[a]pyrens (28)

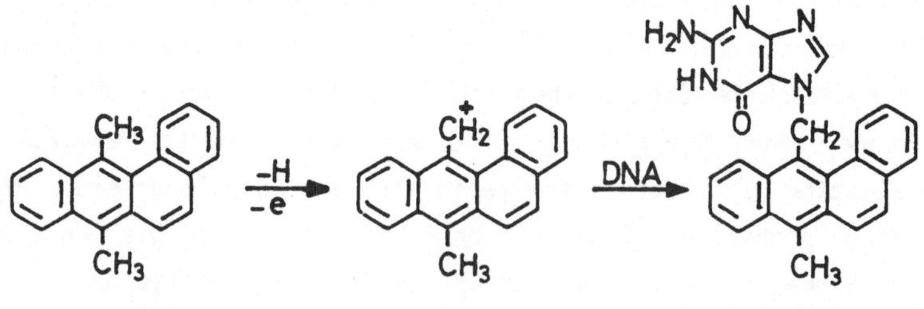
CH3
-H
-e
CH2
DNA
H2N
N
HN
O
CH2
CH3

20 31 32

Bild 9.6. 7,12-Dimethyl-benz[a]anthracen/DNA: Kationischer Mechanismus

9.5 Umweltanalytik der PAHs

Die Methoden der modernen instrumentellen Analytik organischer Verbindungen wurden meist unmittelbar nach ihrer Einführung auch auf PAHs angewandt. Das gilt sowohl für chromatographische wie für spektroskopische Verfahren. Häufig sind neue Methoden mit großem Anwendungsbereich zuerst am Beispiel der Analyse von PAH-Mischungen vorgestellt worden. Das große Interesse von Analytikern, die sich mit Methodenentwicklungen befassen, an der Stoffklasse der PAHs ist vor allem auf die besondere Eignung der PAHs für die Entwicklung und die Prüfung von neuen Analysentechniken zurückzuführen. Die wichtigsten praktischen Anwendungen der PAH-Analytik bestehen in der Erkennung und quantitativen Bestimmung von PAHs (sowie Heteranen und PAH-Derivaten) in Umweltproben und biologischen Materialien.

In der Umweltanalytik der PAHs sind die vorbereitenden Schritte (Probennahme, Probenvorbereitung einschließlich Anreicherungsverfahren) häufig aufwendiger, schwieriger und eher eine Quelle von möglichen Fehlern als die abschließende Untersuchung des PAH-Gemischs im Analysengerät (eine sehr instruktive Übersicht über die verschiedenen Probenahme- und Vorbereitungsverfahren ist in Lit.62 enthalten).

Die <u>Gaschromatographie</u> (GC) ist die am besten geeignete Methode zur quantitativen Analyse von komplexen PAH-Gemischen[62,63]. Ihr Anwendungsbereich endet bei PAHs mit Mol-Massen > ca 350 (Beispiel: Benzocoronen). (Die Flüchtigkeit höhermolekularer PAHs ist für die gaschromatographische Erfassung nicht ausreichend, zumindest nicht bei Verwendung konventioneller GC-Säulen und Techniken; mit speziellen Verfahren können PAHs mit Mol-Massen bis ca 400 analysiert werden[62,63]). Da chromatographische Verfahren zwar vorzüglich für die quantitative Analyse von komplexen Gemischen aber weniger für die Identifizierung der einzelnen Komponenten geeignet sind, ist es üblich "trennende" (chromatographische) mit "erkennenden" (spektroskopischen) Verfahren "on line" zu koppeln. Im Falle der gaschromatographischen Analyse von PAH-Gemischen ist die on-line-Kopplung mit Massenspektrometrie die am besten geeignete Methode. Gaschromatographie in Glaskapillarsäulen in on-line-Kopplung mit Massenspektrometrie (Elektronenstoßanregung bei 70 eV) ist daher das heute meist verwendete Ver-

fahren zur Erkennung und quantitativen Bestimmung von PAHs in Umweltproben[62,63]. Die Beschränkung der Methode auf die Erfassung von
PAHs mit Mol-Massen bis ca 350 mindert nicht ihre Bedeutung für die
Umweltanalytik, da cancerogene PAHs mit mehr als 7 Ringen (Mol-Massen
ca 300) nicht bekannt sind (Abschnitt 9.3).

In manchen Fällen bietet die Anwendung der <u>Hochdruck-Flüssigkeitschro-
matographie</u> (HPLC)[62,64,65] in der PAH-Analytik Vorteile gegenüber
der GC : bei thermisch labilen PAH-Derivaten, zum Beispiel Metaboliten
(Abschnitt 9.4), zur Trennung von Gemischen hochmolekularer PAHs
(mit Mol-Massen bis ca 600[66]) und bei bestimmten Isomeren-Trennungen,
die manchmal mit der HPLC leichter als mit der GC gelingen. Zwei
Beispiele für Isomeren-Trennungen sind in Bild 9.7 gegeben: die Trennung von kata-kondensierten 5-Ring-PAHs (a) und von 10 Methyl-benzo-
[a]pyrenen (b).

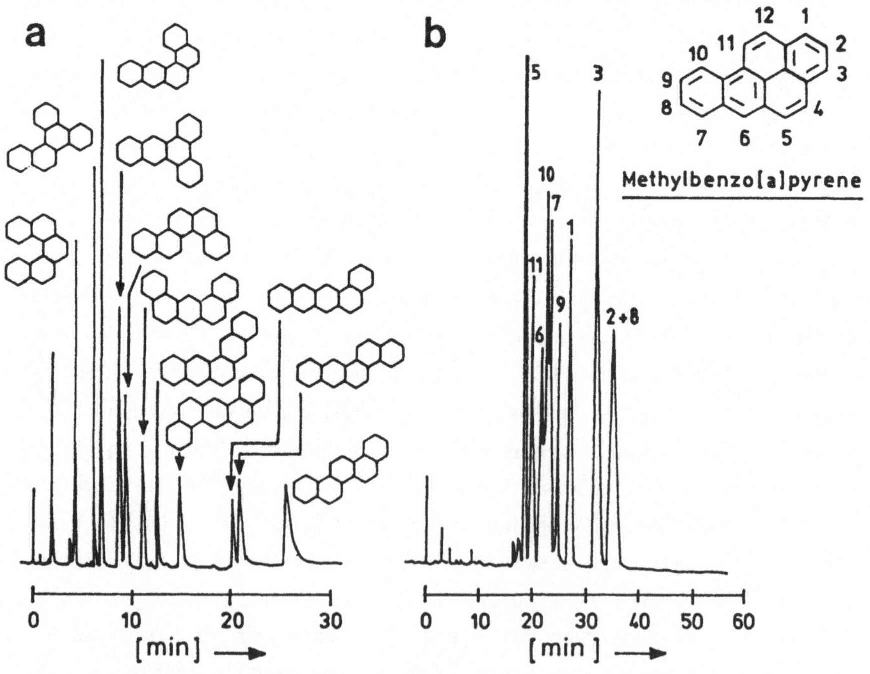

Bild 9.7. HPLC-Trennungen von isomeren PAHs (nach Lit.65)

Die HPLC wird meist in on-line-Kopplung mit UV-Spektroskopie als erkennender Methode betrieben. Die HPLC-UV-Spektroskopie-Kopplung ist besonders für die PAH-Analytik sehr geeignet, da sich die verschiedenen in komplexen Mischungen (zum Beispiel Umweltproben) vorkommenden PAHs durch ihre charakteristischen UV-Spektren unterscheiden (Abschnitt 5.1). Mit den heute kommerziell zugänglichen sehr schnellen UV-Detektoren (Registrierzeiten von ca 0.01 Sekunden für ein komplettes Spektrum) kann man die Spektren der einzelnen, durch HPLC getrennten PAHs einer Mischung ohne Unterbrechung des Chromatographielaufs registrieren.

Eine sehr einfache Methode ermöglicht die Unterscheidung von alternierenden und nichtalternierenden PAHs im Hochdruckflüssigkeitschromatogramm einer Mischung[67]. Die Methode basiert auf dem unterschiedlichen Fluorezenzlöschverhalten der Kohlenwasserstoffe gegenüber Nitromethan (Abschnitt 7.4). Bild 9.8 zeigt zwei Beispiele.

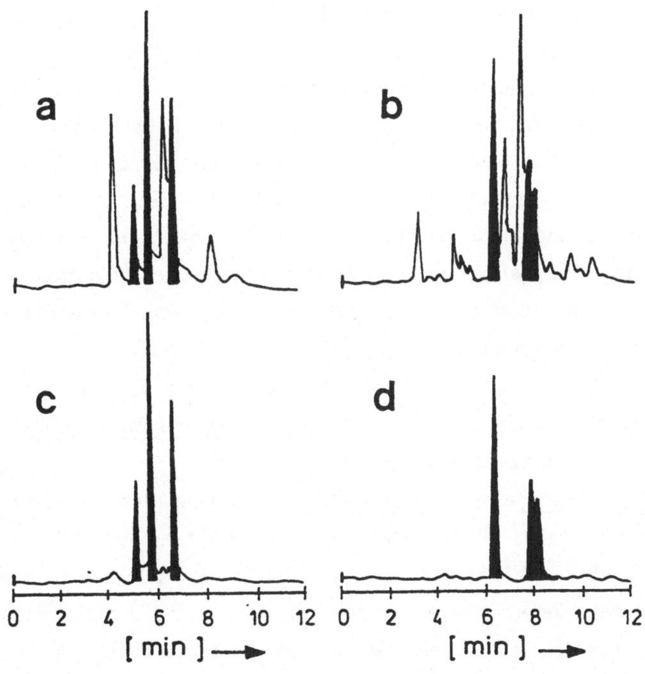

Bild 9.8. Nachweis von alternierenden (leere peaks) und nichtalternierenden PAHs (volle peaks) in Mischungen (nach Lit.67)

Kurve a ist das Chromatogramm eines Modellgemischs aus alternierenden (leere peaks) und nichtalternierenden PAHs (volle peaks), Kurve b das Chromatogramm einer realen Probe. In beiden Fällen wurde die Fluoreszenz der Verbindungen zur Detektion verwendet; sowohl die alternierenden als auch die nichtalternierenden PAHs fluoreszieren und werden daher detektiert. Nach Zugabe einer kleinen Menge Nitromethan zum Laufmittel erhält man die Chromatogramme c und d: sie bestehen nur noch aus den peaks der nichtalternierenden PAHs, da die Fluoreszenz der alternierenden PAHs durch das Nitromethan gelöscht wird. Die Methode ermöglicht die Zuordnung der peaks im Chromatogramm einer Probe unbekannter Zusammensetzung zu alternierenden und nichtalternierenden PAHs, ohne daß hierfür die entsprechenden Referenzsubstanzen benötigt werden.

Auch die Überkritische Flüssigchromatographie (SFC) wird für die Analyse von PAH-Gemischen eingesetzt[68]. Bei der SFC befindet sich das als mobile Phase verwendete Gas (zum Beispiel CO_2) unter überkritischen Bedingungen. Im überkritischen Zustand besitzt ein Gas eine höhere Dichte als unter Normalbedingungen, aber eine kleinere Viskosität als eine Flüssigkeit. Aufgrund dieser Eigenschaften ermöglicht die SFC die Erfassung höher molekularer PAHs als die GC bei kleineren Retentionszeiten als in der HPLC. Obwohl die SFC im Prinzip die Vorteile der GC und HPLC in sich vereinigt (hohe Trennleistung bei relativ kurzen Analysenzeiten und Anwendbarkeit auf höhermolekulare Verbindungen), spielt sie in der Routineanalytik von PAH-Gemischen bisher noch keine bedeutende Rolle.

Für die schnelle quantitative Bestimmung von Benzo[a]pyren in komplexen PAH-Gemischen ist auch die Dünnschichtchromatographie in Kombination mit Fluoreszenzspektroskopie geeignet.

In der Fluorimetrie und Phosphorimetrie werden die charakteristischen Fluoreszenz- resp. Phosphoreszenzeigenschaften der PAHs (siehe Abschnitt 5) für analytische Zwecke genutzt. Da schwach fluoreszierende PAHs in der Regel stark phosphoreszieren und umgekehrt, sind die Methoden bis zu einem gewißen Grade komplementär. Beide Techniken können sowohl bei Raumtemperatur (mit Vorteilen bei der praktischen Durchführung) als auch bei tiefen Temperaturen (77 K und darunter, mit Vorteilen in bezug auf Empfindlichkeit und Selektivität) angewendet werden. Bei der Analyse komplexer PAH-Mischungen, wie sie in Umweltproben vorkommen, sind die lumineszenzspektroskopischen den chromatographischen Methoden in den meisten Fällen unterlegen, doch bieten sie wesentliche Vorteile bei der Lösung von speziellen analytischen Problemen in der Biochemie der PAHs. Zum Beispiel lassen sich mit Lumineszenzverfahren isomere PAH-DNA-Addukte in Gemischen unterscheiden und identifizieren[68].

Zahlreiche hochselektive und hochempfindliche lumineszenzanalytische Methoden zur Erkennung und quantitativen Bestimmung von PAHs und PAH-Derivaten sind erarbeitet worden[68]. Diese Entwicklungen sind von großem wissenschaftlichen Interesse und hohem intellektuellem Reiz und gehören zu den beeindruckendsten Leistungen moderner PAH-Forschung.

Das Gleiche gilt für das Gebiet der Erkennung und quantitativen Bestimmung von PAHs mit immunologischen Methoden[68]. Im Radioimmunoassay wird die Spezifität von Antikörper-Antigen-Reaktionen mit der hohen Nachweisempfindlichkeit radioaktiv markierter Verbindungen kombiniert. Für die quantitative Bestimmung von Benzo[a]pyren (BaP) in biologischen Proben, zum Beispiel Körperflüssigkeiten, wird ein für BaP spezifischer Antikörper (erhalten mit gentechnischen Methoden) sowie eine bekannte Menge radioaktiv markiertes BaP zur Untersuchungsprobe gegeben. Das zu der Probe gehörende sowie das radioaktiv markierte BaP konkurrieren um die Bindungsstelle im Antikörper. Aus der spezifischen Radioaktivität des entstehenden Antigen-Antikörper-Komplexes und der bekannten Menge an radioaktivem BaP kann der BaP-Gehalt der Probe errechnet werden.

10   PAHs IM INTERSTELLAREN RAUM

1973 entdeckten Gillett, Forrest und Merrill[69,70], daß bestimmte astronomische Objekte eine breite Bande bei 3050 cm^{-1} emittieren. Später wurden weitere IR-Emissionsbanden im mittleren Spektralbereich (bei 500 bis 3200 cm^{-1}) beobachtet, und eine Vielzahl interstellarer IR-Emissionsquellen mit sehr ähnlichen Spektren gefunden. Die Emissionen stammen nicht nur aus der Milchstraße sondern auch aus anderen Galaxien. Sie treten in Regionen auf, in denen UV-Strahlung auf interstellaren Staub trifft und scheinen vom Alter und der Geschichte des Staubs unabhängig zu sein. Die heute dominierende, wenn auch noch nicht völlig gesicherte Theorie des Phänomens wurde 1984 eingeführt[69,70]; sie besteht in der Annahme, daß es sich bei den Emissionen um IR-Fluoreszenzen aus vibronisch hoch angeregten PAHs handelt. Es gibt Hinweise dafür, daß die intensivsten Emissionsbanden aus PAHs mit 20 bis 50 C-Atomen stammen. In den Spektren beobachtet man die zu out-of-plane-Schwingungen gehörenden Banden (730-910 cm^{-1}) von Benzolringen mit isolierten sowie zwei und drei benachbarten aromatischen CH-Gruppen (Abschnitt 7.4), während Signale von Ringen mit vier benachbarten CH-Gruppen (terminale Ringe) fehlen. Daraus ist der Schluß gezogen worden, daß hochmolekulare peri-kondensierte PAHs (zum Beispiel vom Typ der Circumarene, Abschnitt 3.4) dominieren. Die PAHs scheinen im interstellaren Staub weitgehend isoliert und nicht in Form von Clustern vorzuliegen. Ferner muß angenommen werden, daß die IR-Fluoreszenz emittierenden PAHs überwiegend nicht als neutrale Moleküle sondern in Form ihrer Radikalkationen anwesend sind.

Quantitative Abschätzungen haben zu dem Schluß geführt, daß etwa 1-10% des gesamten in der Galaxie vorkommenden Kohlenstoffs in PAHs gebunden vorliegen, und ferner, daß die PAHs im interstellaren Raum stärker vertreten sind als alle anderen interstellaren, gasförmigen, mehratomigen Moleküle zusammen.

Obwohl die PAH-Hypothese die bisher beste Erklärung für den Ursprung der interstellaren IR-Emissionsbanden im Bereich von 500 bis 3200 cm^{-1} bietet, werden weitere Untersuchungen (insbesondere über das IR-Emissionsverhalten von PAHs) erforderlich sein, um die Hypothese verläßlich zu beweisen.

LITERATURHINWEISE ZU DEN EINZELNEN ABSCHNITTEN

Literatur zu Abschnitt 1

1) D.Lloyd, D.R.Marshall, Angew.Chem. **184**, 447 (1972); Angew.Chem., Int.Ed.Engl. **11**, 404 (1972)

2) D.Bryce-Smith, H.C.Longuet-Higgins, Chem.Comm. 1966, 593

3) M.J.S.Dewar, The Molecular Orbital Theory of Organic Compounds, McGraw-Hill, New York, N.Y. 1969

4) B.A.Hess,jr., L.J.Schaad, J.Am.Chem.Soc. **93**, 305 (1971)

5) L.J.Schaad, B.A.Hess,jr., Pure & Appl.Chem. **54**, 1097 (1982)

6) V.Vögtle, Cyclophane Chemistry, John Wiley and Sons, Chichester, U.K. 1993

7) H.Hopf, Naturwiss. **70**, 349 (1983)

8) L.W.Jenneskens, F.J.J.de Kanter, P.A.Kraakman, L.A.M.Turkenburg, W.E.Koolhaas, W.H.de Wolf, F.Bickelhaupt, Y.Tobe, K.Kakiuchi, V.Odaire, J.Am.Chem.Soc. **107**, 2716 (1985)

9) P.M.Keen, in Cyclophanes, (Hrsg. M.Keen, S.M.Rosenfeld) Academic Press, New York-London 1983, S.69 ff.

10) J.E.Rice, T.J.Lee, R.B.Remington, W.D.Allen, D.A.Clabo,jr., H.F. Schaefer III, J.Am.Chem.Soc. **109**, 2902 (1987)

11) K.-L.Noble, H.Hopf, M.Jones,jr., S.L.Kammula, Angew.Chem.**90**, 629 (1978); Angew.Chem.,Int.Ed.Engl. **17**, 602 (1978)

12) H.Hopf, J.Kleinschroth, A.E.Mourad, Angew.Chem. **92**, 388 (1980); Angew.Chem.,Int.Ed.Engl. **19**, 389 (1980)

13) T.Wagner-Jauregg, Synthesis **1980**, S.165 ff., 769 ff.

14) H.Schmidt, A.Schweig, G.Thiel, M.Jones,jr., Chem.Ber. **111**, 1958 (1978)

15) R.C.Haddon, Acc.Chem.Res. **21**, 243 (1988)

16) J.F.Liebman, in Cyclophanes, (Hrsg.P.M.Keen, S.M.Rosenfeld) Academic Press, New York-London 1983, S.30

17) M.Randic, Tetrahedron **31**, 1477 (1975)

18) L.Pauling, L.O.Brockway, J.Am.Chem.Soc. **59**, 1223 (1937)

19) O.E.Polansky, G.Derflinger, Int.J.Quantum Chem. **1**, 379 (1967)

20) R.C.Haddon, J.Am.Chem.Soc. 101, 1722 (1979)

21) P.C.Hiberty, S.S.Shaik, J.-M.Lefour, G.Ohanessian, J.Org.Chem.
50, 4657 (1985)

22) D.L.Cooper, J.Gerratt, M.Raimondi, Nature 323, 699 (1986)

23) R.H.Squire, J.Phys.Chem. 91, 5149 (1987)

24) S.Strbanova, J.Janko, Chem.unserer Zeit 25, 208 (1991)

25) H.W.Kroto, J.R.Heath, S.C.O'Brien, R.F.Curl, R.E.Smalley,
Nature 318, 162 (1985)

26) W.Krätschmer,L.D.Lamb, K.Fostiropoulos, D.R.Huffman, Nature
347, 354 (1990)

27) A.Hirsch, The Chemistry of the Fullerenes, Thieme Verlag,
Stuttgart-New York 1994

28) H.S.M.Coxeter, Regular Polytopes, Dover, New York 1973, S.10

29) P.W.Fowler, D.E.Manolopoulos, Nature 355, 428 (1992)

30) R.C.Haddon, Science 261, 1545 (1993)

31) R.C.Haddon, Nature 367, 214 (1994)

32) R.C.Haddon, L.E.Brus, K.Raghavachari, Chem.Phys.Lett. 125,
459 (1986)

33) T.G.Schmaltz, W.A.Seitz, D.J.Klein, G.E.Hite, J.Am.Chem.Soc.
110, 1113 (1988)

34) H.-D.Beckhaus, C.Rüchardt, M.Kao, F.Diederich, C.S.Foote,
Angew.Chem.104, 69 (1992); Angew.Chem.Int.Ed.Engl. 31, 63 (1992)

35) D.Bakowies, A.Gelessus, W.Thiel, Chem.Phys.Lett. 197, 324 (1992)

36) A.Ayalon, M.Rabinovitz, Pei-Chao Cheng, L.T.Scott,
Angew.Chem. 104, 1691 (1992); Angew.Chem.Int.Ed.Engl. 31,
1936 (1992)

37) G.A.Russel, S.A.Weiner, J.Org.Chem. 31, 248 (1966)

38) M.Saunders, H.A.Jimenez-Vazquez, R.J.Cross, S.Mroczkowski,
D.I.Freedberg, F.A.L.Anet, Nature 367, 256 (1994)

39) M.Zander, Z.Naturforsch.,Serie A, 25a, 1521 (1970)

40) W.Fuchs, F.Niszel, Ber.dtsch.chem.Ges. 60, 209 (1927)

41) M.S.Newman, D.Lednicer, J.Am.Chem.Soc. 78, 4765 (1956)

Literatur zu Abschnitt 2

1) M.Kreyenschmidt, M.Baumgarten, W.Tyutyulkov, K.Müllen, Angew.Chem. 106, 2062 (1994); Angew.Chem.Int.Ed.Engl. 33, 1957 (1994)

2) C.A.Coulson, H.C.Longuet-Higgins, Proc.Roy.Soc. A 192, 16 (1947)

3) M.J.S.Dewar, R.C.Dougherty, The PMO Theory of Organic Chemistry, Plenum Press, New York-London 1975

4) E.Heilbronner, H.Bock, Das HMO-Modell und seine Anwendung, Band III, Verlag Chemie GmbH, Weinheim 1970

5) B.A.Hess,jr., L.S.Schaad, J.Am.Chem.Soc. 93, 305 (1971)

6) P.J.Garratt, Aromaticity, McGraw-Hill, London 1971

7) F.Vögtle, Reizvolle Moleküle in der Organischen Chemie, B.G.Teubner, Stuttgart 1989, S.135

8) C.T.Blood, R.P.Linstead, J.Chem.Soc. (London) 1952, 2263

9) A.Etienne, A.le Berre, C.r. 242, 1453, (1956)

10) F.Diederich, H.A.Staab, Angew.Chem. 90, 383 (1978); Angew.Chem.Int.Ed.Engl. 17, 372 (1978)

11) J.R.Dias, Handbook of Polycyclic Hydrocarbons, Part A, Elsevier, New York 1987

12) E.Clar, Aromatische Kohlenwasserstoffe/Polycyclische Systeme, Springer-Verlag, Berlin 1941, S.3

13) W.J.Bailey, Ch.-W.Liao, J.Am.Chem.Soc. 77, 992 (1955)

14) B.Boggiano, E.Clar, J.Chem.Soc. (London) 1957, 2681

15) P.B.Sogo, M.Nakazaki, M.Calvin, J.Chem.Phys. 26, 1343 (1957)

16) Loc.cit. 12, S.311

17) H.C.Longuet-Higgins, J.Chem.Phys. 18, 265 (1950)

18) I.Gutman, S.J.Cyvin, Introduction to the Theory of Benzenoid Hydrocarbons, Springer-Verlag, Heidelberg 1989

19) E.Clar, The Aromatic Sextet, John Wiley and Sons, London 1972

20) J.Brunvoll, S.J.Cyvin, B.N.Cyvin, I.Gutman, W.J.He, W.C.He, Comm.Math.Chem. (Match) No 22, 105 (1987)

21) E.Clar, D.G.Stewart, J.Am.Chem.Soc. 75, 2667 (1953)

22) E.Clar, W.Kemp, D.G.Stewart, Tetrahedron 3, 325 (1958)

23) O.Hara, K.Tanaka, K.Yamamoto, T.Nakazawa, I.Murata, Tetrahedron Letters 1977, 2435

24) O.Hara, K.Yamamoto, I.Murata, Tetrahedron Letters 1977, 2431

25) R.Goddard, M.W.Haenel, W.C.Herndon, C.Krüger, M.Zander,
    J.Am.Chem.Soc. 117, 30 (1995)

26) E.Clar, K.F.Lang, H.Schulz-Kiesow, Chem.Ber. 88, 1520 (1955)

27) R.K.Erünlü, Liebigs Ann.Chem. 721, 43 (1969)

28) W.C.Herndon, in Polynuclear Aromatic Compounds, (Hrsg. L.Ebert)
    ACS Advances in Chemistry Series No 217, Washington, D.C. 1988,
    S.1 ff.

29) W.C.Herndon, D.A.Connor, P.Lin, Pure Appl.Chem. 62, 435 (1990)

30) F.H.Herbstein, G.M.J.Schmidt, J.Chem.Soc. (London) 1954, 1661

31) Loc.cit. 7, S.183

32) R.H.Martin, Angew.Chem. 86, 727 (1974); Angew.Chem.Int.Ed.Engl.
    13, 649 (1974)

33) R.A.Pascal,jr., W.D.McMillan, D.Van Engen, R.G.Eason,
    J.Am.Chem.Soc. 109, 4660 (1987)

34) W.C.Herndon, J.Am.Chem.Soc. 112, 4546 (1990)

35) R.H.Martin, M.Baes, Tetrahedron 31, 2135 (1975)

36) M.Zander, W.Friedrichsen, Chem.-Ztg. 115, 360 (1991)

37) M.Zander, Chem.Ber. 92, 2740 (1959)

38) I.C.Lewis, L.S.Singer, Magn.Res.Chem. 23, 698 (1985)

39) IUPAC, Nomenclature of Organic Chemistry, Sections A - H,
    Pergamon Press, Oxford 1979, S.559 ff.

40) IUPAC, Nomenclature of Fused and Bridged Fused Ring Systems,
    1994 (Druck in Vorbereitung)

Literatur zu Abschnitt 3

1) I.Gutman, S.J.Cyvin, Introduction to the Theory of Benzenoid
    Hydrocarbons, Springer-Verlag, Heidelberg 1989

2) M.J.S.Dewar, R.C.Dougherty, The PMO Theory of Organic Chemistry,
    Plenum Press, New York-London 1975

3) B.A.Hess,jr., L.S.Schaad, J.Am.Chem.Soc. 93, 305 (1971)

4) D.Biermann, W.Schmidt, J.Am.Chem.Soc. 102, 3163 (1980)

5) M.Zander, Z.Naturforsch., Serie A, 46a, 376 (1991)

6) T.W.Armitt, R.Robinson, J.Chem.Soc.(London) 1925, 1604

7) R.Robinson, in Aromaticity, Special Publication No 21,
    The Chemical Society, London 1967, S.47 ff.

8) E.Clar, M.Zander, J.Chem.Soc.(London) 1958, 1861

9) E.Clar, The Aromatic Sextet, John Wiley and Sons, London 1972

10) T.Sato, S.Shimada, K.Hata, Bull.Chem.Soc.Japan 44, 2484 (1971)

11) A.Halleux, R.H.Martin, G.S.D.King, Helv.Chim.Acta 41, 1177 (1958)

12) M.Zander, Chem.Ber. 92, 2744 (1959)

13) A.T.Balaban, D.Biermann, W.Schmidt, Nouveau J. Chim. 9, 443 (1985)

14) W.Boenigk, M.W.Haenel, M.Zander, Fuel 74, 305 (1995)

15) W.C.Herndon, J.Am.Chem.Soc. 96, 7605 (1974)

16) R.Goddard, M.W.Haenel, W.C.Herndon, C.Krüger, M.Zander,
    J.Am.Chem.Soc. 117, 30 (1995)

17) H.Hosoya, in Advances in the Theory of Benzenoid Hydrocarbons,
    (Hrsg. I.Gutman, S.J.Cyvin) Topics in Current Chemistry No 135,
    Springer-Verlag, Heidelberg 1990, S.255 ff.

18) M.Zander, Angew.Chem. 72, 513 (1960)

19) E.Clar, Ber.dtsch.chem.Ges. 69, 607 (1936)

20) M.Zander, Comm.Math.Chem. (Match) No 19, 171 (1986)

21) M.Zander, Z.Naturforsch., Serie A, 33a, 1398 (1978)

22) T.Koopmans, Physica 1, 104 (1934)

23) E.Clar, Polycyclic Hydrocarbons, Academic Press, London–New York,
    Springer-Verlag, Heidelberg 1964

24) M.Randic, S.Nikolic, N.Trinajstic, Gazz.Chim.Ital. 117, 69 (1987)

25) I.Gutman, Z.Naturforsch., Serie A, 37a, 248 (1982)

26) H.Hartmann, E.Lorenz, Z.Naturforsch., Serie A, 7a, 360 (1952)

27) M.Zander, Ber.Bunsenges.phys.Chem. 71, 424 (1967)

28) F.Stoddart, Chem.Brit. 1988, 1203

29) J.Aihara, J.Chem.Soc.Perkin Trans.2, 1994, 971

30) P.R.Ashton, G.R.Brown, N.S.Isaacs, D.Giuffrida, F.H.Kohnke,
    J.P.Mathias, A.M.Z.Slawin, D.R.Smith, J.F.Stoddart, D.J.Williams,
    J.Am.Chem.Soc. 114, 6330 (1992)

31) J.R.Dias, Handbook of Polycyclic Hydrocarbons, Part A, Elsevier,
    New York 1987

32) R.H.Martin, M.Baes, Tetrahedron 31, 2135 (1975)

33) I.Gutman, S.Petrovic, B.Mohar, Coll.Scientific Papers
    of the Faculty of Science, Universität Kragujevac, Jugoslawien
    3, 43 (1982)

34) S.Obenland, W.Schmidt, J.Am.Chem.Soc. 97, 6633 (1975)

35) A.T.Balaban, I.Tomescu, Comm.Math.Chem. (Match) No 14, 155 (1983)

36) R.H.Martin, Angew.Chem. 86, 727 (1974); Angew.Chem.Int.Ed.Engl.
    13, 649 (1974)

37) F.Vögtle, Reizvolle Moleküle in der Organischen Chemie,
    B.G.Teubner, Stuttgart 1989, S.183

38) M.Scholz, M.Mühlstädt, F.Dietz, Tetrahedron Letters 1967, 665

39) W.H.Laarhoven, Recl.Trav.Chim.Pays-Bas 102, 241 (1983)

40) K.-D.Gundermann, E.Romahn, M.Zander, Z.Naturforsch., Serie B,
    47b, 1764 (1992)

41) A.Streitwieser, Molecular Orbital Theory for Organic Chemists,
    John Wiley and Sons, New York-London 1961

42) A.S.Shawali, H.M.Hassaneen, C.Parkanyi, W.C.Herndon,
    J.Org.Chem. 48, 4800 (1983)

43) G.W.Klumpp, Reaktivität in der Organischen Chemie,
    Georg Thieme Verlag, Stuttgart 1978

44) L.v.Szentpaly, W.C.Herndon, Croat.Chem.Acta 57, 1621 (1984)

45) D.Biermann, W.Schmidt, Israel J.Chem. 20, 312 (1980)

46) H.A.Staab, F.Diederich, Chem.Ber. 116, 3487 (1983)

47) D.J.H.Funhoff, H.A.Staab, Angew.Chem. 98, 757 (1986);
    Angew.Chem.Int.Ed.Engl. 25, 742 (1986)

48) F.Diederich, H.A.Staab, Angew.Chem. 90, 383 (1978);
    Angew.Chem.Int.Ed.Engl. 17, 372 (1978)

49) J.Aihara, J.Am.Chem.Soc. 114, 865 (1992)

50) E.Clar, C.C.Mackay, Tetrahedron 28, 6041 (1972)

51) R.D.Broene, F.Diederich, Tetrahedron Letters 32, 5227 (1991)

52) M.Zander, W.Friedrichsen, Chem.-Ztg. 115, 360 (1991)

53) K.-D.Gundermann, C.Lohberger, M.Zander, Naturwiss. 70, 574 (1983)

54) T.Baird, J.H.Gall, D.D.MacNicol, P.R.Mallinson, C.R.Michie,
    J.Chem.Soc.Chem.Commun. 1988, 1471

55) G.A.Downing, C.S.Frampton, D.D.MacNicol, P.R.Mallinson,
    Angew.Chem. 106, 1653 (1994); Angew.Chem.Int.Ed.Engl.
    33, 1587 (1994)

56) P.Boldt, in The Chemistry of Quinonoid Compounds, Vol.II,
    (Hrsg. S.Patai, Z.Rappaport) John Wiley and Sons,
    London-New York 1988, S.1419 ff.

57) R.F.Sullivan, M.M.Boduszynski, J.C.Fetzer, Energy Fuels
    3, 603 (1989)

58) J.C.Fetzer, W.R.Biggs, M.Zander, Z.Naturforsch., Serie A,
    46a, 291 (1991)

59) M.Zander, in Proceedings of the 13th Int.Symp. on Polynuclear
    Aromatic Hydrocarbons, Bordeaux, 1.10.-4.10.1991,
    (Hrsg. Ph.Garrigues, M.Lamotte) Suppl. zu Polcyclic Aromat.
    Compds. Vol 3, Gordon and Breach, Langhorne/Pa 1993, S.143 ff.

60) M.Zander, Naturwiss. 47, 443 (1960)

61) J.C.Fetzer, M.Zander, Z.Naturforsch., Serie A, 45a, 727 (1990)

62) J.C.Fetzer, M.Zander, Z.Naturforsch., Serie A, 45a, 814 (1990)

63) M.Zander, W.Franke, Chem.Ber. 91, 2794 (1958)

64) H.J.Lempka, S.Obenland, W.Schmidt, Chem.Phys. 96, 349 (1985)

65) M.Zander, W.Friedrichsen, Z.Naturforsch.,Serie B, 47b, 1314 (1992)

66) R.G.Harvey, Polycyclic Aromatic Hydrocarbons/Chemistry
    and Carcinogenicity, Cambridge University Press, Cambridge 1991

67) H.-G.Franck, G.Collin, Steinkohlenteer, Springer-Verlag,
    Heidelberg 1968

68) K.C.Bancroft, G.R.Howe, J.Chem.Soc.(London) 1970, 1541

69) CIBA, Franz.Patent 1 226 831 (1960)

70) D.M.Ho, R.A.Pascal, Chem.Mater. 5, 1358 (1993)

71) M.Löffler, A.D.Schlüter, K.Geßler, W.Saenger, J.-M.Toussaint,
    J.-L.Bredas, Angew.Chem. 106, 2281 (1994);
    Angew.Chem.Int.Ed.Engl. 31, 2209 (1994)

72) K.-H.Koch, K.Müllen, Chem.Ber. 124, 2091 (1991)

73) J.J.Bredas, R.Silbey, Conjugated Polymers/The Novel Science
    and Technology of Highly Conducting and Nonlinear Optically
    Active Materials, Kluwer, Dordrecht 1991

74) P.W.Rapideau, A.H.Abdourazak, H.E.Folsom, Z.Marcinow, A.Sygula,
    R.Sygula, J.Am.Chem.Soc. 116, 7891 (1994)

75) L.T.Scott, M.M.Hashemi, D.T.Meyer, H.B.Warren,
    J.Am.Chem.Soc. 113, 7082 (1991)

76) H.W.Kroto, J.R.Heath, S.C.O'Brien, R.F.Curl, R.E.Smalley,
    Nature 318, 162 (1985)

77) H.W.Kroto, Angew.Chem. 104, 113 (1992);
    Angew.Chem.Int.Ed.Engl. 31, 111 (1992)

78) W.Krätschmer, L.D.Lamb, K.Fostiropoulos, D.R.Huffman, Nature
    347, 354 (1990)

79) siehe: Phys.unserer Zeit 25, 68 (1994)

80) A.Hirsch, The Chemistry of the Fullerenes, Thieme Verlag,
    Stuttgart-New York 1994

81) W.Krätschmer, K.Fostiropoulos, Phys.unserer Zeit 23, 105 (1992)

82) W.E.Barth, R.G.Lawton, J.Am.Chem.Soc. 88, 380 (1966)

83) E.Osawa, Kagaku 25, 854 (1970)

84) H.Schwarz, Angew.Chem. 105, 1475 (1993); Angew.Chem.Int.Ed.Engl.
    32, 1412 (1993)

85) S.W.McElvany, M.M.Ross, N.S.Goroff, F.Diederich, Science
    259, 1594 (1993)

86) R.Taylor, G.J.Langley, H.W.Kroto, D.R.M.Walton, Nature
    366, 728 (1993)

87) K.Holczer, O.Klein, S.-M.Huang, R.B.Kaner, K.-J.Fu, R.L.Whetten,
    F.Diederich, Science 252, 1154 (1991)

88) M.J.Roseinsky, D.W.Murphy, Chem.Brit. 30, 746 (1994)

89) J.R.Heath, S.C.O'Brien, Q.Zhang, Y.Liu, R.F.Curl,
    H.W.Kroto, F.K.Tittel, R.E.Smalley, J.Am.Chem.Soc.
    107, 7779 (1985)

90) Th.Weiske, Th.Wong, W.Krätschmer, J.K.Terlouv, H.Schwarz,
    Angew.Chem. 104, 242 (1992); Angew.Chem.Int.Ed.Engl.
    31, 183 (1992)

91) H.Shinohara, H.Sato, M.Ohkohchi, Y.Ando, T.Kodama, T.Shida,
    T.Kato, Y.Saito, Nature 357, 52 (1992)

Literatur zu Abschnitt 4

1) J.M.Schulman, R.C.Peck, R.L.Disch, J.Am.Chem.Soc. 111, 5675 (1989)

2) R.L.Disch, J.M.Schulman, R.C.Peck, J.Phys.Chem. 96, 3998 (1992)

3) E.Heilbronner, H.Bock, Das HMO Modell und seine Anwendung,
   Verlag Chemie, Weinheim 1968

4) D.H.Rouvray, in Chemical Applications of Graph Theory,
   (Hrsg. A.T.Balaban) Academic Press, London 1976, S.173 ff.

5) K.Ruedenberg, C.W.Scherr, J.Chem.Phys. 21, 1565 (1953)

6) M.J.S.Dewar, R.C.Dougherty, The PMO Theory of Organic Chemistry,
   Plenum Press, New York-London 1975

7) D.W.Turner, C.Baker, A.D.Baker C.R.Brundle,
   Molecular Photoelectron Spectroscopy, Wiley-Interscience,
   London 1970

8) W.Schmidt, J.Chem.Phys. 66, 828 (1977)

9) T.Koopmans, Physica 1, 104 (1934)

10) M.Klessinger, Elektronenstruktur organischer Moleküle,
    Verlag Chemie, Weinheim 1982

11) M.Zander, in Advances in the Theory of Benzenoid Hydrocarbons,
    (Hrsg. I.Gutman, S.J.Cyvin) Topics in Current Chemistry No 135,
    Springer-Verlag, Heidelberg 1990, S.101 ff.

12) H.C.Longuet-Higgins, J.Chem.Phys. 18, 275 (1950)

13) G.W.Klumpp, Reaktivität in der Organischen Chemie, Georg Thieme
    Verlag, Stuttgart 1978

14) L.v.Szentpaly, W.C.Herndon, in Polynuclear Aromatic Compounds,
    (Hrsg. L.Ebert) ACS Advances in Chemistry Series No 217,
    Washington, D.C. 1988, S.287 ff.

15) M.Randic, Chem.Phys.Lett. 38, 68 (1976)

16) W.C.Herndon, J.Am.Chem.Soc. 95, 2404 (1973)

17) I.Gutman, S.J.Cyvin, Introduction to the Theory of Benzenoid
    Hydrocarbons, Springer-Verlag, Heidelberg 1989

18) L.J.Schaad, B.A.Hess,jr., Pure Appl.Chem. 54, 1097 (1982)

19) W.C.Herndon, J.Chem.Educ. 51, 10 (1974)

20) W.C.Herndon, J.Org.Chem. 40, 3583 (1975)

21) R.Swinborne-Sheldrake, W.C.Herndon, I.Gutman,
    Tetrahedron Letters 1975, 755

22) S.J.Cyvin, I.Gutman, Kekule Structures in Benzenoid Hydrocarbons,
    Springer-Verlag, Heidelberg 1988

23) D.J.Klein, in Advances in the Theory of Benzenoid Hydrocarbons,
    (Hrsg. I.Gutman, S.J.Cyvin) Topics in Current Chemistry No 135,
    Springer-Verlag, Heidelberg 1990, S.57 ff.

24) A.Kekule, Lehrbuch der Organischen Chemie, Band 1,
    Verlag von Ferdinand Enke, Erlangen 1861, S.124 ff.

25) L.P.Hammett, Physical Organic Chemistry, McGraw-Hill,
    New York 1940, S.348

26) M.Zander, O.E.Polansky, Naturwiss. $\underline{71}$, 623 (1984)

27) M.Zander, in Proceedings of the 13th Int.Symp. on Polynuclear
    Aromatic Hydrocarbons, Bordeaux, 1.10.-4.10.1991,
    (Hrsg. Ph.Garrigues, M.Lamotte) Suppl. zu Polycyclic Aromat.
    Compds. Vol. 3, Gordon and Breach, Langhorne/Pa 1993, S.231 ff.

28) M.Zander, Erdöl-Erdgas-Kohle $\underline{108}$, 85 (1992)

29) L.Altschuler, E.Berliner, J.Am.Chem.Soc. $\underline{88}$, 5837 (1966)

30) M.Zander, Z.Naturforsch., Serie A, $\underline{33a}$, 1395 (1978)

31) K.-D.Gundermann, C.Lohberger, M.Zander, Z.Naturforsch.,
    Serie A, $\underline{36a}$, 297 (1981)

32) R.McWeeny, in Molecular Orbitals in Chemistry, Physics and Biology
    (Hrsg. P.O.Löwdin, B.Pullman) Academic Press, New York 1964

33) S.Obenland, W.Schmidt, J.Am.Chem.Soc. $\underline{97}$, 6633 (1975)

34) W.C.Herndon, P.C.Nowak, D.A.Connor, P.Lin, J.Am.Chem.Soc.
    $\underline{114}$, 41 (1992)

35) B.M.Gimarc, P.J.Josèph, Angew.Chem. $\underline{96}$, 518 (1984); Angew.Chem.
    Int.Ed.Engl. $\underline{23}$, 506 (1984)

36) B.M.Gimarc, Molecular Structure and Bonding, Academic Press,
    New York 1979

37) O.E.Polansky, Z.Naturforsch., Serie A, $\underline{41a}$, 560 (1986)

38) O.E.Polansky, M.Zander, J.Mol.Struct. $\underline{84}$, 361 (1982)

39) I.Gutman, O.E.Polansky, Mathematical Concepts in Organic
    Chemistry, Springer-Verlag, Heidelberg 1986

40) O.E.Polansky, G.Mark, M.Zander, Der topologische Effekt
    an Molekülorbitalen (TEMO), Schriftenreihe des Max-Planck-
    Instituts für Strahlenchemie, No 31, Mülheim a.d. Ruhr 1987

41) M.Zander, Z.Naturforsch., Serie A, 46a, 376 (1991)

42) H.-D.Försterling, H.Kuhn, Moleküle und Molekülanhäufungen/
Eine Einführung in die Physikalische Chemie, Springer-Verlag,
Heidelberg 1983, S.76 ff.

43) E.Clar, M.Zander, J.Chem.Soc.(London) 1958, 1861

44) E.Clar, The Aromatic Sextet, John Wiley and Sons, London 1972

45) O.E.Polansky, G.Derflinger, Int.J.Quantum Chem. 1, 379 (1967)

46) I.Gutman, S.Petrovic, B.Mohar, Coll.Scientific Papers
of the Faculty of Science, Universität Kragujevac, Jugoslawien
3, 43 (1982)

47) H.-G.Franck, M.Zander, Chem.Ber. 99, 1272 (1966)

48) D.Biermann, W.Schmidt, J.Am.Chem.Soc. 102, 3163 (1980)

49) G.-P.Blümer, K.-D.Gundermann, M.Zander, Chem.Ber. 109, 1991 (1976)

50) C.Krieger, F.Diederich, D.Schweitzer, H.A.Staab, Angew.Chem.
91, 733 (1979); Angew.Chem.Int.Ed.Engl. 18, 699 (1979)

51) D.A.Bochvar, E.G.Gal'pern, Proc.Acad.Sci.USSR 209, 239 (1973)

52) H.W.Kroto, J.R.Heath, S.C.O'Brien, R.F.Curl, R.E.Smalley,
Nature 318, 162 (1985)

53) R.A.Davidson, Theor.Chim.Acta 58, 193 (1981)

54) A.D.J.Haymet, Chem.Phys.Lett. 122, 421 (1985)

55) T.Braun, Angew.Chem. 104, 602 (1992); Angew.Chem.Int.Ed.Engl.
31, 588 (1992)

56) W.Weltner,jr., R.J.Van Zee, Chem.Rev. 89, 1713 (1989)

57) H.W.Kroto, A.W.Allaf, S.P.Balm, Chem.Rev. 91, 1213 (1991)

58) W.Krätschmer, K.Fostiropoulos, D.R.Huffman, Chem.Phys.Lett.
170, 167 (1990)

59) Z.C.Wu, D.A.Jelski, T.F.George, Chem.Phys.Lett. 137, 291 (1987)

60) R.E.Stanton, M.D.Newton, J.Phys.Chem. 92, 2141 (1988)

61) S.J.Cyvin, E.Brendsdal, B.N.Cyvin, J.Brunvoll, Chem.Phys.Lett.
143, 377 (1988)

62) D.E.Weeks, W.G.Harter, J.Chem.Phys. 90, 4744 (1989)

63) B.A.Hess,jr., L.J.Schaad, J.Org.Chem. 51, 3902 (1986)

64) D.H.Parker, K.Chatterjee, P.Wurz, K.R.Lykke, M.J.Pellin,
L.M.Stock, J.Hemminger, Carbon 30, 29 (1992)

65) F.Diederich, Y.Rubin, Angew.Chem. **104**, 1123 (1992);
    Angew.Chem.Int.Ed.Engl. <u>31</u>, 1101 (1992)
66) P.W.Fowler, Chem.Phys.Lett. **131**, 444 (1986)
67) P.W.Fowler, T.Pisanski, J.Chem.Soc.Faraday Trans.
    90, 2865 (1994)

Literatur zu Abschnitt 5

1) J.B.Birks, Photophysics of Aromatic Molecules, Wiley-
    Interscience, London-New York 1970
2) E.Clar, Ber.dtsch.chem.Ges. <u>69</u>, 607 (1936)
3) H.B.Klevens, J.R.Platt, J.Chem.Phys. <u>17</u>, 470 (1949)
4) M.Zander, Fluorimetrie, Springer-Verlag, Heidelberg 1981
5) M.Klessinger, Elektronenstruktur organischer Moleküle,
    Verlag Chemie, Weinheim 1982
6) E.Clar, D.G.Stewart, J.Am.Chem.Soc. <u>74</u>, 6235 (1952)
7) M.Zander, Phosphorimetry, Academic Press, New York-London 1968
8) S.P.McGlynn, T.A.Azumi, M.Kinoshita, Molecular Spectroscopy
    of the Triplet State, Prentice Hall, Englewood Cliffs,
    New Jersey 1969
9) H.Dreeskamp, E.Koch, M.Zander, Ber.Bunsenges.phys.Chem.
    <u>78</u>, 1328 (1974)
10) H.-H.Perkampus, UV-Vis-Spektroskopie und ihre Anwendungen,
    Springer-Verlag, Berlin 1986
11) G.W.Robinson, R.P.Frosch, J.Chem.Phys. <u>38</u>, 1187 (1963)
12) W.Siebrand, J.Chem.Phys. <u>44</u>, 4055 (1966)
13) H.Dreeskamp, E.Koch, M.Zander, Chem.Phys.Lett. <u>31</u>, 251 (1975)
14) S.K.Chattopadhyay, Ch.V.Kumar, P.K.Das, Chem.Phys.Lett.
    <u>98</u>, 250 (1983)
15) A.Jablonski, Nature <u>131</u>, 839 (1933)
16) H.Kautsky, H.Merkel, Naturwiss. <u>27</u>, 195 (1939)
17) M.Zander, Naturwiss. <u>47</u>, 443 (1960)
18) M.Zander, Z.Naturforsch., Serie A, <u>30a</u>, 1097 (1975)
19) J.C.Fetzer, M.Zander, Z.Naturforsch, Serie A, <u>45a</u>, 727 (1990)

20) Th.Förster, K.Kasper, Z.Elektrochem. **59**, 976 (1955)

21) H.Ajie, M.M.Alvarez, S.A.Anz, R.D.Beck, F.Diederich,
    K.Fostiropoulos, D.R.Huffman, W.Krätschmer, Y.Rubin,
    K.E.Schriever, D.Sensharma, R.L.Whetten,
    J.Phys.Chem. **94**, 8630 (1990)

22) J.W.Arbogast, A.O.Darmanyan, C.S.Foote, Y.Rubin, F.Diederich,
    M.M.Alvarez, S.A.Anz, R.L.Whetten, J.Phys.Chem. **95**, 11 (1991)

23) J.W.Arbogast, C.S.Foote, J.Am.Chem.Soc. **113**, 8886 (1991)

24) U.Sommer, Theor.Chim.Acta **9**, 26 (1967)

25) N.J.Turro, Modern Molecular Photochemistry, The Benjamin/Cummings
    Publ.Co., Menlo Park 1978

26) M.Gerloch, Orbitals, Terms and States, John Wiley,
    Chichester-New York 1986

27) M.R.Wasielewski, M.P.O'Neil, K.R.Lykke, M.J.Pellin, D.M.Gruen,
    J.Am.Chem.Soc. **113**, 2774 (1991)

Literatur zu Abschnitt 6

1) E.Clar, Polycyclic Hydrocarbons, Academic Press, London-New York,
    Springer-Verlag, Heidelberg 1964

2) Ch.Grundmann (Hrsg.), Arene und Arine, Methoden der Organischen
    Chemie (Houben-Weyl), Band V/2b, Georg Thieme Verlag,
    Stuttgart-New York 1981

3) A.Streitwieser, Molecular Orbital Theory for Organic Chemists,
    John Wiley and Sons, New York-London 1961

4) M.Zander, in Advances in the Theory of Benzenoid Hydrocarbons,
    (Hrsg. I.Gutman, S.J.Cyvin) Topics in Current Chemistry No 135,
    Springer-Verlag, Heidelberg 1990, S.101 ff.

5) W.A.Pryor, G.J.Gleicher, J.P.Cosgrove, D.F.Church, J.Org.Chem.
    49, 5189 (1984)

6) K.F.Lang, M.Zander, Chem.Ber. **97**, 218 (1964)

7) K.F.Lang, M.Zander, Chem.Ber. **98**, 597 (1965)

8) R.Bunte, K.-D.Gundermann, J.Leitich, O.E.Polansky, M.Zander,
    Chem.Ber. **119**, 1683 (1986)

9) E.Clar, B.A.McAndrew, M.Zander, Tetrahedron __23__, 985 (1967)

10) G.A.Russel, S.A.Weiner, J.Org.Chem. __31__, 248 (1966)

11) G.-P.Blümer, M.Zander, Mh.Chem. __110__, 1233 (1979)

12) H.Karpf, O.E.Polansky, M.Zander, Mh.Chem. __112__, 659 (1981)

13) E.Buchner, S.Hediger, Ber.dtsch.chem.Ges. __36__, 3502 (1903)

14) T.Suzuki, Q.Li, K.C.Khemani, F.Wudl, J.Am.Chem.Soc.
    __114__, 7301 (1991)

15) A.Hirsch, The Chemistry of the Fullerenes, Thieme Verlag,
    Stuttgart-New York 1994

16) G.Kaupp, Angew.Chem. __85__, 766 (1973); Angew.Chem.Int.Ed.Engl.
    __12__, 765 (1973)

17) J.W.Arbogast, C.S.Foote, M.Kao, J.Am.Chem.Soc. __114__, 2277 (1992)

18) R.W.Murray, Tetrahedron Letters __1960__, 27

19) P.P.Fu, R.G.Harvey, J.Org.Chem. __42__, 2407 (1977)

20) G.Wittig, E.Barendt, W.Schock, Liebigs Ann.Chem. __749__, 24 (1971)

21) P.P.Fu, H.M.Lee, R.G.Harvey, J.Org.Chem. __45__, 2797 (1980)

22) R.G.Harvey, Synthesis __1970__, 161

23) R.G.Harvey, S.Schmolka, C.Cortez, H.M.Lee, Syn.Commun.
    __18__, 2207 (1988)

24) P.Boldt, in The Chemistry of Quinonoid Compounds, Vol.II,
    (Hrsg. S.Patai, Z.Rapaport) John Wiley and Sons,
    London-New York 1988, S.1419 ff.

25) R.Kuhn, J.Hammer, Chem.Ber. __83__, 413 (1950)

26) C.Dufraise, Bull.Soc.Chim.Fr. __1939__, 422

27) C.Taliani, G.Ruani, R.Zamboni, R.Danieli, S.Rossini, V.N.Denisov,
    V.M.Burlakov, F.Negri, G.Orlandi, F.Zerbetto,
    Chem.Commun. (London) __1993__, 220

28) L.M.Shabad, Z.Krebsforschung __70__, 204 (1968)

29) A.Zinke, R.Ott, O.Schuster, Mh.Chem. __83__, 1497 (1952)

30) M.Zander, Chem.Ber. __92__, 2749 (1959)

31) N.P.Buu-Hoi, D.Lavit-Lamy, Bull.Soc.Chim.Fr. __1961__, 1657

32) M.Zander, Naturwiss. __49__, 300 (1962)

33) N.P.Buu-Hoi, D.Lavit-Lamy, O.Roussel-Perin, Bull.Soc.Chim.Fr.
    __1967__, 1771

34) N.P.Buu-Hoi, D.Lavit, Proc.Chem.Soc.(London) __1960__, 120

35) N.P.Buu-Hoi, O.Roussel-Perin, P.Jacquignon, Bull.Soc.Chim.Fr.
    1970, 1194

36) M.Zander, W.H.Franke, Angew.Chem. 76, 922 (1964);
    Angew.Chem.Int.Ed.Engl. 3, 755 (1964)

37) M.Zander, W.H.Franke, Chem.Ber. 100, 2649 (1967)

38) G.-P.Blümer, K.-D.Gundermann, M.Zander, Chem.Ber. 110, 269 (1977)

39) A.T.Balaban, D.J.Farcasiu, J.Am.Chem.Soc. 89, 1958 (1967)

40) A.T.Balaban, M.D.Gheorghiu, A.Schiketanz, A.Necula,
    J.Am.Chem.Soc. 111, 734 (1989)

41) G.-P.Blümer, K.-D.Gundermann, M.Zander, Chem.Ber. 109, 1991 (1976)

42) G.-P.Blümer, K.-D.Gundermann, M.Zander, Chem.Ber. 110, 2005 (1977)

43) L.T.Scott, T.-H.Tsang, L.A.Levy, Tetrahedron Lett. 25, 1661 (1984)

44) G.Briegleb, Elektronen-Donator-Acceptor-Komplexe, Springer-Verlag,
    Heidelberg 1961

45) R.Foster, Organic Charge-Transfer Complexes, Academic Press,
    New York 1969

46) A.Streitwieser, C.H.Heathcock, E.M.Kosower, Organische Chemie,
    VCH, Weinheim 1994

47) J.H.Perlstein, Angew.Chem. 89, 534 (1977);
    Angew.Chem.Int.Ed.Engl. 16, 519 (1977)

48) J.M.Williams, K.Carneiro, Adv.Inorg.Chem.Radiochem.
    29, 249 (1985)

49) V.Enkelmann, K.Göckelmann, Ber.Bunsenges.phys.Chem. 91, 950 (1987)

Literatur zu Abschnitt 7

1) K.F.Lang, I.Eigen, Fortschr.chem.Forschung 7, 172 (1966)

2) K.F.Lang, I.Eigen, Fortschr.chem.Forschung 8, 91 (1967)

3) R.F.Sullivan, M.M.Boduszynski, J.C.Fetzer, Energy Fuels
    3, 603 (1989)

4) J.W.Cook, C.L.Hewett, I.Hieger, J.Chem.Soc.(London) 1933, 395

5) J.W.Cook, C.L.Hewett, J.Chem.Soc.(London) 1933, 398

6) K.F.Lang, H.Buffleb, J.Kalowy, Chem.Ber. 97, 494 (1964)

7) R.G.Harvey, J.Pataki, C.Cortez, P.Di Raddo, ChengXi Yang,
    J.Org.Chem. 56, 1210 (1991)

8) W.Krätschmer, L.D.Lamb, K.Fostiropoulos, D.R.Huffman,
    Nature 347, 354 (1990)

9) F.Diederich, Y.Rubin, Angew.Chem. 104, 1123 (1992); Angew.Chem.
    Int.Ed.Engl. 31, 1101 (1992)

10) K.F.Lang, H.Buffleb, J.Kalowy, Chem.Ber. 94, 523 (1961)

11) S.Hagen, U.Nuechter, M.Nuechter, G.Zimmermann,
    Polycyclic Aromat.Compd. 4, 209 (1995)

12) M.Zander, in Arene und Arine, (Hrsg. Ch.Grundmann) Methoden
    der Organischen Chemie (Houben-Weyl), Band V/2b, Georg Thieme
    Verlag, Stuttgart-New York 1981, S.574 ff.

13) J.C.Fetzer, W.R.Biggs, Org.Prep.Proced.Int. 20, 223 (1988)

14) R.D.Broene, F.Diederich, Tetrahedron Letters 32, 5227 (1991)

15) R.J.Hayward, A.C.Hopkinson, C.C.Leznoff, Tetrahedron
    28, 439 (1972)

16) M.Zander, Chem.Ber. 94, 2894 (1961)

17) E.Clar, Ber.dtsch.chem.Ges. 76, 609 (1943)

18) D.Hausigk, Chem.Ber. 101, 473 (1968)

19) K.-H.Koch, K.Müllen, Chem.Ber. 124, 2091 (1991)

20) A.Stabel, P.Herwig, K.Müllen, J.P.Rabe, Angew.Chem., im Druck

21) E.Clar, Polycyclic Hydrocarbons, Academic Press, London-New York,
    Springer-Verlag, Heidelberg 1964

22) R.G.Harvey, Polycyclic Aromatic Hydrocarbons/Chemistry
    and Carcinogenicity, Cambridge University Press, Cambridge 1991

23) H.Blome, E.Clar, Ch.Grundmann, in Arene und Arine,
    (Hrsg. Ch.Grundmann) Methoden der Organischen Chemie
    (Houben-Weyl), Band V/2b, Georg Thieme Verlag,
    Stuttgart-New York 1981, S.359 ff.

24) H.Meier, in Photochemie (Hrsg. E.Müller), Methoden der Organischen
    Chemie (Houben-Weyl), Band IV/5a, Georg Thieme Verlag,
    Stuttgart 1975, S.511 ff.

25) R.J.Hayward, C.C.Leznoff, Tetrahedron 27, 2085 (1971)

26) P.G.Copeland, R.E.Dean, D.McNeil, J.Chem.Soc.(London)
    1960, 1689

27) A.T.Balaban, C.D.Nenitzescu, in Friedel-Crafts and Related
    Reactions, (Hrsg. G.A.Olah) Wiley-Interscience,
    New York 1964, S.979 ff.

28) E.Clar, M.Zander, J.Chem.Soc.(London) 1958, 1861

29) S.P.Solodovnikov, S.T.Ioffe, Yu.B.Zaks, M.I.Kabachnik,
    Bull.Acad.Sci.USSR, Div.Chem.Sci. (Engl.Transl.) 1968, 442

30) C.Goedicke, H.Stegemeyer, Ber.Bunsenges.phys.Chem. 73, 782 (1969)

31) F.Dietz, M.Scholz, Tetrahedron 24, 6845 (1968)

32) W.H.Laarhoven, T.J.H.M.Cuppen, R.J.F.Nivard,
    Tetrahedron 26, 1069 (1970)

33) H.-G.Franck, H.Buffleb, Liebigs Ann.Chem. 701, 53 (1967)

34) I.C.Lewis, L.S.Singer, in Polynuclear Aromatic Compounds,
    (Hrsg. L.B.Ebert) Advances in Chemistry Series No 217,
    American Chemical Society, Washington, D.C. 1988, S.269 ff.

35) M.Zander, G.Collin, Fuel 72, 1281 (1993)

36) E.Clar, W.Kelly, R.M.Laird, Mh.Chem. 87, 391 (1956)

37) M.Zander, J.Haase, H.Dreeskamp, Erdöl Kohle - Erdgas - Petrochem.
    35, 65 (1982)

38) L.F.Fieser, Org.Reactions 1, 129 (1942)

39) C.K.Bradsher, E.T.Sinclair, J.Org.Chem. 22, 79 (1957)

40) W.E.Bachmann, J.Org.Chem. 1, 347 (1936)

41) F.A.Vingiello, A.Borkovec, J.Shulman, J.Am.Chem.Soc.
    77, 2320 (1955)

42) P.Lambert, R.H.Martin, Bull.Soc.Chim.Belg. 61, 124 (1952)

43) K.F.Lang, M.Zander, Chem.Ber. 98, 597 (1965)

44) E.Clar, W.Willicks, J.Chem.Soc.(London) 1958, 942

45) G.Dyker, Tetrahedron Letters 32, 7241 (1991)

46) J.G.Carey, I.T.Millar, J.Chem.Soc.(London) 1959, 3144

47) R.Pschorr, Ber.dtsch.chem.Ges. 29, 496 (1896)

48) E.Clar, Ber.dtsch.chem.Ges. 65, 846 (1932)

49) E.Clar, M.Zander, J.Chem.Soc.(London) 1957, 4616

50) E.Clar, C.T.Ironside, M.Zander, Tetrahedron 6, 358 (1959)

51) E.Clar, Nature 161, 238 (1948)

52) O.E.Polansky, G.Derflinger, Int.J.Quantum Chem. 1, 379 (1967)

53) M.Zander, W.H.Franke, Chem.Ber. 107, 727 (1974)

54) M.Zander, W.H.Franke, Chem.Ber. 94, 446 (1961)

55) M.Zander, Chem.Ber. 92, 2740 (1959)

56) E.Berliner, Org.Reactions 5, 229 (1949)

57) M.Zander, Chr.Grundmann, in Arene und Arine (Hrsg. Chr.Grundmann),
    Methoden der Organischen Chemie (Houben-Weyl), Band V/2b,
    Georg Thieme Verlag, Stuttgart-New York 1981, S.107 ff.

58) E.Clar, Chem.Ber. 81, 68 (1948)

59) H.-G.Franck, M.Zander, Chem.Ber. 99, 1272 (1966)

60) B.Boggiano, E.Clar, J.Chem.Soc.(London) 1957, 2681

61) E.Clar, Chem.Ber. 81, 520 (1948)

62) E.Clar, G.S.Fell, H.Richmond, Tetrahedron 9, 96 (1960)

63) R.G.Harvey, D.C.T.Yang, Chengxi Yang, Polycyclic Aromat.Compds.
    4, 127 (1994)

64) K.B.Sukumaran, R.G.Harvey, J.Org.Chem. 46, 2740 (1981)

65) P.di Raddo, J.-T.Hahn, R.G.Harvey, Polycyclic Aromat.Compds.
    2, 1 (1991)

66) R.S.Ruoff, D.S.Tse, R.Malhorta, D.C.Lorents, J.Phys.Chem.
    97, 3379 (1993)

67) M.Zander, in Proceedings of the 13th Int.Symp. on Polynuclear
    Aromatic Hydrocarbons, Bordeaux, 1.10.-4.10.1991,
    (Hrsg. Ph.Garrigues, M.Lamotte), Suppl. zu Polycyclic Aromat.
    Compds., Vol.3, Gordon and Breach, Langhorne/Pa 1993, S.143 ff.

68) Xihuang Zhou, Zhennan Gu, Yongqing Wu, Yiliang Sun, Zhaoxia Jin,
    Yan Xiong, Biyun Sun, Yi Wu, Hua Fu, Jingzun Wang,
    Carbon 32, 935 (1994)

69) H.A.Staab, F.Diederich, Chem.Ber. 116, 3487 (1983)

70) M.Zander, W.Friedrichsen, Chemiker-Ztg. 115, 360 (1991)

71) M.Zander, Chem.Ber. 91, 2794 (1958)

72) R.Meier, J.Fletschinger, Angew.Chem. 68, 373 (1956)

73) K.Chatterjee, D.H.Parker, P.Wurz, K.R.Lykke, D.M.Gruen, L.M.Stock,
    J.Org.Chem. 57, 3253 (1992)

74) K.C.Khemani, M.Prato, F.Wudl, J.Org.Chem. 57, 3254 (1992)

75) E.Müller, H.Kessler, H.Suhr, Tetrahedron Letters 1965, 423

76) R.G.Harvey, M.Halonen, J.Chromatog. 25, 294 (1966)

77) G.Helmchen, B.Glatz, Tetrahedron Letters 21, 1137 (1980)

78) A.Mittelbach, W.Hönle, H.G. von Schnering, J.Carlsen, R.Janiak,
H.Quast, Angew.Chem. 104, 1681 (1992); Angew.Chem.Int.Ed.Engl.
31, 1640 (1992)

79) A.Hirsch, The Chemistry of the Fullerenes, Thieme Verlag,
Stuttgart-New York 1994

80) K.F.Lang, H.Buffleb, E.Schweym, Brennstoffchem. 40, 369 (1959)

81) E.Clar, L.Lombardi, Ber.dtsch.chem.Ges. 65, 1411 (1932)

82) W.Massa, Kristallstrukturbestimmung, B.G.Teubner, Stuttgart 1994

83) D.W.Turner, C.Baker, A.D.Baker, C.R.Brundle,
Molecular Photoelectron Spectroscopy, Wiley-Interscience,
London 1970

84) E.Clar, J.M.Robertson, R.Schlögl, W.Schmidt, J.Am.Chem.Soc.
103, 1320 (1981)

85) H.J.Lempka, S.Obenland, W.Schmidt, Chem.Phys. 96, 349 (1985)

86) K.-D.Gundermann, E.Romahn, M.Zander, Z.Naturforsch., Serie B,
47b, 1764 (1992)

87) M.P.Groenewege, Colloquium Spectroscopicum Internationale VI
(Amsterdam 1956), Pergamon Press, London 1956, S.579 ff.

88) M.Zander, Erdöl Kohle-Erdgas-Petrochem. 15, 362 (1962)

89) M.Zander, W.Friedrichsen, Z.Naturforsch., Serie B,
47b, 1314 (1992)

90) M.Zander, W.Friedrichsen, Z.Naturforsch., Serie A,
48a, 911 (1993)

91) M.Zander, U.Breymann, H.Dreeskamp, E.Koch, Z.Naturforsch.,
Serie A, 32a, 1561 (1977)

92) U.Breymann, H.Dreeskamp, E.Koch, M.Zander, Fresenius Z.Anal.Chem.
293, 208 (1978)

93) U.Breymann, H.Dreeskamp, E.Koch, M.Zander, Chem.Phys.Lett.
59, 68 (1978)

94) G.-P.Blümer, K.-D.Gundermann, M.Zander, Chem.Ber. 109, 1991 (1976)

95) R.Bunte, K.-D.Gundermann, J.Leitich, O.E.Polansky, M.Zander,
Chem.Ber. 120, 247 (1987)

96) E.Clar, The Aromatic Sextet, John Wiley and Sons, London 1972

Literatur zu Abschnitt 8

1) H.-G.Franck, J.W.Stadelhofer, Industrielle Aromatenchemie,
    Springer-Verlag, Heidelberg 1987

2) H.J.Störig, Kleine Weltgeschichte der Wissenschaft 2, Fischer
    Taschenbuch Verlag, Frankfurt a.Main 1982, S.136

3) R.K.Merton, Auf den Schultern von Riesen, Suhrkamp Verlag,
    Frankfurt a.Main 1983

4) J.W.Stadelhofer, H.Vierrath, O.P.Krätz, Erdöl Kohle-Erdgas-Petro-
    chem. 41, 353 (1988)

5) R.Willstätter, Aus meinem Leben, Verlag Chemie, Weinheim 1973,
    S.115

6) P.Duden, H.Decker, Ber.dtsch.chem.Ges. 61, A9 (1928)

7) W.Ruske, 100 Jahre Deutsche Chemische Gesellschaft,
    Verlag Chemie, Weinheim 1967, S.64 ff.

8) K.Weissermel, H.-J.Arpe, Industrielle Organische Chemie,
    Verlag Chemie, Weinheim 1978

9) W.B.Frank, W.E.Haupin, in Ullmanns Encycl.Ind.Chem.,
    Vol.A1, VCH, Heidelberg 1985, S.459 ff.

10) O.Vohler, F.von Sturm, E.Wege, in Ullmanns Encycl.Ind.Chem.,
    Vol.A5, VCH, Heidelberg 1986, S.98 ff.

11) G.Collin, M.Zander, Chem.-Ing.-Tech. 63, 539 (1991)

12) W.K.Fischer, G.Collin, J.W.Stadelhofer, Erdöl-Erdgas-Kohle
    107, 179 (1991)

13) G.Collin, M.Zander, Erdöl-Erdgas-Kohle 102, 517 (1986)

14) H.D.Sauerland, M.Zander, Erdöl Kohle-Erdgas-Petrochem.
    19, 502 (1966)

15) R.W.Lenz, Pure Appl.Chem. 57, 1537 (1985)

16) G.Nashan, Erdöl-Erdgas-Kohle 109, 33 (1993)

17) H.-G.Franck, G.Collin, Steinkohlenteer, Springer-Verlag,
    Heidelberg 1968

18) H.-G.Franck, Brennstoff-Chem. 36, 12 (1955)

19) M.Zander, G.Collin, Fuel 72, 1281 (1993)

20) W.Boenigk, M.W.Haenel, M.Zander, Fuel 69, 1226 (1990)

21) M.Zander, ACS Fuel Chem. Div. Preprints 34/No 4, 1218 (1989)

22) H.Borwitzky, G.Schomburg, H.-D.Sauerland, M.Zander,
    Erdöl Kohle-Erdgas-Petrochem. <u>31</u>, 371 (1978)
23) K.F.Lang, I.Eigen, Fortschr.chem.Forsch. <u>8</u>, 91 (1967)
24) M.Zander, Polycyclic Aromat.Compds. <u>7</u>, 209 (1995)
25) J.W.Stadelhofer, Chemistry and Industry <u>1984</u>, 173
26) J.W.Newman, in Petroleum Derived Carbons, (Hrsg. M.L.Deviney,
    T.M.O'Grady) ACS Symposium Series 21, Washington, D.C. 1976,
    S.52 ff.
27) M.Zander, Fuel <u>65</u>, 1019 (1986)
28) S.E.Stein, L.L.Griffith, R.Billmers, R.H.Chen, J.Org.Chem.
    <u>52</u>, 1582 (1987)
29) V.P.Senthilnathan, S.E.Stein, J.Org.Chem. <u>53</u>, 3000 (1988)
30) S.E.Stein, Carbon <u>19</u>, 421 (1981)
31) S.W.Benson, Thermochemical Kinetics, John Wiley and Sons,
    New York 1976
32) M.Zander, J.Haase, H.Dreeskamp, Erdöl Kohle-Erdgas-Petrochem.
    <u>35</u>, 65 (1982)
33) I.C.Lewis, Carbon <u>20</u>, 519 (1982)
34) I.C.Lewis, L.S.Singer, in Polynuclear Aromatic Compounds,
    (Hrsg. L.B.Ebert) ACS Advances in Chemistry Series No 217,
    Washington, D.C. 1988, S.269 ff.
35) R.A.Greinke, Carbon <u>28</u>, 701 (1990)
36) R.A.Forrest, H.Marsh, Carbon <u>15</u>, 348 (1977)
37) H.Marsh, R.Menendez, in Introduction to Carbon Science,
    (Hrsg. H.Marsh) Butterworth, London 1989, S.52, 54
38) J.D.Brooks, G.H.Taylor, in Chemistry and Physics of Carbon, Vol.4,
    (Hrsg. P.L.Walker, P.A.Thrower) Marcel Dekker, New York 1968,
    S.243 ff.
39) H.Marsh, P.L.Walker,jr., in Chemistry and Physics of Carbon,
    Vol.15, (Hrsg. P.L.Walker) Marcel Dekker, New York 1976,
    S.229 ff.
40) H.Honda, Carbon <u>26</u>, 139 (1988)
41) M.Zander, in The Science of Carbon Materials, (Hrsg. H.Marsh,
    P.Ehrburger, B.McEnaney, I.Mochida) Elsevier, New York 1995,
    im Druck

256   Literaturhinweise

42) G.Collin, Z.Stompel, M.Zander, Polish J.Appl.Chem. <u>33</u>, 545 (1989)

43) R.Kershaw, in Spectroscopic Analysis of Coal Liquids,
    (Hrsg. R.Kershaw) Elsevier, New York 1989, S.247 ff.

44) L.S.Singer, Faraday Discuss.Chem.Soc. <u>79</u>, 265 (1985); die dort
    angegebene Struktur ist ungerade-alternierend und wurde gering-
    fügig geändert (Struktur **41**).

45) H.D.Christen, F.Vögtle, Organische Chemie, Band II,
    Otto Saale Verlag, Frankfurt a.Main und Verlag Sauerländer,
    Aarau 1990, S.490 ff.

46) R.T.Lewis, Ext.Abstracts, 12th Conf. on Carbon,
    American Carbon Society 1975, S.215

47) K.J.Hüttinger, Chem.-Ztg. <u>112</u>, 355 (1988)

48) B.Rand, A.J.Hosty, S.West, in Introduction to Carbon Science,
    (Hrsg. H.Marsh) Butterworth, London 1989, S.79

49) H.W.Kroto, J.R.Heath, S.C.O'Brien, R.F.Curl, R.E.Smalley,
    Nature <u>318</u>, 162 (1985)

50) Zitiert bei: R.Baum, Chem. & Eng.News <u>22</u>, 8 (1993)

51) Chemische Rundschau <u>1995</u>, No 4 (27.1.1995) S.3

52) Zitiert nach einer Schilderung von Professor Dr.K.-D.Gundermann,
    Clausthal-Zellerfeld

53) H.Eickenbusch, P.Härtwich, Fullerene: Analyse und Bewertung zu-
    künftiger Technologien, VDI Technologiezentrum, Düsseldorf 1993

54) A.Hirsch, Adv.Mater. <u>5</u>, 859 (1993)

55) M.N.Regueiro, Adv.Mater. <u>4</u>, 438 (1992)

56) Infoblatt Fullerene 1/93, VDI Technologiezentrum,
    Düsseldorf 1993

57) K.Wagemann, J.B.Baselt, Fullerene: Analyse und Bewertung,
    DECHEMA, Frankfurt a.Main 1992

Literatur zu Abschnitt 9 und 10

1) G.Grimmer (Hrsg.), Environmental Carcinogens: Polycyclic Aromatic
    Hydrocarbons, CRC Press, Boca Raton, Fla 1983

2) G.M.Badger, J.Novotny, Nature <u>198</u>, 1086 (1963)

3) F.-D.Kopinke, B.Ondruschka, G.Zimmermann, J.Dermietzel,
    J.Anal.Appl.Pyrolysis 13, 259 (1988)

4) G.Zimmermann, M.Remmler, B.Ondruschka, F.-D.Kopinke, B.Olk,
    Chem.Ber. 121, 1855 (1988)

5) K.F.Lang, H.Buffleb, Chem.Ber. 91, 2866 (1958)

6) W.Lijinsky, C.R.Raha, J.Org.Chem. 26, 3566 (1961)

7) K.F.Lang, M.Zander, Chem.Ber. 94, 1871 (1961)

8) M.Zander, Erdöl-Erdgas-Kohle 105, 373 (1989)

9) M.W.Haenel, Fuel 71, 1211 (1992)

10) M.W.Haenel, G.Collin, M.Zander, Erdöl-Erdgas-Kohle 105, 131 (1989)

11) J.C.Fetzer, W.R.Biggs, Polycyclic Aromat.Compds. 5, 193 (1994)

12) G.Grimmer, H.Böhnke, Erdöl Kohle-Erdgas-Petrochem. 31, 272 (1978)

13) W.Gräf, Med.Klinik 15, 561 (1965)

14) G.Grimmer, G.Düvel, Z.Naturforsch., Serie B, 25b, 1171 (1970)

15) E.J.Baum, in Polycyclic Hydrocarbons and Cancer, Vol.1,
    (Hrsg. H.V.Gelboin, P.O.P.Ts'o) Academic Press,
    New York 1978, S.45 ff.

16) R.G.Harvey, Polycyclic Aromatic Hydrocarbons/Chemistry
    and Carcinogenicity, Cambridge University Press,
    Cambridge 1991, S.14

17) G.Grimmer, H.Böhnke, H.Glaser, Erdöl Kohle-Erdgas-Petrochem.
    30, 411 (1977)

18) M.L.Lee, M.Novotny, K.D.Bartle, Anal.Chem. 48, 1566 (1976)

19) E.Sawicki, in Environmental Pollution and Carcinogenic Risks,
    (Hrsg. C.Rosenfeld, W.Davis) International Agency of Research
    on Cancer (IARC) IARC Sci.Publ. No.13, Lyon 1976, S.297 ff.

20) A.Albagli, H.Oja, L.Dubois, Environ.Lett. 6, 241 (1974)

21) J.Borneff, H.Kunte, in Handbook of Polycyclic Aromatic Hydro-
    carbons, Vol.1, (Hrsg. A.Bjørseth) Marcel Dekker,
    New York 1983, S.629 ff.

22) G.Grimmer, in Luftqualitätskriterien für ausgewählte polycyclische
    aromatische Kohlenwasserstoffe (Hrsg. Umweltbundesamt, Berlin)
    Erich Schmidt Verlag, Berlin 1979, S.97 ff.

23) loc.cit. 22, S.104

24) T.Fazio, J.W.Howard, in Handbook of Polycyclic Aromatic Hydro-
    carbons, Vol.1, (Hrsg. A.Bjørseth) Marcel Dekker,
    New York 1983, S.461 ff.

25) National Academy of Sciences, Polycyclic Aromatic Hydrocarbons,
    National Academy Press, Washington, D.C. 1983, S.6 ff.

26) M.R.Osborne, N.T.Crosby, Benzopyrenes, Cambridge University Press,
    Cambridge 1987, S.308 ff.

27) A.Greenberg, C.-H.Hsu, N.Rothman, P.T.Strickland,
    Polycyclic Aromat.Compds. $\underline{3}$, 101 (1993)

28) M.L.Lee, M.Novotny, K.D.Bartle, Anal.Chem. $\underline{48}$, 405 (1976)

29) D.Hoffmann, I.Schmeltz, S.S.Hecht, E.L.Wynder, in Polycyclic
    Hydrocarbons and Cancer, Vol.1, (Hrsg. H.V.Gelboin, P.O.P.Ts'o)
    Academic Press, New York 1978, S.85 ff.

30) A.Bjørseth, in Handbook of Polycyclic Aromatic Hydrocarbons,
    Vol.2, (Hrsg. A.Bjørseth, Th.Ramdahl) Marcel Dekker,
    New York 1985, S.1 ff.

31) loc.cit. 16, S.11

32) M.J.Suess, Sci.Total Environ. $\underline{6}$, 239 (1976)

33) B.P.Dunn, in Handbook of Polycyclic Aromatic Hydrocarbons,
    Vol.1, (Hrsg. A.Bjørseth) Marcel Dekker,
    New York 1983, S.439 ff.

34) J.M.Neff, B.A.Cox, D.Dixit, J.W.Anderson,
    Marine Biol. $\underline{38}$, 279 (1976)

35) K.A. van Cauwenberghe, in Handbook of Polycyclic Aromatic Hydro-
    carbons, Vol.2, (Hrsg. A.Bjørseth, Th.Ramdahl) Marcel Dekker,
    New York 1985, S.351 ff.

36) D.A.Lane, in Chemical Analysis of Polycyclic Aromatic Compounds,
    (Hrsg. T.Vo-Dinh) John Wiley and Sons, New York 1988, S.31 ff.

37) K.Yamagiwa, K.Ichikawa, Mitt.med.Fak.Kaiser Univ.Tokio
    $\underline{15}$, 295 (1915)

38) E.Kennaway, I.Hieger, Brit.Med.J. $\underline{1}$, 1044 (1930)

39) J.W.Cook, C.L.Hewett, I.Hieger, J.Chem.Soc. (London) $\underline{1933}$, 395

40) P.Pott, Chirurgical Observations (1775);
    nachgedruckt in Natl.Cancer Inst.Monogr. $\underline{10}$, 7 (1963)

41) A.C.Arcos, M.F.Argus, G.Wolf, Chemical Induction of Cancer, Vol.1,
    Academic Press, New York 1968

42) J.H.Weisburger, G.M.Williams, in Chemical Carcinogens,
    (Hrsg. C.E.Searle) Amer.Chem.Soc.Monogr.182,
    Washington, D.C. 1984, S.1323 ff.

43) loc.cit. 22, S.178 ff.

44) A.Dipple, R.C.Moschel, C.H.A.Bigger, in Chemical Carcinogens,
    (Hrsg. C.E.Searle) Amer.Chem.Soc.Monogr.182,
    Washington. D.C. 1984, S.41 ff.

45) N.P.Buu-Hoi, Cancer Res. 24, 1511 (1964)

46) National Cancer Institute, Survey of Compounds which have been
    tested for Carcinogenic Activity, NIH Publication No. 85-2775,
    Washington, D.C. 1985

47) International Agency for Research on Cancer (IARC),
    IARC Monographs on the Evaluation of the Carcinogenic Risk of
    Chemicals to Humans: Polynuclear Aromatic Compounds,
    Lyon 1973 und 1983

48) J.Jacob, W.Karcher, P.J.Wagstaffe, Fresenius Z.Anal.Chem.
    317, 101 (1984)

49) J.Jacob, W.Karcher, J.J.Belliardo, P.J.Wagstaffe,
    Fresenius Z.Anal.Chem. 323, 1 (1986)

50) E.L.Cavalieri, E.G.Rogan, S.Higginbotham, P.Cremonesi, S.Salmasi,
    J.Cancer Res.Clin.Oncol. 115, 67 (1989)

51) E.L.Cavalieri, S.Higginbotham, E.G.Rogan, Polycyclic Aromat.
    Compds. 6, 177 (1994)

52) G.Grimmer, H.Brune, G.Dettbarn, J.Jacob, J.Misfeld, U.Mohr,
    K.-W.Naujack, J.Timm, R.Wenzel-Hartung, in Genetic Toxicology
    of Complex Mixtures, Plenum Press, New York 1990, S.127 ff.

53) G.Grimmer, in Proceedings of the 13th Int.Symp. on Polynuclear
    Aromatic Hydrocarbons, Bordeaux, 1.10.-4.10.1991,
    (Hrsg. Ph.Garrigues, M.Lamotte) Suppl. zu Polycyclic Aromat.Compd.
    Vol.3, Gordon and Breach, Langhorne/Pa 1993, S.31 ff.

54) International Agency for Research on Cancer (IARC), IARC Mono-
    graphs on the Evaluation of the Carcinogenic Risk of Chemicals
    to Humans: Tobacco Smoking, Lyon 1986

55) I.Berenblum, Cancer Res. 14, 471 (1954)

56) D.M.Jerina, J.M.Sayer, D.R.Thakker, H.Yagi, W.Levin, A.W.Wood,
    A.H.Conney, in Carcinogenesis: Fundamental Mechanisms and Environ-
    mental Effects, (Hrsg. B.Pullman, P.O.P.Ts'o, H.V.Gelboin)
    D.Reidel Publ.Comp., Dordrecht 1980, S.1 ff.

57) J.P.Lowe, B.D.Silverman, J.Mol.Struct. (Theochem) 179, 47 (1988)

58) loc.cit. 16, S.87

59) E.L.Cavalieri, E.G.Rogan, Environmental Health Perspectives
    64, 69 (1985)

60) E.L.Cavalieri, E.G.Rogan, Free Radical Res.Commun. 11, 77 (1990)

61) E.G.Rogan, E.L.Cavalieri, N.V.S.Ramakrishna, P.D.Devanesan,
    in Proceedings of the 13th Int.Symp. on Polynuclear Aromatic
    Hydrocarbons, Bordeaux, 1.10.- 4.10.1991 (Hrsg. Ph.Garrigues,
    M.Lamotte) Suppl. zu Polycyclic Aromat.Compds.,Vol.3,
    Gordon and Breach, Langhorne/Pa 1993, S.733 ff.

62) M.L.Lee, M.V.Novotny, K.D.Bartle, Analytical Chemistry of Polycyc-
    lic Aromatic Compounds, Academic Press, New York 1981

63) K.D.Bartle, in Handbook of Polycyclic Aromatic Hydrocarbons,
    Vol.2, (Hrsg. A.Bjørseth, Th.Ramdahl) Marcel Dekker,
    New York 1985, S.193 ff.

64) S.A.Wise, in Handbook of Polycyclic Aromatic Hydrocarbons, Vol.1
    (Hrsg. A.Bjørseth) Marcel Dekker, New York 1983, S.183 ff.

65) S.A.Wise, in Handbook of Polycyclic Aromatic Hydrocarbons, Vol.2,
    (Hrsg.A.Bjørseth, Th.Ramdahl) Marcel Dekker, New York 1985, S.113

66) R.Thoms, M.Zander, Fresenius Z.Anal.Chem. 282, 443 (1976)

67) G.-P.Blümer, M.Zander, Fresenius Z.Anal.Chem. 296, 409 (1979)

68) T.Vo-Dinh (Hrsg.), Chemical Analysis of Polycyclic Aromatic Com-
    pounds, John Wiley and Sons, New York 1989

69) A.Leger, L.d'Hendecourt, L.Boccara (Hrsg.), Polycyclic Aromatic
    Hydrocarbons and Astrophysics, D.Reidel Publ.Comp.,
    Dordrecht 1987

70) L.J.Allamandola, in Advances in the Theory of Benzenoid Hydro-
    carbons, (Hrsg. I.Gutman, S.J.Cyvin) Topics in Current Chemistry
    No 135, Springer-Verlag, Heidelberg 1990, S.1 ff.

Sachverzeichnis

Teubner Studienbücher

Chemie

Kettle: **Symmetrie und Struktur**
393 Seiten. DM 44,80 / ÖS 350,– / SFr 44,80

Krohn/Wolf: **Kurze Einführung in die Chemie der Heterocyclen**
132 Seiten. DM 24,80 / ÖS 194,– / SFr 24,80

Kunz: **Molecular Modelling für Anwender**
Anwendung von Kraftfeld- und MO-Methoden in der organischen Chemie
243 Seiten. DM 29,80 / ÖS 233,– / SFr 29,80

Laue/Plagens: **Namen- und Schlagwort-Reaktionen der Organischen Chemie**
2. Aufl. X, 338 Seiten. DM 36,80 / ÖS 287,– / SFr 36,80

Levine/Bernstein: **Molekulare Reaktionsdynamik**
607 Seiten. DM 59,80 / ÖS 467,– / SFr 59,80

Massa: **Kristallstrukturbestimmung**
261 Seiten. DM 32,80 / ÖS 256,– / SFr 32,80

Müller: **Anorganische Strukturchemie**
2. Aufl. 318 Seiten. DM 36,– / ÖS 281,– / SFr 36,–

Primas/Müller-Herold: **Elementare Quantenchemie**
2. Aufl. 398 Seiten. DM 39,– / ÖS 304,– / SFr 39,–

Reinhold: **Quantentheorie der Moleküle.** Eine Einführung
384 Seiten. DM 39,80 / ÖS 311,– / SFr 39,80

Vögtle: **Cyclophan-Chemie.** Synthesen, Strukturen, Reaktionen
Einführung und Überblick
595 Seiten. DM 48,– / ÖS 375,– / SFr 48,–

Vögtle: **Reizvolle Moleküle der Organischen Chemie**
402 Seiten. DM 39,80 / ÖS 311,– / SFr 39,80

Vögtle: **Supramolekulare Chemie.** Eine Einführung
2. Aufl. 580 Seiten. DM 49,80 / ÖS 389 – / SFr 49,80

Zander: **Polycyclische Aromaten.** Kohlenwasserstoffe und Fullerene
264 Seiten. DM 34,80 / ÖS 258,– / SFr 34,80

Preisänderungen vorbehalten.

B. G. Teubner Stuttgart